PROBLÈMES

DE

GÉOMÉTRIE ANALYTIQUE

AVEC LES SOLUTIONS DÉVELOPPÉES

PAR GEORGES RITT

INSPECTEUR GÉNÉRAL DE L'INSTRUCTION PUBLIQUE

OUVRAGE AUTORISÉ

PAR LE CONSEIL DE L'INSTRUCTION PUBLIQUE

DEUXIÈME ÉDITION

PARIS

LIBRAIRIE DE L. HACHETTE ET Cie

RUE PIERRE-SARRAZIN, N° 14

(Près de l'École de médecine)

1859

PROBLÈMES

DE

GÉOMÉTRIE ANALYTIQUE

PARIS. — IMPRIMERIE DE CH. LAHURE ET Cⁱᵉ

Rues de Fleurus, 9, et de l'Ouest 21

PROBLÈMES

DE

GÉOMÉTRIE ANALYTIQUE.

PREMIÈRE SECTION.

DE LA LIGNE DROITE.

APPLICATION DE L'ALGÈBRE A LA GÉOMÉTRIE ET DÉTERMINATION DES LIGNES ET DES SURFACES PAR LE CALCUL ALGÉBRIQUE.

1. La géométrie, en tant que science de l'étendue en général, considère les corps matériels sous deux points de vue principaux, l'étendue et la forme.

Elle étudie dans chacun de ces corps le volume, c'est-à-dire la portion de l'espace que le corps occupe, ou, en d'autres termes, sa grandeur apparente, et qui dépend du nombre et de l'arrangement des molécules dont il se compose; la surface, c'est-à-dire la limite extérieure du corps, ce qui le sépare de ce qui n'est pas lui; et par abstraction la ligne, c'est-à-dire la limite de la surface ou la séparation de deux surfaces; enfin le point, qui termine la ligne ou qui est l'intersection de deux lignes.

Elle compare les volumes, les surfaces, les lignes, des différents corps entre eux, toutes les fois qu'ils sont de même forme, ou qu'elle peut les y ramener en les supposant divisés en parties assez petites pour que la différence de forme cesse d'être sensible. Par cette comparaison elle rentre dans le domaine de l'arithmétique : aussi l'arithmétique répond-elle le plus souvent dans ce dernier cas par un nombre approximatif à cette subdivision à l'infini.

Telle est la mesure de la circonférence et en général des surfaces et des volumes des corps qui ne sont pas terminés par des lignes droites ou par des surfaces planes, la ligne droite étant la base des unités de mesures géométriques.

Les propriétés de l'étendue, c'est-à-dire les caractères particuliers qui naissent de sa forme extérieure, sont les principes sur lesquels la géométrie se fonde pour évaluer numériquement les éléments des corps eux-mêmes.

Les géomètres anciens avaient soumis au calcul l'étendue sous le point de vue de sa grandeur comparable; il était réservé à l'analyse moderne de soumettre aussi au calcul la forme de l'étendue, et d'exprimer par une formule algébrique la représentation des lignes et des surfaces par lesquelles la forme des corps se découvre à nous.

Ainsi la géométrie, sous le double rapport d'étendue et de forme, n'est plus qu'une des nombreuses subdivisions de l'arithmétique universelle.

La forme d'une ligne, d'une surface, dépend de la relation mutuelle des points entre eux, des lignes entre elles : ainsi la forme d'un cercle est parfaitement déterminée par la définition même de la circonférence, comme la forme d'un cylindre par le mouvement d'un rectangle tournant autour d'un de ses côtés. L'idée de la forme du cercle et celle du cylindre naissent de l'idée d'égalité de distance, que chaque point de la circonférence, que le côté mobile, conservent par rapport au centre, par rapport au côté fixe.

Il s'agissait donc de déterminer la position des points, non pas d'une manière absolue, ce qui est impossible, mais d'une manière relative, ce qui peut se faire de plusieurs manières.

Parmi les moyens qu'on peut imaginer pour déterminer la position d'un point sur un plan, un des plus simples consiste à le rapporter à deux droites tracées à volonté dans ce plan, au moyen de parallèles menées de ce point à ces droites fixes.

Ainsi la position du point M (fig. 1) sera déterminée si l'on connaît la longueur des droites MP, MQ, menées du point M aux droites OX, OY, dont la position est déterminée.

Nous disons *dont la position est déterminée*, car la position du point ne peut être fixée qu'en tant qu'elle est rapportée à quelque chose de fixe et de déterminé; et, quoique la position des droites soit arbitraire, le lieu de ce point est connu par rapport à ces droites, ce qui suffit dans les questions de géométrie, qui ont pour objet de déterminer seulement des relations mutuelles de points, de lignes et de surfaces.

Si l'on sait, par exemple, que l'une des parallèles MQ a 3 mètres de longueur, et que l'autre MP a 2 mètres, à cause de MQ = OP, MP = OQ, on prendra sur OX une longueur OP égale à 3 mètres, sur OY une longueur OQ égale à 2 mètres, et menant par les points P et Q des parallèles aux droites OY, OX, le point d'intersection M de ces parallèles sera complétement déterminé, car il n'y aura qu'un point qui satisfera à ces conditions.

On peut encore, après avoir pris OP égale à 3 mètres, mener par le point P, parallèlement à OY, une droite sur laquelle on prendra une longueur égale à 2 mètres, et le point M sera déterminé.

On pourra faire une construction analogue sur l'autre droite OY.

La distance OP s'appelle l'*abscisse* du point M, OQ l'*ordonnée :* l'abscisse et l'ordonnée du point M sont les *coordonnées* de ce point. O se nomme l'*origine* des coordonnées, et les droites fixes OX, OY, les *axes des coordonnées* ou plus simplement *axes coordonnés ;* OX l'axe des abscisses, OY l'axe des ordonnées.

On voit qu'il n'est aucun point du plan dont on ne puisse ainsi déterminer la position lorsqu'on connaîtra les coordonnées de ce point : pour cela il suffira de convenir que, si l'on regarde comme positives les abscisses prises de O vers X et les ordonnées de O vers Y, les abscisses et les ordonnées prises dans un autre sens, c'est-à-dire de O vers X' et Y', seront considérées comme négatives.

x désignant généralement l'abscisse d'un point et y son ordonnée, il résulte de ces conventions qu'un point pour lequel

x est positif et y positif   se trouve dans l'angle YOX ;
x est négatif et y positif   dans l'angle YOX';
x est négatif et y négatif   dans l'angle Y'OX';
x est positif et y négatif   dans l'angle Y'OX.

Ainsi pour déterminer le point dont les coordonnées sont

$$x = -4,$$
$$y = -5,$$

on prendra sur OX′ une longueur égale à 4 fois l'unité de longueur, sur OY′ 5 fois l'unité de longueur, et les deux parallèles aux axes menées par les extrémités de l'abscisse et de l'ordonnée détermineront le point demandé dans l'angle Y′OX′.

Il est facile de voir que

Tout point dont l'ordonnée est nulle se trouve sur l'axe des abscisses ; tout point dont l'abscisse est nulle est sur l'axe des ordonnées ; et enfin, pour l'origine, l'abscisse et l'ordonnée sont toutes deux nulles.

2. Supposons maintenant qu'une ligne droite ou courbe soit tracée dans un plan, et qu'en rapportant chacun des points de cette ligne à des axes quelconques, on ait trouvé une relation constante entre l'abscisse et l'ordonnée ; par exemple, pour prendre un cas bien simple, supposons que l'ordonnée de chaque point d'une ligne soit égale à l'abscisse, on pourra exprimer cette relation par l'équation

$$y = x.$$

De même, si l'on trouvait que les coordonnées de chacun des points d'une autre ligne tracée sur un plan, rapportées à deux axes, sont telles, que l'ordonnée soit constamment égale au carré de l'abscisse correspondante, on exprimerait cette relation par l'équation

$$y = x^2.$$

Ces équations, $y = x$, $y = x^2$, sont dites les équations des lignes qu'elles représentent.

En général on appelle équation d'une ligne l'équation qui exprime la relation constante entre l'abscisse et l'ordonnée de chacun des points de cette ligne.

3. Réciproquement, x et y désignant l'abscisse et l'ordonnée d'un point quelconque, rapportées à des axes donnés de position dans un plan, toute relation $F(x, y) = 0$ entre ces deux inconnues, quel que soit le degré de cette équation, représente une suite continue de points situés dans le même plan. En effet, si l'on suppose l'équation résolue par rapport à l'une des variables, y par exemple,

$$y = f(x),$$

comme à une valeur donnée arbitrairement à x répondent toujours une ou plusieurs valeurs de y, et qu'en donnant à x toutes les valeurs qu'on voudra, on trouvera pour y des valeurs correspondantes, si l'on construit chacune de ces couples de valeurs particulières de x et y, on obtiendra autant de points déterminés; et, en rapprochant convenablement les intervalles entre les valeurs particulières attribuées à x, on parviendra à connaître autant de points qu'on voudra et qu'on réunira par une ligne continue. Cette ligne s'appelle le *lieu géométrique* de l'équation

$$F(x, y) = 0.$$

CLASSIFICATION DES LIGNES REPRÉSENTÉES PAR DES ÉQUATIONS.

4. Outre la difficulté de résoudre l'équation $F(x, y) = 0$, cette méthode de construction de la ligne par points est longue et pénible : aussi a-t-on cherché à faciliter ce travail par la recherche des propriétés des lignes représentées par les équations.

Toute équation à deux inconnues qui peut être ramenée à la forme

$$Ay^m + (Bx + C)y^{m-1} + (Dx^2 + Ex + F)y^{m-2} + \ldots$$

est dite *algébrique;* toutes les autres, qui renferment des expressions d'arcs de cercle, des logarithmes, ou les inconnues en exposants, sont des équations *transcendantes :* de là la distinction des lignes en *algébriques* et *transcendantes.*

Les lignes algébriques sont classées d'après le degré de leurs équations; et l'on dit qu'une ligne est du 1er degré, des 2e, 3e, etc., si l'équation qui la représente est des 1er, 2e, 3e,... degrés.

Les lignes d'un même degré se subdivisent en *genres*, et, s'il y a lieu, en *espèces.*

Nous ne traiterons ici que des lignes du 1er et du 2e degré, et nous indiquerons le moyen de reconnaître, à l'inspection d'une équation de ces degrés, la forme de la ligne qu'elle représente; nous étudierons les propriétés générales et particulières de ces lignes du 1er et du 2e degré, pour en faire l'application à la résolution des problèmes de géométrie.

TRANSFORMATION DES COORDONNÉES.

PROBLÈME.

5. *Trouver l'expression de la distance de deux points rapportés à deux axes quelconques* (fig. 2).

Soient x', y', x'', y'', les coordonnées de ces points rapportées à des axes quelconques, OX, OY, faisant entre eux un angle θ, de sorte que

$$x' = OP, \quad x'' = OP',$$
$$y' = MP, \quad y'' = M'P'.$$

Du point M' menons M'Q parallèle à OX : d'après une proposition connue de trigonométrie, on a

$$\overline{MM'}^2 = \overline{M'Q}^2 + \overline{MQ}^2 - 2\,M'Q.MQ \cos MQM'.$$

Or, par construction

$$M'Q = P'P = OP - OP' = x' - x'',$$
$$MQ = MP - PQ = MP - M'P' = y' - y'',$$
$$\cos MQM' = \cos (200^\circ - MQR) = -\cos MQR = -\cos \theta.$$

Substituant ces valeurs, et désignant par D la distance des deux points donnés, on obtiendra

$$[D] \quad D^2 = (x' - x'')^2 + (y' - y'')^2 + 2(x' - x'')(y' - y'') \cos \theta.$$

Si, au lieu de rapporter la position des deux points donnés à des axes obliques, on avait fait choix d'axes coordonnés rectangulaires, c'est-à-dire si l'on avait fait $\theta = 100^\circ$ et $\cos \theta = 0$, dans l'expression de la distance de ces points, on aurait trouvé

$$D^2 = (x' - x'')^2 + (y' - y'')^2.$$

Si l'on avait pris pour origine des axes l'un des points donnés, M' par exemple, ces axes étant d'ailleurs quelconques, à cause de

$$x'' = 0, \quad y'' = 0,$$

l'expression de la distance serait

$$D^2 = x'^2 + y'^2 + 2x'y' \cos \theta;$$

et, si dans cette même hypothèse l'angle des axes était un angle droit, l'expression de la distance deviendrait

$$D^2 = x'^2 + y'^2.$$

Enfin, si l'on suppose que, l'origine des axes étant à l'un des points, à M' par exemple, l'autre point se trouve sur l'un de axes, on aura

$$D = x'$$
ou
$$D = y',$$

selon que le point se trouve sur l'axe des x ou sur l'axe des y.

6. On voit, par les diverses transformations qu'a subies la formule D, l'utilité de faire un choix d'axes coordonnés qui permettent d'exprimer par des formules simples les relations des quantités géométriques.

On doit toujours avoir soin de prendre pour axes coordonnés les lignes mêmes de la figure géométrique tracée dans le plan, surtout quand on a pour objet d'étudier les propriétés de ces figures : de cette manière, les points, les lignes, déterminés par le calcul, se trouvent rapportés à des droites connues et parfaitement déterminées. Toutefois il peut arriver que, les équations algébriques ainsi trouvées n'étant pas assez simplifiées, on ait de la peine à reconnaître la nature des lignes que ces équations représentent. Nous allons faire voir qu'on peut facilement passer d'un système d'axes à un autre système, en changeant la valeur des variables qui entrent dans la première équation trouvée.

Supposons que, pour un système d'axes tels que OX, OY (fig. 3), faisant entre eux un angle quelconque θ, on ait obtenu une équation

$$F(x, y) = 0.$$

Soit M un point quelconque dont les coordonnées $OP = x$, $MP = y$, sont rapportées à ces axes ; soient O'X', O'Y', un autre système d'axes dirigés d'une manière quelconque, comme les premiers : les coordonnées du point M, rapportées à ces nouveaux axes, seront

$$OP' = x', \quad MP' = y',$$

et la direction ainsi que la situation de ces nouveaux axes seront déterminées, par rapport aux premiers, si l'on connaît $OA = a$, $O'A = b$, coordonnées de la nouvelle origine, ainsi que les angles $X'O'B = \alpha$, $Y'O'B = \alpha'$, que font les nouveaux axes avec l'ancien axe OX, ou sa parallèle O'B menée par le point O'.

Il s'agit donc de déterminer x et y anciens en fonction de x', y', α, α'; et, comme ces coordonnées sont celles d'un point quelconque de la ligne dont l'équation rapportée aux anciens axes était

$$F(x, y) = 0,$$

la substitution des valeurs qu'on obtiendra donnera une nouvelle équation

$$F'(x', y', \alpha, \alpha') = 0,$$

qui représentera la même ligne rapportée aux axes nouveaux.

Si l'on mène P'Q parallèle à O'B ou à OX, et P'S parallèle à OY, on voit facilement, par suite de cette construction, que

$$OP = x = OA + AS + SP = OA + O'T + P'Q,$$
$$MP = y = PR + RQ + QM = O'A + P'T + MQ.$$

Les triangles O'P'T, MP'Q, donnent, d'après un principe connu de trigonométrie,

$$\frac{O'T}{\sin O'P'T} = \frac{P'T}{\sin P'O'T} = \frac{O'P'}{\sin O'TP'},$$
$$\frac{P'Q}{\sin P'MQ} = \frac{MQ}{\sin MP'Q} = \frac{MP'}{\sin P'QM}.$$

Or, il est facile de voir que

$$O'P'T = P'TR - P'O'R = (\theta - \alpha),$$
$$P'MQ = MQC - MP'Q = (\theta - \alpha'),$$

et

$$\sin O'TP' = \sin P'TR = \sin \theta,$$
$$\sin P'QM = \sin MQC = \sin \theta.$$

On aura donc, en substituant ces valeurs,

$$O'T = \frac{O'P' \sin O'P'T}{\sin O'TP'} = \frac{x' \sin(\theta - \alpha)}{\sin \theta},$$
$$P'T = \frac{O'P' \sin P'O'T}{\sin O'TP'} = \frac{x' \sin \alpha}{\sin \theta},$$
$$P'Q = \frac{MP' \sin P'MQ}{\sin P'QM} = \frac{y' \sin(\theta - \alpha')}{\sin \theta},$$
$$MQ = \frac{MP' \sin MP'Q}{\sin P'QM} = \frac{y' \sin \alpha'}{\sin \theta},$$

et par conséquent

$$[\text{O}, \text{O}'] \qquad x = a + \frac{x' \sin(\theta - \alpha) + y' \sin(\theta - \alpha')}{\sin \theta},$$

$$y = b + \frac{x' \sin \alpha + y' \sin \alpha'}{\sin \theta}.$$

Telles sont les formules qui serviront à *transformer directement l'équation d'une ligne rapportée à des axes obliques en une autre équation de la même ligne rapportée à d'autres axes obliques.*

7. Si les axes primitifs sont rectangulaires, alors $\theta = 100^0$, $\sin \theta = 1$, $\sin(\theta - \alpha) = \cos \alpha$, $\sin(\theta - \alpha') = \cos \alpha'$, et les formules

$$[\text{R}, \text{O}] \qquad x = a + x' \cos \alpha + y' \cos \alpha',$$

$$y = b + x' \sin \alpha + y' \sin \alpha',$$

serviront à *passer d'un système de coordonnées rectangulaires à un système de coordonnées obliques.*

8. Pour *passer d'un système de coordonnées rectangulaires à un autre système de coordonnées rectangulaires*, on fera dans ces dernières formules

$$\alpha' - \alpha = 100^0,$$

d'où

$$\sin \alpha' = \sin(100^0 + \alpha) = \sin(100^0 - \alpha) = \cos \alpha,$$

$$\cos \alpha' = \cos(100^0 + \alpha) = -\cos(100^0 - \alpha) = -\sin \alpha,$$

et par conséquent

$$[\text{R}, \text{R}'] \qquad x = a + x' \cos \alpha - y' \sin \alpha,$$

$$y = b + x' \sin \alpha + y' \cos \alpha.$$

9. Quand on voudra *passer d'un système d'axes obliques à un système d'axes rectangulaires*, on fera dans les formules générales

$$\alpha' = 100^0 + \alpha,$$

d'où

$$\sin \alpha' = \cos \alpha,$$

$$\sin(\theta - \alpha') = \sin[\theta - (100^0 + \alpha)] = -\sin[100 - (\theta - \alpha)] = -\cos(\theta - \alpha),$$

et ces formules deviendront

$$[\text{O}, \text{R}] \qquad x = a + \frac{x'\sin(\theta - \alpha) - y'\cos(\theta - \alpha)}{\sin\theta},$$

$$y = b + \frac{x'\sin\alpha + y'\cos\alpha}{\sin\theta}.$$

10. Enfin, si *les nouveaux axes doivent être parallèles aux anciens*, à cause de $\alpha = 0$, $\alpha' = 0$, on aura

$$[\text{P}] \qquad\qquad x = a + x',$$

$$y = b + y'.$$

Remarque. On doit remarquer que les angles θ, α, α', peuvent recevoir toutes les valeurs depuis 0 jusqu'à $400°$, les angles croissant par un mouvement de rotation de droite à gauche des axes coordonnés autour de l'origine.

11. Ainsi, étant donnée l'équation d'une ligne,

$$\mathrm{F}(x,\ y) = 0,$$

on pourra se servir des formules précédentes pour transformer l'équation en une autre plus simple. En effet il est facile de voir que la substitution pour x et pour y des valeurs précédentes, qui sont de la forme

$$x = a + px' + qy',$$

$$y = b + p'x' + q'y',$$

donnera une transformée non-seulement du même degré, mais encore ayant généralement tous ses termes de la même espèce que ceux de l'équation primitive. Si l'on profite de l'indétermination des quantités a, b, p, q, p', q', pour en faire disparaître quelques termes, les équations de condition qu'on établira dans chaque cas particulier serviront à déterminer ces quantités, c'est-à-dire a, b, α, α', et à fixer la position et la direction des nouveaux axes par rapport aux anciens. La simplification sera possible toutes les fois qu'on obtiendra pour a, b, α, α', des valeurs réelles et admissibles.

DES LIGNES DU PREMIER DEGRÉ.

12. L'équation générale du degré m, entre deux inconnues x et y de la forme

$$Ay^m + (Bx + C)y^{m-1} + (Dx^2 + Ex + F)y^{m-2} + \ldots = 0,$$

se compose de $m+1$ termes en y, dont les coefficients, fonctions de x, à l'exception du premier, contiennent successivement 1, 2, 3, etc., termes : par conséquent le nombre total des termes de l'équation est la somme des $m+1$ termes de la progression naturelle $\div 1, 2, 3, 4, \ldots, m+1$. D'après une formule connue, le nombre total des termes sera donc exprimé par

$$S = \frac{(m+1)(m+2)}{2}.$$

Si $m = 1$,

$$S = \frac{2.3}{2} = 3.$$

Et en effet l'équation la plus générale du premier degré à deux inconnues est de la forme

$$Ay + Bx + C = 0,$$

dans laquelle les quantités A, B, C, sont des *constantes*, c'est-à-dire des quantités indépendantes de x et de y, mais qui peuvent être positives, négatives ou même nulles.

Pour reconnaître la nature de la ligne exprimée par cette équation, x et y étant les coordonnées d'un point quelconque de cette ligne, rapportées à des axes fixes, et déterminées d'après la méthode indiquée (3), on la résoudra par rapport à y, et l'on trouvera

$$y = -\frac{B}{A}x - \frac{C}{A}.$$

Soit fait pour abréger

$$-\frac{B}{A} = a, \quad -\frac{C}{A} = b,$$

on aura

[1] $$y = ax + b.$$

Soient OX, OY, les axes fixes auxquels les coordonnées sont rapportées; nous les supposerons obliques pour plus de généralité. Donnons à x une valeur quelconque, $x = $ OP (fig. 4), et par le point P menons à OY une parallèle PM, sur laquelle nous prendrons une longueur PM $= a.$OP$ + b$: le point M sera ainsi déterminé, puisque les quantités a et b sont connues.

En répétant autant de fois qu'on voudra la même construction, on obtiendra autant de points M, M', M'', de la ligne représentée par l'équation [1].

En rapprochant les unes des autres les valeurs données à x, on obtiendra pour y des valeurs aussi rapprochées qu'on voudra : en effet, x', x'', étant deux valeurs données à x, et y', y'' les valeurs correspondantes de y, on aura les deux relations

$$y' = ax' + b,$$
$$y'' = ax'' + b,$$

d'où

$$y' - y'' = a\,(x' - x'').$$

Or, à mesure que $x' - x''$ diminuera, la différence $y' - y''$ décroîtra jusqu'à devenir plus petite que toute quantité donnée.

Il suffira donc d'unir par une ligne continue tous les points ainsi obtenus, et cette ligne sera le lieu géométrique de l'équation [1].

13. Examinons s'il ne serait pas possible d'abréger ce travail en étudiant les propriétés de la ligne elle-même.

Prenons sur l'axe des y une longueur OH égale à b : le point H est évidemment un point de cette ligne, puisque $y = b$ est la valeur de y correspondante à $x = 0$; et par le point H menons HQ parallèle à OX. D'après l'équation [1], mise sous la forme

$$\frac{y - b}{x} = a,$$

on doit avoir

$$\frac{\text{MP} - \text{OH}}{\text{OP}} = \frac{\text{M'P'} - \text{OH}}{\text{OP'}} = \frac{\text{M''P''} - \text{OH}}{\text{OP''}} = a, \quad \text{etc.,}$$

ou

$$\frac{\text{MQ}}{\text{HQ}} = \frac{\text{M'Q'}}{\text{HQ'}} = \frac{\text{M''Q''}}{\text{HQ''}} = a;$$

par conséquent tous les points M, M', M'', etc., se trouvent sur une ligne droite passant par le point H.

En effet, supposons pour un moment que le point M', par exemple, ne soit pas sur la ligne droite qui joint les points H et M, et soit m le point où M'mP' parallèle à OY rencontre la droite HM : à cause de la similitude des triangles HMQ, HmQ', on aura

$$\frac{MQ}{HQ} = \frac{mQ'}{HQ'} ;$$

mais déjà l'on avait

$$\frac{MQ}{HQ} = \frac{M'Q'}{HQ'} ,$$

donc

$$mQ' = M'Q';$$

ce qui est impossible, à moins que le point M' ne se confonde avec le point m.

14. Nous pouvons donc conclure de cette analyse générale :

Toute équation du premier degré représente une ligne droite.

Réciproquement, *une ligne droite ne peut être représentée que par une équation du premier degré.*

En effet, HMM'M''' étant cette ligne, qui coupe l'axe des y à une distance de l'origine OH, si l'on mène HQ parallèle à l'axe des x, et les ordonnées MP, M'P', M''P'', etc., d'après la similitude des triangles HMQ, HM'Q', HM''Q'', etc., on aura

$$\frac{MQ}{HQ} = \frac{M'Q'}{HQ'} = \frac{M''Q''}{HQ''} ;$$

et, en désignant par x, y, x', y', x'', y'', les coordonnées des points M, M', M'', et OH par b,

$$\frac{y - b}{x} = \frac{y' - b}{x'} = \frac{y'' - b}{x''} = \text{etc.},$$

on exprimera donc cette relation constante entre les ordonnées et les abscisses de chaque point par la formule générale

$$\frac{y - b}{x} = a ,$$

a exprimant le rapport constant; d'où

$$y = ax + b,$$

équation du 1ᵉʳ degré en x et y.

15. On a vu que, dans une équation de la forme

$$y = ax + b,$$

la quantité indépendante b exprime la distance de l'origine au point où la droite rencontre l'axe des y; il s'agit de trouver ce qu'exprime la constante a par rapport aux axes auxquels la droite est rapportée.

Pour cela on a les rapports constants

$$\frac{MQ}{HQ} = \frac{M'Q'}{HQ'} = \frac{M''Q''}{HQ''} \cdots = a\,;$$

or dans le triangle HMQ, d'après une formule trigonométrique connue,

$$\frac{MQ}{HQ} = \frac{\sin MHQ}{\sin HMQ} = \frac{\sin MGX}{\sin MHY}\,:$$

donc

$$a = \frac{\sin MGX}{\sin MHY}.$$

C'est-à-dire que *le coefficient de* x, *dans toute équation du premier degré résolue par rapport à* y, *exprime le rapport des sinus des angles que la droite, représentée par cette équation, fait avec l'axe des* x *et l'axe des* y.

Désignant donc par θ l'angle des axes, par α l'angle que la droite fait avec l'axe des x, $\theta - \alpha$ exprimera l'angle qu'elle fait avec l'axe des y, et l'on aura

$$a = \frac{\sin \alpha}{\sin (\theta - \alpha)}.$$

Si $\theta = 100°$,

$$a = \frac{\sin \alpha}{\cos \alpha} = \tang \alpha.$$

Et par conséquent, *dans toute équation de ligne droite rapportée à des axes rectangulaires, résolue par rapport à* y, *le coefficient de* x *exprime la tangente de l'angle que la droite fait avec l'axe des* x.

Si $a = 1$, quels que soient les axes, on a

$$\sin \alpha = \sin (\theta - \alpha),$$

d'où

$$\alpha = \frac{1}{2} \theta :$$

donc *toute équation de la forme* $y = x + b$ *représente une droite qui fait des angles égaux avec chacun des axes coordonnés.*

Si $b = 0$, l'équation $y = ax$ représente une droite passant par l'origine ; et *réciproquement toute droite passant par l'origine a son équation de la forme* $y = ax$.

16. Maintenant que l'on sait qu'une équation du premier degré ne peut représenter qu'une droite, il sera très-facile de construire le lieu géométrique d'une équation du premier degré, puisque deux points suffisent pour déterminer la direction d'une droite.

Supposons d'abord que, les axes étant quelconques, l'équation soit de la forme générale

$$Ay + Bx + C = 0 :$$

on fera

$$x = 0, \quad \text{d'où} \quad y_0 = -\frac{C}{A},$$

ce qui déterminera un point N (fig. 5) sur l'axe des y ; ensuite

$$y = 0, \quad \text{d'où} \quad x_0 = -\frac{C}{B},$$

ce qui déterminera un nouveau point M sur l'axe des x, et par conséquent la droite MN sera le lieu géométrique de l'équation proposée.

Si l'équation est de la forme

$$Ay + Bx = 0,$$

comme en faisant $x = 0$ on trouve $y = 0$, et réciproquement, on ne peut déterminer par ce moyen qu'un seul point de la droite, qui est le point même de l'origine ; mais on pourra achever de déterminer sa direction, soit en donnant à x une valeur quelconque,

$$x = p, \quad \text{d'où} \quad y = -\frac{B}{A} p,$$

ce qui déterminera un second point de la droite ; soit en déterminant l'angle qu'elle fait avec l'axe des x, par exemple.

Pour cela, en faisant pour abréger

$$-\frac{B}{A}=a,$$

on a (15)

$$a=\frac{\sin \alpha}{\sin (\theta - \alpha)},$$

équation d'où l'on tirera la valeur de α. En effet, à cause de

$$\sin (\theta - \alpha) = \sin \theta \cos \alpha - \sin \alpha \cos \theta,$$

on aura

$$a \sin \theta \cos \alpha - a \sin \alpha \cos \theta = \sin \alpha,$$

d'où

$$\frac{\sin \alpha}{\cos \alpha} = \tang \alpha = \frac{a \sin \theta}{1 + a \cos \theta}.$$

En mettant l'équation

$$a=\frac{\sin \alpha}{\sin (\theta - \alpha)}$$

sous la forme

$$a=\frac{\sin [\theta - (\theta - \alpha)]}{\sin (\theta - \alpha)},$$

on trouverait de même

$$\tang (\theta - \alpha) = \frac{\sin \theta}{a + \cos \theta}.$$

Si l'équation était de la forme

$$Ay + C = 0,$$

à cause de $B = 0$, on a $\tang \alpha = 0$, d'où $\alpha = 0$ ou 200^0, et la droite fait un angle nul avec l'axe des x, c'est-à-dire qu'elle est parallèle à l'axe des x et rencontre l'axe des y à une distance de l'origine exprimée par $y = -\dfrac{C}{A}$.

De même l'équation

$$Bx + C = 0$$

représente une parallèle à l'axe des y, rencontrant l'axe des x à une distance de l'origine exprimée par $x = -\dfrac{C}{B}$.

En effet, A étant égal à 0, a devient infini, et

$$\tan(\theta - \alpha) = 0, \quad \text{d'où} \quad \alpha = \theta.$$

On aurait obtenu le même résultat de la formule

$$\tan \alpha = \frac{a \sin \theta}{1 + a \cos \theta} = \frac{\sin \theta}{\dfrac{1}{a} + \cos \theta},$$

car, en faisant $a = \infty$, on a

$$\tan \alpha = \frac{\sin \theta}{\cos \theta} = \tan \theta, \quad \text{d'où} \quad \alpha = \theta.$$

Enfin, $Ay = 0$, $Bx = 0$, qui se réduisent à $y = 0$, $x = 0$, représentent les axes eux-mêmes.

PROBLÈMES SUR LA LIGNE DROITE.

17. L'équation de la ligne droite

$$Ay + Bx + C = 0$$

ne contient réellement que deux constantes, puisqu'on peut toujours lui donner la forme

$$y = ax + b :$$

il suffira donc de deux conditions pour déterminer les constantes de l'équation, et par conséquent le lieu géométrique de l'équation elle-même.

PROBLÈME I.

Trouver l'équation de la droite passant par deux points donnés.
Soient x', y', x'', y'', les coordonnées des deux points donnés.
L'équation de la ligne passant par ces deux points sera de la forme

$$[1] \qquad Ay + Bx + C = 0 ;$$

et, puisque les points x', y', x'', y'', sont des points de cette droite, on aura

$$[2] \qquad Ay' + Bx' + C = 0,$$
$$[3] \qquad Ay'' + Bx'' + C = 0.$$

2

Retranchant successivement la 2ᵉ de la 1ʳᵉ et de la 3ᵉ, et divisant les deux équations ainsi obtenues membre à membre, on aura

$$\frac{y - y'}{y'' - y'} = \frac{x - x'}{x'' - x'}$$

ou

[E] $$\qquad y - y' = \frac{y'' - y'}{x'' - x'}\,(x - x').$$

Si l'un des points se trouve sur l'axe des x, l'autre sur l'axe des y, à cause de $y' = 0$, $x'' = 0$, l'équation précédente deviendra

$$y = -\frac{y''}{x'}\,(x - x');$$

et, désignant y'' par β, x' par α, cette équation prendra la forme

$$\frac{y}{\beta} + \frac{x}{\alpha} = 1,$$

équation d'une droite passant par deux points donnés chacun sur un des axes. α et β sont appelés les *paramètres* de la droite.

L'équation [E], résolue par rapport à y, donne

$$y = \frac{y'' - y'}{x'' - x'}\,x + \frac{y'x'' - x'y''}{x'' - x'}.$$

Si l'un des points x'', y'', est à l'origine, l'équation devient

$$y = \frac{y'}{x'}\,x.$$

PROBLÈME II.

18. *Exprimer analytiquement que trois points sont en ligne droite.*

x', y'; x'', y''; x''', y''', étant les coordonnées de ces points, il suffira d'établir que le point x''', y''', est un point de l'équation [E], ce qui donnera la relation suivante entre les coordonnées des points donnés :

$$\frac{y''' - y'}{x''' - x'} = \frac{y'' - y'}{x'' - x'}.$$

PROBLÈME III.

19. *Trouver l'équation d'une droite passant par un point donné* (x', y'), *et faisant avec un des axes un angle donné.*

L'équation générale de la ligne droite est

[1]
$$Ay + Bx + C = 0.$$

La droite devant passer par le point (x', y'), on a

[2]
$$Ay' + Bx' + C = 0,$$

d'où

$$A(y - y') + B(x - x') = 0 \quad \text{et} \quad y - y' = -\frac{B}{A}(x - x').$$

L'équation [1], résolue par rapport à y, donne

$$y = -\frac{B}{A}x - \frac{C}{A},$$

dans laquelle $-\dfrac{B}{A}$ exprime le rapport des sinus des angles que la droite fait avec les axes. Désignant par α l'angle donné, on aura

[3]
$$-\frac{B}{A} = \frac{\sin \alpha}{\sin(\theta - \alpha)}, \quad \theta \text{ étant l'angle des axes :}$$

l'équation demandée sera donc

[4]
$$y - y' = \frac{\sin \alpha}{\sin(\theta - \alpha)}(x - x');$$

et si les axes sont rectangulaires,

[5]
$$y - y' = \tang \alpha \, (x - x').$$

Si la droite doit être parallèle à l'axe des x,

$$y = y';$$

à l'axe des y,
$$x = x'.$$

PROBLÈME IV.

20. *Trouver les coordonnées du point d'intersection de deux droites données.*

Posons pour les droites données

$$A y + B x + C = 0,$$
$$A'Y + B'X + C' = 0.$$

Pour le point commun aux deux droites on aura

$$x = X,$$
$$y = Y;$$

et par conséquent
$$A y + B x + C = 0,$$
$$A'y + B'x + C' = 0,$$

équations que nous supposerons résolues et mises sous la forme

$$y = a x + b,$$
$$y = a'x + b'.$$

Les constantes a, b, a', b', sont déterminées, puisque les droites sont elles-mêmes déterminées de position.

On trouvera aisément par l'élimination

$$x = -\frac{b' - b}{a' - a} \quad \text{ou} \quad x = \frac{A'C - AC'}{AB' - A'B},$$
$$y = -\frac{ab' - a'b}{a' - a} \qquad y = \frac{BC' - B'C}{AB' - A'B},$$

coordonnées du point de rencontre des deux droites.

Ces valeurs deviennent infinies lorsque $a = a'$, ce qui indique que les droites sont parallèles : en effet on a trouvé généralement (16), en désignant par α, α', les angles que les droites font avec l'axe des x,

$$\tan \alpha = \frac{a \sin \theta}{1 + a \cos \theta},$$
$$\tan \alpha' = \frac{a' \sin \theta}{1 + a' \cos \theta}.$$

Si $a = a'$, $\tan \alpha = \tan \alpha'$ et $\alpha = \alpha'$.

Les coordonnées du point de rencontre ne peuvent être nulles que lorsque le point d'intersection est l'origine.

En effet, si l'on a

[1] $$b' - b = 0,$$

[2] $$ab' - a'b = 0,$$

la deuxième condition peut se mettre sous la forme

$$\frac{(a+a')(b-b')-(a-a')(b+b')}{2}=0;$$

et, à cause de la première, elle se réduit à

$$(a-a')(b+b')=0:$$

on a donc

$$b-b'=0 \quad \text{et} \quad a-a'=0 \quad \text{ou} \quad b+b'=0.$$

On ne peut admettre le premier système d'équations de condition, puisque les deux droites sont généralement distinctes; donc on a seulement

$$b-b'=0, \quad b+b'=0; \quad \text{d'où} \quad b=0, \quad b'=0.$$

PROBLÈME V.

21. *Par un point donné mener une parallèle à une droite donnée.*

Soit $y=ax+b$ l'équation de la première droite, l'équation de la droite cherchée sera de la même forme

$$[1] \qquad Y=a'X+b',$$

et l'on déterminera les constantes a', b', par les deux conditions de l'énoncé.

x' et y' étant les coordonnées du point donné, on aura la relation

$$[2] \qquad y'=a'x'+b';$$

et, retranchant [2] de [1],

$$Y-y'=a'(X-x'),$$

équation d'une droite passant par le point x', y', mais qui n'est pas déterminée, puisque a' ne l'est pas encore.

D'après la 2ᵉ condition on doit avoir (**20**) $a'=a$ [3] : par conséquent l'équation de la droite demandée sera

$$Y-y'=a(X-x').$$

PROBLÈME VI.

22. *Trouver la relation nécessaire entre les constantes des équations de trois lignes droites qui passent par un même point.*

$$[1] \qquad Ay + Bx + C = 0,$$

$$[2] \qquad A'y + B'x + C' = 0,$$

$$[3] \qquad A''y + B''x + C'' = 0,$$

étant les trois équations satisfaites par les coordonnées x, y, de leur point commun, il suffit d'éliminer x et y entre elles, et l'équation finale indépendante de x et de y est la relation demandée.

On tirera des deux premières

$$x = \frac{A'C - AC'}{AB' - A'B}, \qquad y = \frac{BC' - B'C}{AB' - A'B};$$

et, substituant dans la 3ᵉ, on trouvera la relation demandée

$$[C] \qquad AB'C'' - AC'B'' + BC'A'' - BA'C'' + CA'B'' - CB'A'' = 0.$$

On peut parvenir au même résultat par un autre procédé, qui repose sur les considérations suivantes.

Toute équation du premier degré représentant une ligne droite, toute combinaison que l'on fera entre les équations [1], [2], [3], par voie d'addition et de soustraction, chacune d'elles étant multipliée par un coefficient constant, représentera encore une ligne droite passant par le même point x, y.

On multipliera donc chacune des deux premières par les coefficients indéterminés m, m'; et, prenant la somme des produits, on obtiendra

$$[4] \qquad (Am + A'm')y + (Bm + B'm')x + (Cm + C'm') = 0,$$

équation qui, à cause de l'indétermination des facteurs m, m', peut représenter toutes les droites qui passent par le point d'intersection x, y, des deux premières.

On disposera des indéterminées m et m' pour rendre identiques les équations [4] et [3], ce qui donnera les trois équations de condition

$$Am + A'm' = A'',$$
$$Bm + B'm' = B'',$$
$$Cm + C'm' = C'';$$

et, éliminant m et m' entre ces équations, on retombera sur l'équation de condition [C].

PROBLÈME VII.

23. *Étant données les équations de deux droites , trouver l'angle de ces droites.*

Soient
$$y = ax + b,$$
$$Y = a'x + b',$$

les équations des deux droites données AB, CD (fig. 6), résolues par rapport à y.

L'angle
$$AID = IDX - BAX = \alpha' - \alpha,$$

α et α' désignant les angles que ces droites font avec l'axe des x. Exprimant donc par I l'angle des deux droites, on aura, d'après une formule connue de trigonométrie ,

$$\operatorname{tang} I = \operatorname{tang}(\alpha' - \alpha) = \frac{\operatorname{tang} \alpha' - \operatorname{tang} \alpha}{1 + \operatorname{tang} \alpha \operatorname{tang} \alpha'};$$

mais on a (**16**)

$$\operatorname{tang} \alpha = \frac{a \sin \theta}{1 + a \cos \theta}, \quad \operatorname{tang} \alpha' = \frac{a' \sin \theta}{1 + a' \cos \theta},$$

et par suite

$$\operatorname{tang} I = \frac{(a' - a) \sin \theta}{1 + aa' + (a + a') \cos \theta}.$$

Si les axes sont rectangulaires,

$$\theta = 100^{\circ}, \quad \sin \theta = 1, \quad \cos \theta = 0, \quad \text{et } \operatorname{tang} I = \frac{a' - a}{1 + aa'}.$$

24. Si les droites AB, CD, sont parallèles, on a

$$\operatorname{tang} I = 0, \quad \text{et } a' = a,$$

ainsi qu'on l'a trouvé précédemment.

Si les droites AB, CD, sont perpendiculaires,

$$\operatorname{tang} I = \infty, \quad \text{d'où} \quad 1 + aa' + (a + a')\cos\theta = 0 ;$$

et, si

$$\theta = 100^{\circ},$$

la condition de perpendicularité des deux droites est exprimée par

$$1 + aa' = 0,$$

Si l'une des droites, CD, est parallèle à l'axe des x, alors $a' = 0$, et l'on a

$$1 + a\cos\theta = 0, \quad \text{d'où} \quad a = -\frac{1}{\cos\theta}.$$

Si elle est parallèle à l'axe des y, $a = -\cos\theta$: condition qu'on pourrait tirer aussi des valeurs de $\operatorname{tang}\alpha$, $\operatorname{tang}(\theta - \alpha)$, du n° **16**.

25. De

$$\operatorname{tang} I = \frac{(a' - a)\sin\theta}{1 + aa' + (a + a')\cos\theta}$$

on tire

$$\sin I = \frac{\operatorname{tang} I}{\sqrt{1 + \operatorname{tang}^2 I}} = \frac{(a' - a)\sin\theta}{\sqrt{[1 + aa' + (a + a')\cos\theta]^2 + (a' - a)^2\sin^2\theta}}.$$

Développant la quantité sous le radical, et réduisant, on trouvera

$$\sin I = \frac{(a' - a)\sin\theta}{\sqrt{1 + a^2 + 2a\cos\theta}\,\sqrt{1 + a'^2 + 2a'\cos\theta}}$$

et

$$\cos I = \frac{1 + aa' + (a + a')\cos\theta}{\sqrt{1 + a^2 + 2a\cos\theta}\,\sqrt{1 + a'^2 + 2a'\cos\theta}}.$$

Si $\theta = 100^{\circ}$,

$$\sin I = \frac{a' - a}{\sqrt{1 + a^2}\sqrt{1 + a'^2}},$$

$$\cos I = \frac{1 + aa'}{\sqrt{1 + a^2}\sqrt{1 + a'^2}}.$$

PROBLÈME VIII.

26. *Par un point donné mener une perpendiculaire à une droite donnée, et trouver la distance du point à la droite.*

Soient $y = ax + b$ [1] l'équation de la droite donnée; x', y', les coordonnées du point donné : L'équation de la perpendiculaire passant par ce point sera de la forme (**21**)

$$Y - y' = a' (X - x'),$$

et a' sera déterminé par la condition de perpendicularité (**24**)

$$1 + aa' + (a + a') \cos \theta = 0,$$

d'où

$$a' = - \frac{1 + a \cos \theta}{a + \cos \theta}.$$

L'équation de la perpendiculaire demandée sera donc

$$[P] \qquad Y - y' = - \frac{1 + a \cos \theta}{a + \cos \theta} (X - x').$$

Si $\theta = 100$, l'équation devient

$$[P'] \qquad Y - y' = - \frac{1}{a} (X - x').$$

27. Pour trouver la distance du point à la droite, c'est-à-dire la longueur de la partie de cette perpendiculaire comprise entre le point x', y', et le point d'intersection de la perpendiculaire et de la droite, pour lequel on doit avoir

$$X = x, \quad Y = y,$$

on se servira de la formule (**5**)

$$[D] \qquad D = \pm \sqrt{(x - x')^2 + (y - y')^2 + 2(x - x')(y - y') \cos \theta},$$

$(x - x')$, $(y - y')$, étant données par les équations

$$y = ax + b,$$

$$y - y' = - \frac{1 + a \cos \theta}{a + \cos \theta} (X - x').$$

En mettant la première sous la forme

$$y - y' = a (x - x') - (y' - ax' - b),$$

on trouvera par un calcul fort simple

$$x - x' = \frac{(a + \cos \theta)(y' - ax' - b)}{1 + a^2 + 2a\cos\theta},$$

$$y - y' = -\frac{(1 + a\cos\theta)(y' - ax' - b)}{1 + a^2 + 2a\cos\theta}.$$

Substituant ces valeurs dans l'expression générale [D], et appelant P la distance demandée, on aura, toute réduction faite,

$$P = \pm \frac{(y' - ax' - b)\sin\theta}{\sqrt{1 + a^2 + 2a\cos\theta}}.$$

Remarque. Si l'équation de la droite donnée était de la forme

$$Ay + Bx + C = 0,$$

on aurait

$$P = \pm \frac{(Ay' + Bx' + C)\sin\theta}{\sqrt{A^2 + B^2 - 2AB\cos\theta}};$$

P désignant une longueur absolue, et devant être par conséquent positive, on prendra le signe $+$ ou le signe $-$, selon que la quantité $y' - ax' - b$ sera elle-même positive ou négative.

Nous recommandons aux jeunes élèves de bien remarquer la forme de l'expression P, afin de la reconnaître promptement au besoin.

Les distances d'un point $x'\,y'$ aux axes coordonnés sont :

$$p = x'\sin\theta,$$

$$q = y'\sin\theta.$$

28. Si les axes sont rectangulaires, cette expression de P se simplifie et devient

$$P = \pm \frac{(y' - ax' - b)}{\sqrt{1 + a^2}}.$$

29. Si le point donné est à l'origine, la valeur de P se simplifie encore, et l'on a

$$P = \pm \frac{b\sin\theta}{\sqrt{1 + a^2 + 2a\cos\theta}} \qquad \text{en coordonnées obliques.}$$

$$P = \pm \frac{b}{\sqrt{1 + a^2}} \qquad \text{en coordonnées rectangulaires.}$$

30. Telles sont les principales formules dont on se servira pour la recherche des propriétés des figures géométriques rectilignes, et la résolution des problèmes sur la ligne droite.

Nous en donnerons ici quelques exemples bien simples, et nous renverrons le lecteur, pour de plus amples détails, à notre recueil de *Problèmes d'application de l'algèbre à la géométrie* *.

THÉORÈME I.

31. *Les diagonales d'un parallélogramme quelconque se coupent mutuellement en deux parties égales.*

Si l'on prend pour axes des coordonnées les côtés AB, AD (fig. 7), et si l'on fait AB $= a$, AD $= b$, d'après la définition du parallélogramme, les coordonnées du point C seront $x = a$, $y = b$, et l'équation de la diagonale AC, passant par l'origine et par le point C (a, b), sera (**17**)

$$[1] \qquad \text{AC} \ldots \; y = \frac{b}{a} x \quad \text{ou} \quad \frac{y}{b} - \frac{x}{a} = 0,$$

et (**17**) celle de

$$[2] \qquad \text{BD} \ldots \qquad \frac{y}{b} + \frac{x}{a} = 1 ;$$

ajoutant et retranchant les équations [1] et [2], on trouvera

$$x = \frac{a}{2}, \quad y = \frac{b}{2},$$

pour les coordonnées du point d'intersection O, d'où il résulte évidemment que ce point est à la fois le point milieu des deux diagonales.

THÉORÈME II.

32. *Dans tout quadrilatère, si l'on joint deux à deux les milieux des côtés, la figure résultante est un parallélogramme.*

On prendra pour axes deux des côtés, AB, AD (fig. 8), du quadrilatère, et faisant AB $= a$, AD $= b$, c et d désignant les coor-

---

* Chez L. Hachette et Cie, libraires, rue Pierre-Sarrazin, 14.

données du point C, les équations des diagonales seront

$$[1] \qquad AC\ldots\ \frac{y}{d} - \frac{x}{c} = 0 \quad \text{ou} \quad y = \frac{d}{c}\,x,$$

$$[2] \qquad BD\ldots\ \frac{y}{b} + \frac{x}{a} = 1 \quad \text{ou} \quad y = -\frac{b}{a}\,x + b.$$

Les coordonnées de deux points étant x', y', x'', y'', les coordonnées du point milieu de la droite qui les unit sont évidemment, d'après la propriété du trapèze,

$$\frac{x' + x''}{2}, \quad \frac{y' + y''}{2};$$

et par suite les coordonnées des points milieux P, M, N, O, seront

$$P \quad x' = \frac{a}{2}, \quad M \quad x'' = \frac{a+c}{2}, \quad N \quad x''' = \frac{c}{2}, \quad O \quad x^{\mathrm{iv}} = 0,$$

$$y' = 0, \qquad y'' = \frac{d}{2}, \qquad y''' = \frac{b+d}{2}, \qquad y^{\mathrm{iv}} = \frac{b}{2}.$$

Les droites passant par les points milieux auront pour équations (**17**)

$$[3] \qquad PM\ldots \qquad y = \frac{d}{c}\left(x - \frac{a}{2}\right),$$

$$ON\ldots\ y - \frac{b+d}{2} = \frac{d}{c}\left(x - \frac{c}{2}\right);$$

$$[4] \qquad OP\ldots \qquad y = -\frac{b}{a}\,x + \frac{b}{2},$$

$$MN\ldots \qquad y - \frac{d}{2} = -\frac{b}{a}\left(x - \frac{a+c}{2}\right).$$

En comparant les équations [3] et [1], [4] et [2], on voit que les coefficients de x sont égaux : par conséquent (**20**) les droites PM, ON, sont parallèles entre elles et à la diagonale AC, et OP et MN sont aussi parallèles entre elles et à la diagonale BD.

33. Les équations de PN et OM sont

$$PN\ldots \quad y = \frac{b+d}{c-a}\left(x - \frac{a}{2}\right),$$

$$OM\ldots \quad y - \frac{b}{2} = \frac{d-b}{a+c}\,x.$$

Si l'on cherche, d'après les formules du n° **20**, les coordonnées des points d'intersection de ces droites, on trouvera

$$X = \frac{a+c}{4}, \quad Y = \frac{b+d}{4}.$$

Or les coordonnées du point milieu R de la diagonale AC sont

$$x' = \frac{c}{2}, \quad y' = d;$$

celles du point milieu H de la diagonale BD sont

$$x'' = \frac{a}{2}, \quad y'' = \frac{b}{2};$$

et le point milieu I de la distance de ces deux points a pour coordonnées

$$X' = \frac{a+c}{4}, \quad Y' = \frac{b+d}{4}.$$

Donc :

THÉORÈME III.

Le point d'intersection des diagonales du parallélogramme dont les sommets touchent en leur milieu les côtés d'un quadrilatère quelconque se trouve au milieu de la ligne qui joint les milieux des diagonales du quadrilatère.

34. L'angle des droites PN, OM, sera droit si l'on a la relation (**24**)

$$1 + aa' + (a + a')\cos\theta = 0,$$

c'est-à-dire

$$1 + \frac{b+d}{c-a}\cdot\frac{d-b}{a+c} + \left(\frac{b+d}{c-a} + \frac{d-b}{a+c}\right)\cos\theta = 0,$$

et, toute réduction faite,

$$(c^2 + d^2 + 2cd\cos\theta) - (a^2 + b^2 - 2ab\cos\theta) = 0;$$

et, d'après la formule (**5**), AC = BD ; donc :

Le parallélogramme inscrit se change en losange si les diagonales du quadrilatère sont égales.

On démontrera plus aisément encore que

Le parallélogramme inscrit se change en rectangle, quand les diagonales du quadrilatère se coupent à angle droit;

Et enfin en carré, lorsque les diagonales du quadrilatère sont égales et perpendiculaires l'une à l'autre.

THÉORÈME IV.

35. *Dans tout triangle les droites qui joignent les sommets et les milieux des côtés concourent en un même point.*

Les côtés AB, AC, du triangle ABC (fig. 9), étant pris pour axes, soient faits

$$AB = c, \quad AC = b :$$

les coordonnées des points milieux M, N, O, seront évidemment

$$M \quad x' = \frac{c}{2}, \qquad N \quad x'' = \frac{c}{2}, \qquad O \quad x''' = 0,$$

$$y' = 0, \qquad y'' = \frac{b}{2}, \qquad y''' = \frac{b}{2},$$

et les équations des droites

$$[1] \qquad CM\ldots \; \frac{y}{b} + \frac{x}{\left(\frac{c}{2}\right)} = 1,$$

$$[2] \qquad BO\ldots \; \frac{y}{\left(\frac{b}{2}\right)} + \frac{x}{c} = 1.$$

Multipliant la 1ʳᵉ équation par 2, et retranchant la 2ᵉ du produit, on trouvera

$$x_1 = \frac{c}{3};$$

multipliant ensuite la 2ᵉ par 2, et retranchant la 1ʳᵉ du produit, on obtiendra

$$y_1 = \frac{b}{3},$$

d'où

$$\frac{y_1}{x_1} = \frac{b}{c} :$$

donc le point d'intersection des droites [1] et [2] est un point de la droite AN, dont l'équation est

$$AN\ldots \quad y = \frac{b}{c}\, x;$$

ce point de concours est le centre de gravité du triangle.

THÉORÈME V.

36. *Les droites menées du centre de gravité d'un triangle aux sommets partagent le triangle en trois parties équivalentes.*

Les axes étant disposés de la même manière, et les notations étant les mêmes, on a trouvé (**27**) pour l'expression de la distance P d'un point x', y', à une droite $y = Ax + B$,

$$P = \pm \frac{(y' - Ax' - B)\sin\theta}{\sqrt{1 + A^2 + 2A\cos\theta}}.$$

Dans ce cas particulier, les équations des côtés sont

$$AB\ldots \qquad y = 0,$$
$$AC\ldots \qquad x = 0,$$
$$BC\ldots \quad \frac{y}{b} + \frac{x}{c} = 1.$$

Faisant $A = 0$, $B = 0$, et $y' = \dfrac{b}{3}$, dans l'expression générale de P, on aura

$$GP = \frac{b}{3}\sin\theta;$$

ensuite

$$A = \infty, \quad B = 0 \quad \text{et} \quad x' = \frac{c}{3},$$
$$GR = \frac{c}{3}\sin\theta;$$

et enfin

$$A = -\frac{b}{c}, \quad B = b, \quad x' = \frac{c}{3}, \quad y' = \frac{b}{3},$$
$$GQ = \frac{\frac{1}{3}bc\sin\theta}{\sqrt{b^2 + c^2 - 2c\cos\theta}}.$$

Or

$$AB = c, \quad AC = b, \quad BC = \sqrt{b^2 + c_2 - 2bc\cos\theta}:$$

donc

$$\frac{AB.GP}{2} = \frac{AC.GR}{2} = \frac{BC.GQ}{2} = \frac{1}{3}\frac{bc.\sin\theta}{2};$$

d'où l'on pourrait conclure, si on ne la connaissait déjà, la formule trigonométrique

$$\text{surf ABC} = \frac{AB \cdot AC \sin BAC}{2}.$$

37. Le centre de gravité est appelé aussi le centre des moyennes distances. Nous laissons au lecteur le soin de démontrer cette propriété du centre de gravité du triangle par rapport à une droite quelconque, $y = Ax + B$, menée à volonté dans le plan, ainsi que les théorèmes qui suivent.

THÉORÈME VI.

Dans tout triangle les droites perpendiculaires élevées sur les milieux des côtés concourent en un même point.

On trouvera pour les coordonnés du point de concours

$$x = \frac{c - b \cos \theta}{2 \sin^2 \theta}, \quad y = \frac{b - c \cos \theta}{2 \sin^2 \theta}.$$

On tirera de ces valeurs des conséquences assez curieuses.

Par exemple, en cherchant l'expression de la distance du premier point de concours à l'un des sommets du triangle, à l'origine pour plus de simplicité, laquelle distance est, comme on sait, le rayon du cercle circonscrit au triangle, on trouvera

$$R = \frac{a}{2 \sin \theta},$$

en appelant a le côté opposé à l'angle A ou θ, et par conséquent

$$R = \frac{a}{2 \sin A} = \frac{b}{2 \sin B} = \frac{c}{2 \sin C},$$

A, B, C, a, b, c, désignant les angles et les côtés du triangle; et encore

$$\text{surf ABC} = \frac{abc}{4R},$$

qui sont l'expression d'autant de théorèmes généraux.

THÉORÈME VII.

Dans tout triangle le rayon du cercle circonscrit est égal à la moitié du rapport d'un côté quelconque au sinus de l'angle opposé.

THÉORÈME VIII.

La surface d'un triangle quelconque est égale au produit des trois côtés, divisé par le double du diamètre du cercle circonscrit.

THÉORÈME IX.

38. *Dans tout triangle les perpendiculaires abaissées des sommets sur les côtés opposés concourent en un même point.*

On trouvera pour les coordonnées de ce point

$$x = \frac{(b - c \cos \theta) \cos \theta}{\sin^2 \theta},$$

$$y = \frac{(c - b \cos \theta) \cos \theta}{\sin^2 \theta}.$$

THÉORÈME X.

39. *Les droites qui divisent en deux parties égales les angles d'un triangle concourent en un même point.*

Ce point a pour coordonnées

$$x = y = \frac{bc}{a+b+c}.$$

Les perpendiculaires abaissées de ce point sur les côtés sont égales.

Ce point est, comme on sait, le centre du cercle inscrit, et la valeur du rayon du cercle inscrit

$$r = \frac{bc \sin A}{a + b + c}.$$

PROBLÈME IX.

Déterminer un point à égale distance de trois droites données.

Le problème a quatre solutions.

Désignant par a, b, c, les côtés du triangle formé par les droites, par $2p$ le contour, par s la surface, et enfin par ρ_1, ρ_2, ρ_3, ρ_4, les quatre distances égales, c'est-à-dire les rayons des quatre cercles tangents à la fois aux trois droites données, on trouvera les résultats suivants :

$$1° \qquad \rho_1 = \frac{s}{p},$$

$$\rho_2 = \frac{s}{p-a},$$

$$\rho_3 = \frac{s}{p-b},$$

$$\rho_4 = \frac{s}{p-c}.$$

ρ_1 est le rayon du cercle inscrit, et ρ_2, ρ_3, ρ_4, les rayons des cercles tangents extérieurement aux côtés dont la lettre se trouve au dénominateur.

$$2° \qquad \rho_1 \times \rho_2 \times \rho_3 \times \rho_4 = s^2.$$

$$3° \qquad \frac{1}{\rho_1} = \frac{1}{\rho_2} + \frac{1}{\rho_3} + \frac{1}{\rho_4}.$$

4° R étant le rayon du cercle circonscrit,

$$R = \frac{1}{4}(\rho_2 + \rho_3 + \rho_4 - \rho_1).$$

$$5° \qquad S = \frac{\rho_2 \times \rho_3 \times \rho_4}{p}.$$

6° Et enfin cette nouvelle propriété du triangle rectangle :

THÉORÈME XI.

Dans tout triangle rectangle la circonférence du cercle tangent aux trois côtés, et extérieurement à l'hypoténuse, est égale à la somme des trois autres circonférences.

40. Si l'on représente par D la distance des centres des cercles inscrit et circonscrit, on trouvera cette expression :

$$[P] \qquad D^2 = R^2 - 2Rr.$$

THÉORÈME XII.

La distance des centres des cercles inscrit et circonscrit est une moyenne proportionnelle entre le rayon du cercle circonscrit et l'excès de ce rayon sur le double du rayon du cercle inscrit.

41. En désignant par S la somme des distances des trois sommets au point de concours des perpendiculaires abaissées sur les côtés opposés, on obtiendra

$$[\text{Q}] \qquad \text{S} = 2\text{R} + 2r.$$

THÉORÈME XIII.

Dans tout triangle la somme des distances du point de concours des trois hauteurs aux sommets du triangle est égale à la somme des diamètres des cercles inscrit et circonscrit.

Si le triangle est rectangle, on a ce théorème :

THÉORÈME XIV.

Dans tout triangle rectangle l'hypoténuse est égale à l'excès de la somme des deux côtés de l'angle droit sur le diamètre du cercle inscrit.

Ou le diamètre du cercle inscrit dans tout triangle rectangle est égal à l'excès de la somme des deux côtés de l'angle droit sur l'hypoténuse.

La combinaison des formules [P] et [Q] donne

$$\text{D}^2 = \text{R}(3\text{R} - \text{S}).$$

De là :

THÉORÈME XV.

Dans tout triangle la distance des centres des cercles inscrit et circonscrit est une moyenne proportionnelle entre le rayon du cercle circonscrit et l'excès du triple de ce rayon sur la somme des distances du point de concours des trois hauteurs aux sommets du triangle.

Et encore :

THÉORÈME XVI.

Dans tout triangle rectangle la distance du milieu de l'hypoténuse (centre du cercle circonscrit) au centre du cercle inscrit est une moyenne proportionnelle entre la moitié de l'hypoténuse et l'excès du triple de cette moitié sur la somme des deux côtés de l'angle droit.

THÉORÈME XVII.

42. *Dans tout triangle le centre de gravité (point de concours des droites des milieux), le centre du cercle circonscrit et le point de*

concours des trois hauteurs, sont en ligne droite, le centre de gra-
vité étant au tiers de la distance des deux autres points.

Nous engageons le lecteur à faire choix, autant que possible, pour axes des coordonnées, des côtés eux-mêmes du triangle. Les équations des droites sont très-symétriques, et le résultat plus tôt mis en évidence.

Au surplus, nous le renvoyons au recueil ci-dessus rappelé, pour le calcul en coordonnées rectangulaires, et nous termine-rons par la théorie des transversales rectilignes, qui se démontre par l'analyse algébrique avec la plus grande facilité.

Nous donnons ici une solution de ce problème un peu diffé-rente de celle qui est développée dans le recueil, et qui paraîtra peut-être plus simple et plus élégante.

PROBLÈME X.

45. *Étant données deux droites, AB, AC, et un point P dans le plan de ces droites (fig. 10), on mène par ce point des couples de sécantes, POM, PRS, et l'on joint réciproquement les points d'inter-section par les droites MR, OS, qui se coupent en un point I. Trou-ver le lieu géométrique de tous les points I ainsi obtenus.*

Prenant pour axes les droites données AB, AC, nous ferons

$$AO = \alpha, \quad AM = \beta,$$
$$AR = \alpha', \quad AS = \beta',$$

α, β, α', β', correspondant à une position particulière des sé-cantes POM, PRS, menées du point P.

Cela posé, les équations des diagonales MR, OS, seront évi-demment

$$MR\ldots \quad \frac{y}{\beta} + \frac{x}{\alpha'} = 1,$$

$$OS\ldots \quad \frac{y}{\beta'} + \frac{x}{|\alpha} = 1,$$

et l'on trouvera aisément pour coordonnées du point d'inter-section I

$$x_1 = \frac{\alpha\alpha'(\beta' - \beta)}{\beta'\alpha' - \beta\alpha}, \quad y_1 = \frac{\beta\beta'(\alpha' - \alpha)}{\beta'\alpha' - \beta\alpha},$$

d'où

$$[1] \qquad \frac{y_1}{x_1} = \frac{\beta\beta'}{\alpha\alpha'}\left(\frac{\alpha' - \alpha}{\beta' - \beta}\right).$$

Mais les sécantes elles-mêmes POM, PRS, ont pour équations

$$\text{POM}\ldots\quad \frac{y}{\beta}+\frac{x}{\alpha}=1,$$

$$\text{PRS}\ldots\quad \frac{y}{\beta'}+\frac{x}{\alpha'}=1\,;$$

et, si l'on désigne par x_2, y_2, les coordonnées de leur point d'intersection P, on trouvera

$$x_2=\frac{\alpha\alpha'\,(\beta'-\beta)}{\alpha\beta'-\beta\alpha'},\quad y_2=-\frac{\beta\beta'\,(\alpha'-\alpha)}{\alpha\beta'-\beta\alpha'}\,;$$

d'où

[2]
$$\frac{y_2}{x_2}=-\frac{\beta\beta'}{\alpha\alpha'}\left(\frac{\alpha'-\alpha}{\beta'-\beta}\right),$$

et par conséquent

[F]
$$\frac{y_1}{x_1}+\frac{y_2}{x_2}=0.$$

Or le point P étant donné, x_2, y_2, sont des quantités constantes et connues ; par conséquent l'équation [F] est de la forme

$$\frac{y_1}{x_1}+k=0.$$

Donc, *Le lieu géométrique cherché est une ligne droite passant par l'origine, c'est-à-dire par le point de concours des deux droites données.*

44. Si le point P est situé à l'infini, les droites MOP, SRP (fig. 11), sont parallèles, et l'on a

$$\frac{\beta}{\alpha}=\frac{\beta'}{\alpha'}\,;$$

l'équation [F] devient

[3]
$$\frac{y_1}{x_1}=\frac{\beta}{\alpha}=\frac{\beta'}{\alpha'},$$

et la droite AIG, des points d'intersection I, partage en deux parties égales les droites MO, RS.

Ce résultat pouvant s'appliquer à deux sécantes quelconques, on en conclut ce théorème :

THÉORÈME XVIII.

Dans tout triangle ABC (fig. 11), *si l'on mène des parallèles,* MO, RS, *à l'un des côtés, les diagonales* MS, RO, *des trapèzes interceptés, se coupent sur la ligne qui joint le sommet opposé et le milieu du côté.*

Et plus généralement :

THÉORÈME XIX.

Deux droites quelconques étant données, si l'on mène à ces droites des transversales parallèles, les points d'intersection des diagonales des trapèzes interceptés sont tous sur une droite qui passe par le sommet de l'angle des droites, et qui partage chacune des parallèles en deux parties égales.

45. Mais il n'est pas nécessaire que x_2 et y_2 soient tous deux constants à la fois, il suffit que le rapport $\dfrac{y_2}{x_2}$ le soit, ce qui ne détermine plus une seule position particulière du point P, mais qui l'assujettit à rester sur la droite,

$$[\mathrm{G}] \qquad \frac{y_2}{x_2} = k',$$

k' exprimant le rapport constant ; alors l'équation [F] deviendra

$$[\mathrm{H}] \qquad \frac{y_1}{x_1} + k' = 0.$$

Or, si l'on joint AP (fig. 10), et qu'on mène IL et PHP′ parallèles à AC, en désignant par a, b, c, les angles CAI, IAB, BAP, on aura

$$\frac{y_2}{x_2} = \frac{\mathrm{PH}}{\mathrm{AH}} = \frac{\sin \mathrm{PAH}}{\sin \mathrm{APH}} = \frac{\sin c}{\sin (a+b+c)},$$

$$\frac{y_2}{x_2} = \frac{\mathrm{IL}}{\mathrm{AL}} = \frac{\sin \mathrm{IAL}}{\sin \mathrm{AIL}} = \frac{\sin b}{\sin a};$$

donc, à cause de la relation [F], on aura aussi

$$\frac{\sin c}{\sin(a+b+c)} = \frac{\sin b}{\sin a},$$

ou

$$[\mathrm{S}] \qquad \sin a \sin c = \sin b \sin (a+b+c).$$

46. Les triangles AMN, ANO, AOP, MAP, ayant tous même hauteur, leurs aires sont dans le rapport des bases ; on a donc

$$\frac{\frac{1}{2}\,AM.AN\sin a}{\frac{1}{2}\,AN.AO\sin b}=\frac{MN}{NO},$$

$$\frac{\frac{1}{2}\,AO.AP\sin c}{\frac{1}{2}\,AM.AP\sin(a+b+c)}=\frac{OP}{MP}.$$

Multipliant ces équations terme à terme, et réduisant, on trouve

$$\frac{\sin a\sin c}{\sin b\sin(a+b+c)}=\frac{MN.OP}{NO.MP},$$

et, à cause de la relation [S],

$$[\mathrm{T}]\qquad\qquad MN.OP=NO.MP.$$

Ainsi, toute transversale PONM, dans quelque direction qu'on la mène, est partagée par les quatre droites AC, AI, AB, AP, en trois segments tels, que le produit du segment moyen par la somme des segments est égal au produit des segments extrêmes.

La relation [T] peut se mettre sous la forme

$$\frac{PM}{PO}=\frac{PM-PN}{PN-PO}.$$

Et par conséquent les distances des points M, N, O, *au point* P, *sont telles, que la plus grande est à la plus petite comme l'excès de la plus grande sur la moyenne est à l'excès de la moyenne sur la plus petite.*

On dit que trois grandeurs sont en *proportion harmonique* lorsque cette relation existe entre elles : chaque sécante est donc divisée *harmoniquement* par les quatre droites, et les quatre droites pour lesquelles la relation [S] existe forment un *faisceau harmonique.*

Les quatre points P, O, N, M, sont dits *harmoniques.*

Il suit de là que, *Si d'un point quelconque, hors d'une droite divisée harmoniquement, on mène des droites à quatre points harmoniques, ces quatre droites forment un faisceau harmonique.*

Les triangles qui ont pour bases les segments harmoniques sont eux-mêmes en proportion harmonique.

Un faisceau harmonique peut être représenté par l'ensemble des équations

$$[A] \qquad y = 0, \qquad y + kx = 0, \qquad [c]$$

$$[A'] \qquad x = 0, \qquad y - kx = 0, \qquad [c']$$

L'origine des coordonnées étant au sommet du faisceau, les droites c, c', sont dites *conjuguées*, par rapport aux deux autres droites du faisceau, qui sont les axes eux-mêmes, et réciproquement.

Trois côtés d'un faisceau harmonique forment, avec le prolongement du quatrième côté, un second faisceau harmonique.

En désignant les quatre côtés du faisceau harmonique par les nombres 1, 2, 3, 4, et leurs prolongements respectifs par 5, 6, 7, 8, on aura huit faisceaux harmoniques : 1234, 2345, 3456, 4567, 5678, 6781, 7812, 8123.

Si dans les équations

$$\frac{Y}{X} = k, \quad \frac{y}{x} = -k,$$

on fait $X = x$, on a $Y = -y$.

On peut donc dire généralement que, *Toute droite interceptée dans un faisceau harmonique est divisée harmoniquement. Lorsque la droite interceptée est parallèle à un des côtés du faisceau, les deux segments interceptés sont égaux.*

47. Dans un faisceau harmonique A (fig. 12), les côtés AD, AE, étant conjugués par rapport aux deux autres AC, AB, et réciproquement, les points N et P situés sur les deux premiers sont dits conjugués par rapport au segment MO intercepté entre les deux autres, et réciproquement M et O sont conjugués par rapport à NP.

Étant donnés une droite MO et un point P, on trouvera facilement son conjugué N par la construction suivante : d'un point quelconque A on mènera les droites AMC, AOB, APE, et par le point P une transversale quelconque PRS ; ensuite joignant SO et **RM**, et menant AI, le point d'intersection N de cette droite et de la droite donnée sera le point demandé.

Si, connaissant le point N, on voulait déterminer son conjugué P, après avoir pris un point quelconque A hors de la droite, et mené AMC, AND, AOB, puis une sécante quelconque TU, on joindrait TOH, MUH, et le point P serait déterminé par l'intersection des droites AH et MNO.

48. Enfin on résoudra facilement, au moyen de la règle seule, le problème suivant :

PROBLÈME XI.

Mener par un point donné une droite qui concoure au même point que deux droites données qu'on ne peut prolonger.

SC, RU et P étant les droites et le point donnés, on mènera les sécantes quelconques TU et POM, on joindra TO, MU, qui, par leur intersection, donneront un second point de la droite cherchée HPA.

Si le point donné est situé entre les droites données, I par exemple (fig. 12), on mènera deux sécantes, RIM, SIO; puis SRP, MOP, qui détermineront le point P, par lequel on tirera une nouvelle sécante PUV ; et ensuite le point d'intersection G des diagonales MU, OV, achèvera de déterminer la droite demandée IG.

49. Remarque. Le petit nombre d'applications que nous venons de présenter est plus que suffisant pour convaincre des avantages de l'algèbre dans les questions de géométrie : non-seulement elle constate par ses formules les diverses propriétés que la synthèse ancienne avait découvertes, mais encore elle en fait découvrir de nouvelles par un moyen sûr et facile, ne se servant pour cela que du calcul, dont les procédés sont généralement applicables à toute espèce de formes géométriques.

Nous passons maintenant à l'examen d'autres formes particulières, à la découverte des propriétés des lignes du 2e degré, renvoyant, pour de plus nombreux exercices sur la ligne droite, au recueil de problèmes précité.

DEUXIÈME SECTION.

DES LIGNES DU DEUXIÈME DEGRÉ.

50. L'équation la plus générale du deuxième degré à deux inconnues, d'après la remarque du n° 12, ne pourra avoir plus de six termes, et sera par conséquent de la forme

$$[1] \qquad Ay^2 + Bxy + Cx^2 + Dy + Ex + F = 0.$$

En outre, d'après la remarque du n° 11, elle ne pourra acquérir un plus grand nombre de termes par le changement des axes coordonnés : par conséquent on peut regarder l'équation [1] comme étant rapportée à deux droites quelconques prises pour axes. Il suit de là ce théorème :

THÉORÈME XX.

Une ligne du 2° degré ne peut être rencontrée par une droite en plus de deux points.

En effet, si l'on prend cette droite pour l'un des axes coordonnés, celui des abscisses par exemple, les abscisses des points d'intersection se trouveront en faisant $y = 0$ dans l'équation [1], ce qui donne

$$[2] \qquad Cx^2 + Ex + F = 0 \, ;$$

d'où l'on tirera deux valeurs au plus pour x.

Si les racines du trinôme [2] sont égales, les deux points d'intersection sont réunis en un seul : la droite n'aura donc qu'un point commun avec la ligne du deuxième degré, et sera ce qu'on appelle *tangente* à cette ligne.

Si les racines sont imaginaires, la droite ne la rencontrera pas.

51. Pour reconnaître la forme de la ligne représentée par l'équation [1], appliquons la méthode générale, et résolvons cette équation par rapport à l'une des inconnues, y par exemple. On trouvera, après avoir mis l'équation sous la forme

$$Ay^2 + (Bx + D)y + Cx^2 + Ex + F = 0$$

ou

$$y^2 + \left(\frac{Bx + D}{A}\right)y + \left(\frac{Cx^2 + Ex + F}{A}\right) = 0,$$

la valeur générale de l'ordonnée

$$y = -\frac{Bx}{2A} - \frac{D}{2A} \pm \frac{1}{2A}\sqrt{(B^2 - 4AC)x^2 + 2(BD - 2AE)x + (D^2 - 4AF)} ;$$

et, faisant pour abréger,

$$-\frac{B}{2A} = a, \quad -\frac{D}{2A} = b,$$

$$B^2 - 4Ac = n, \quad BD - 2AE = p, \quad D^2 - 4AF = q,$$

$$y = ax + b \pm \frac{1}{2A}\sqrt{nx^2 + 2px + q}.$$

Les deux valeurs de y comprises dans cette valeur générale ont la même partie rationnelle, exprimée par $ax + b$, et qu'on peut regarder comme l'ordonnée de la droite

$$y = ax + b.$$

Construisons cette droite, entièrement déterminée, puisque a et b sont des quantités numériques ou algébriques données.

Soient OX, OY (fig. 13), les droites prises pour axes, et DD la droite construite.

Pour obtenir autant de points qu'on voudra de la ligne [1], on donnera à x une valeur quelconque

$$x = OP ;$$

par le point P on mènera l'ordonnée indéfinie PH, sur laquelle on prendra à partir du point H, au-dessus et au-dessous de la ligne DD', deux longueurs HM, HM', égales à la valeur que fournira la partie irrationnelle

$$\frac{1}{2A}\sqrt{nx^2 + 2px + q}.$$

On voit, en effet, que d'après cette construction

$$\mathrm{PM} = \mathrm{PH} + \mathrm{HM} = ax + b + \frac{1}{2\mathrm{A}}\sqrt{nx^2 + 2px + q},$$

$$\mathrm{PM}' = \mathrm{PH} - \mathrm{HM}' = ax + b - \frac{1}{2\mathrm{A}}\sqrt{nx^2 + 2px + q}.$$

Et répétant la même construction pour toutes les valeurs de x qui donneront au radical des valeurs réelles, on obtiendra autant de points de la courbe qu'on voudra.

D'ailleurs, en donnant à x des valeurs aussi rapprochées qu'on voudra, on obtiendra aussi pour y des valeurs très-rapprochées ; en effet, si x' et x'' représentent deux valeurs consécutives attribuées à x, et y', y'' les valeurs correspondantes de y, on aura les deux relations

$$\mathrm{A}y'^2 + \mathrm{B}x'y' + \mathrm{C}x'^2 + \mathrm{D}y' + \mathrm{E}x' + \mathrm{F} = 0,$$
$$\mathrm{A}y''^2 + \mathrm{B}x''y'' + \mathrm{C}x''^2 + \mathrm{D}y'' + \mathrm{E}x'' + \mathrm{F} = 0;$$

d'où

$$\mathrm{A}(y'^2 - y''^2) + \mathrm{B}(x'y' - x''y'') + \mathrm{C}(x'^2 - x''^2) + \mathrm{D}(y' - y'') + \mathrm{E}(x' - x'') = 0.$$

Et à cause de

$$y'^2 - y''^2 = (y' + y'')(y' - y''),$$
$$x'^2 - x''^2 = (x' + x'')(x' - x''),$$
$$x'y' - x''y'' = \frac{(x' + x'')(y' - y'') + (x' - x'')(y' + y'')}{2},$$

on trouvera

$$y' - y'' = -(x' - x'')\,\frac{2\,\mathrm{C}(x' + x'') + \mathrm{B}(y' + y'') + 2\,\mathrm{E}}{2\,\mathrm{A}(y' + y'') + \mathrm{B}(x' + x'') + 2\,\mathrm{D}}.$$

D'où l'on voit que la différence entre deux ordonnées consécutives décroît avec la différence des abscisses, et devient nulle en même temps.

Si donc on détermine un assez grand nombre de points de la ligne convenablement rapprochés entre eux, M, m, M', m', on n'aura plus qu'à joindre tous ces points par une ligne continue, qui sera la ligne lieu géométrique de l'équation [1].

La construction fera reconnaître que ce lieu géométrique est généralement une ligne courbe.

On remarque, en outre, que la droite DD' partage en deux

partie$ égales les portions des ordonnées MM', mm', comprises dans la ligne du deuxième degré : propriété qui lui a fait donner le nom de *diamètre*.

52. Afin d'arriver plus promptement à reconnaître la forme de la ligne par la forme de l'équation, examinons les diverses modifications que peut subir l'expression renfermée sous le radical, puisque c'est de la partie irrationnelle de la valeur générale de y que dépend principalement la forme de cette ligne.

Faisons, pour abréger,

$$Y = \frac{1}{2A} \sqrt{nx^2 + 2px + q},$$

Y désignant généralement la portion de l'ordonnée qui doit être portée au-dessus et au-dessous du diamètre ; et cherchons l'étendue et les limites des valeurs de x qui rendent Y réelle, nulle ou imaginaire, ou, ce qui revient au même, qui rendent l'expression $nx^2 + 2px + q$ positive, nulle ou négative.

Or, on sait que dans un polynôme quelconque

$$Px^m + Qx^{m-1} + Rx^{m-2} + \text{etc.}$$

on peut toujours assigner à x une valeur positive et une valeur négative telles, que toutes les valeurs positives et négatives plus grandes donnent pour ce polynôme des valeurs de même signe que le premier terme ; et qu'en faisant croître x jusqu'à l'infini, les valeurs du polynôme augmenteront elles-mêmes jusqu'à l'infini.

Cette valeur n'est autre chose que la limite des racines positives ou négatives de l'équation

$$x^m + \frac{Q}{P}x^{m-1} + \frac{R}{P}x^{m-2} + \ldots = 0,$$

que l'on obtient en mettant le polynôme sous la forme

$$P\left(x^m + \frac{Q}{P}x^{m-1} + \frac{R}{P}x^{m-2} + \ldots\right),$$

P conservant son propre signe.

Ainsi, à partir de certaines valeurs de x, positives ou négatives, la quantité $nx^2 + 2px + q$ prendra des valeurs croissantes jusqu'à l'infini, et de même signe que son premier terme nx^2, et comme le carré x^2 est toujours positif, de même signe que n, c'est-à-dire de même signe que $B^2 - 4AC$.

Si donc n est négatif, c'est-à-dire si $B^2 - 4AC < 0$, il y a des valeurs de x au delà desquelles Y est toujours imaginaire, soit qu'on donne à x des valeurs positives, soit qu'on lui donne des valeurs négatives. D'ailleurs Y ne peut jamais devenir infini pour aucune des valeurs de x entre lesquelles Y est réel, car x n'entre point en dénominateur dans le polynôme soumis au radical : donc la ligne du deuxième degré, pour ce cas particulier, est limitée dans le sens des abscisses positives et négatives, tant au-dessus qu'au-dessous du diamètre.

Si n est positif, c'est-à-dire si $B^2 - 4AC > 0$, il y a des valeurs positives et négatives de x au delà desquelles Y reste toujours réel; d'ailleurs Y peut croître jusqu'à l'infini : donc la ligne du deuxième degré, pour ce second cas particulier, est illimitée dans le sens des abscisses positives et négatives, tant au-dessus qu'au-dessous du diamètre.

Si $n = 0$, c'est-à-dire si $B^2 - 4AC = 0$, Y se réduit à

$$Y = \frac{1}{2A} \sqrt{2px + q},$$

et, d'après la remarque précédente, si $p > 0$, à x positif et aussi grand qu'on voudra correspondra toujours une valeur réelle et illimitée de Y.

Mais en donnant à x une valeur négative suffisamment grande, on aurait pour Y une valeur imaginaire. La ligne du second degré, pour ce troisième cas, est limitée dans le sens des abscisses négatives. Ce sera le contraire si p est négatif. Ainsi, dans ces deux cas la ligne du deuxième degré est illimitée au-dessus et au-dessous du diamètre, mais elle n'est illimitée que d'un seul côté par rapport à l'origine.

Nous examinerons bientôt le cas particulier où p serait nul en même temps que $B^2 - 4AC$.

53. La discussion précédente nous conduit à distinguer trois genres de lignes du deuxième degré, à l'inspection seule de la relation :

$B^2 - 4AC < 0$,   Ligne limitée dans tous les sens.

$B^2 - 4AC > 0$,   Ligne illimitée dans tous les sens.

$B^2 - 4AC = 0$,   Ligne illimitée dans deux sens seulement.

Cette énumération semble exiger, il est vrai, que l'équation soit du deuxième degré par rapport à y, mais il est facile de voir qu'elle comprend les autres cas.

54. En effet, si $A = 0$, C n'étant pas nul, en résolvant l'équation [1] par rapport à x, on trouvera

$$x = -\frac{B}{2C} y - \frac{E}{2C} \pm \frac{1}{2C} \sqrt{B^2 y^2 + 2(BE - 2CD)y + (E^2 - 4CF)}.$$

Si B n'est pas nul, B^2 étant positif, la courbe s'étendra indéfiniment du côté des ordonnées positives et négatives, au-dessus et au-dessous du diamètre

$$x = -\frac{B}{2C} y - \frac{E}{2C} :$$

elle peut donc être rangée parmi les courbes du deuxième genre, ce qu'indiquait aussi la caractéristique $B^2 - 4AC$, qui se réduit à B^2, et par conséquent > 0.

Si $A = 0$ et $B = 0$, la valeur de x se réduit à

$$x = -\frac{E}{2C} \pm \frac{1}{2C} \sqrt{-4CDy + (E^2 - 4CF)};$$

et, en raisonnant comme précédemment, on verra que la courbe peut être rangée parmi les courbes du troisième genre, ce qu'indique encore la caractéristique $B^2 - 4AC$, qui se réduit d'elle-même à zéro.

Enfin, si $C = 0$ et $A = 0$ en même temps, l'équation [1], réduite à

$$Bxy + Dy + Ex + F = 0,$$

n'est plus qu'une équation du premier degré en y. Résolvant par rapport à cette variable, on trouve

$$y = -\frac{Ex + F}{Bx + D} = -\frac{E + \dfrac{F}{x}}{B + \dfrac{D}{x}},$$

valeur qui se réduit à

$$y = -\frac{E}{B} \quad \text{pour} \quad x = \pm \infty ;$$

ce qui signifie que la courbe ne rencontre la droite $y = -\dfrac{E}{B}$, parallèle à l'axe des x, qu'à une distance infinie de l'origine : donc elle est illimitée dans le sens des abscisses positives et négatives.

Résolvant de même l'équation par rapport à x, on obtient

$$x = -\frac{Dy + F}{By + E} = -\frac{D + \dfrac{F}{y}}{B + \dfrac{E}{y}},$$

qui devient $x = -\dfrac{D}{B}$ pour $y = \pm \infty$: la courbe ne rencontre donc la droite $x = -\dfrac{D}{B}$, parallèle à l'axe des y, qu'à une distance infinie; elle s'étend donc aussi indéfiniment dans le sens des ordonnées positives et négatives : elle est donc illimitée dans tous les sens, et doit être rangée dans le 2ᵉ genre des lignes du 2ᵉ degré. Et l'on remarquera encore que la condition $B^2 - 4AC > 0$ est satisfaite, puisque $B^2 - 4AC$ se réduit à B^2.

Ainsi, à la vue d'une équation du 2ᵉ degré, on pourra distinguer le genre de courbe auquel le lieu géométrique de cette équation appartient, en examinant si la quantité $B^2 - 4AC$ est < 0, ou > 0, ou $= 0$.

La condition $B^2 - 4AC = 0$ est celle qui exprime que $Ay^2 + Bxy + Cx^2$ est un carré : ainsi, lorsque l'équation du 2ᵉ degré représente une courbe du 3ᵉ genre, les trois termes du 2ᵉ degré forment un carré.

DISCUSSION DES TROIS GENRES DE LIGNES DU DEUXIÈME DEGRÉ.

PREMIER GENRE. $B^2 - 4AC < 0$.

Courbe fermée.

55. Après avoir reconnu l'existence des trois genres, examinons en particulier chacun d'eux, en cherchant à resserrer la courbe dans des limites qui permettent de juger plus particulièrement de sa forme.

Reprenons la valeur générale de l'ordonnée des lignes du 2ᵉ degré (**51**),

$$y = ax + b \pm \frac{1}{2\mathrm{A}} \sqrt{nx^2 + 2px + q},$$

qu'on peut mettre sous la forme

$$y = ax + b \pm \frac{1}{2\mathrm{A}} \sqrt{n \left(x^2 + \frac{2p}{n} x + \frac{q}{n} \right)};$$

et supposons encore qu'on ait construit le diamètre DD' (fig. 14), qui a pour équation

$$y = ax + b.$$

Il sera facile de déterminer les points où ce diamètre est rencontré par la courbe. En effet, pour ces points $Y = 0$ (**52**) : par conséquent les abscisses de ces points seront données par l'équation

$$[\mathrm{X}] \qquad x^2 + \frac{2px}{n} + \frac{q}{n} = 0.$$

Soient x', x'', les racines de cette équation; et, pour fixer les idées, supposons qu'elles soient réelles et positives, et $x' < x''$. On prendra $\mathrm{OP} = x'$, $\mathrm{OP'} = x''$, et, menant les ordonnées indéfinies PA, P'A', on déterminera les deux points A, A', où le diamètre DD' rencontre la courbe. L'expression de Y prendra la forme

$$\mathrm{Y} = \pm \frac{1}{2\mathrm{A}} \sqrt{n (x - x') (x - x'')};$$

et l'on voit facilement que, lorsqu'on donnera à x des valeurs plus petites que x', et par conséquent que x'', on aura à la fois $x - x' < 0$, $x - x'' < 0$; et comme aussi $n < 0$, Y sera imaginaire.

Entre les valeurs $x = x'$ et $x = x''$, le radical sera évidemment réel, et il redeviendra imaginaire pour des valeurs de $x > x''$. La ligne est donc renfermée entre les parallèles PA, P'A'; et comme les valeurs de x pour lesquelles Y est réel sont comprises entre x' et x'', et que d'ailleurs, x n'étant pas en dénominateur sous le radical, Y ne peut devenir infini, il s'ensuit que la courbe est limitée tant au-dessus qu'au-dessous du diamètre DD'.

On peut aussi déterminer les limites de la courbe parallèlement au diamètre. Il suffit pour cela de déterminer la valeur *maximum* de Y, qui peut s'écrire sous la forme

$$Y = \pm \frac{1}{2A} \sqrt{n\left(x+\frac{p}{n}\right)^2 + \left(q-\frac{p^2}{n}\right)}.$$

Or, n étant négatif, $-\frac{p^2}{n}$ sera positif et $n\left(x+\frac{p}{n}\right)^2$ négatif : par conséquent la plus grande valeur de Y correspondra à $x+\frac{p}{n}=0$ ou $x=-\frac{p}{n}$. D'après l'équation [X], $x = \frac{x'+x}{2}$: l'ordonnée passe donc par le milieu de PP' et de AA'. Soit C le milieu de AA', on portera sur l'ordonnée MC, à partir du point C, des valeurs CB, CB', égales à $\frac{1}{2A}\sqrt{q-\frac{p^2}{n}}$, et par les points B, B', on mènera EBH, FB'G, parallèles au diamètre, qui formeront avec les parallèles PA, P'A', un parallélogramme EFGH entre lequel la courbe sera renfermée.

En donnant à x des valeurs comprises entre x' et x'', on obtiendra de nouveaux points de la courbe, dont un petit nombre suffira pour la déterminer complétement, et l'on trouvera que la courbe a la forme indiquée (fig. 14). Les courbes du deuxième degré du premier genre s'appellent des *ellipses*.

On remarquera que la courbe ne fait que toucher les côtés du parallélogramme EFGH en leurs points milieux A, A', B, B'.

De plus, si l'on donne à x deux valeurs à égale distance du point M, abscisse du point C,

$$[MR = MS] \qquad x_1 = -\frac{p}{n} + h = OS,$$

$$x_2 = -\frac{p}{n} - h = OR,$$

les valeurs correspondantes de Y seront égales, et l'on aura IT = IT' = RU = RU' ; d'où l'on conclura sans difficulté CT = CU' ; et par conséquent le point C est le milieu de toutes les droites TU' menées par ce point dans la courbe : propriété qui a fait donner au point C le nom de *centre*, par analogie avec le cercle.

On voit encore que la corde TU, parallèle à AA', est coupée en son milieu par la droite B'CB; et comme il en est de même pour toutes les cordes parallèles à AA', BCB' est un diamètre.

Ainsi les deux diamètres ACA', BCB', sont tellement disposés, que chacun d'eux passe par le milieu de toutes les cordes parallèles à l'autre.

On les appelle pour cette raison *diamètres conjugués*.

Enfin on observera que les tangentes EH, FG; EF, HG, sont respectivement parallèles au diamètre conjugué de celui qui passe par les points de contact.

56. Nous avons supposé que les racines de [X] étaient inégales ; si l'on avait $x' = x''$, la valeur générale de y deviendrait

$$y = ax + b \pm \frac{x - x'}{2A} \sqrt{n} \,;$$

et à cause de $n < 0$, on voit que cette ordonnée ne saurait être réelle que pour $x = x'$. Dans ce cas la courbe se réduit à un point dont les coordonnées sont

$$x = x',$$
$$y = ax' + b.$$

57. Si les racines x', x'', étaient imaginaires, comme le polynôme $nx^2 + 2px + q$ ne peut jamais changer de signe, quelque valeur qu'on donne à x, et que d'ailleurs on peut toujours donner à x des valeurs telles, que le résultat de la substitution soit de même signe que le premier terme, ce premier terme étant négatif, $n < 0$, Y sera toujours imaginaire, et par conséquent la courbe est impossible.

DEUXIÈME GENRE. $B^2 - 4AC > 0$.

Courbe illimitée dans tous les sens par rapport à l'origine.

58. La quantité n ou $B^2 - 4AC$ étant positive, après avoir résolu l'équation sous le radical, x', x'', désignant les deux racines, la valeur générale de l'ordonnée sera encore de la forme

$$y = ax + b \pm \frac{1}{2A} \sqrt{n(x - x')(x - x'')}.$$

- On construira de même le diamètre DD' (fig. 15), et l'on déterminera les points A, A', où la courbe rencontre ce diamètre.

On remarquera, comme précédemment, que pour des valeurs de x plus petites que x', x' et x'' étant supposées d'abord réelles et inégales, toutes deux positives, et pour fixer les idées $x' < x''$, $x - x'$ et $x - x''$ seront deux quantités négatives, dont le produit sera positif; par conséquent n étant positif,

$$\cdot\, \mathrm{Y} = \pm \frac{1}{2\mathrm{A}} \sqrt{n\,(x - x')\,(x - x'')}$$

sera toujours réel.

Pour $x > x'$ et $< x''$, Y est imaginaire, et la courbe n'existe pas entre les ordonnées PA, P'A'.

Enfin à $x > x''$, et par conséquent à $x > x'$, correspondent toujours des valeurs réelles de Y : donc la courbe, composée de deux branches, s'étend indéfiniment de l'autre côté de l'ordonnée A'P', comme elle s'étendait indéfiniment de ce côté de l'ordonnée AP.

Il n'est pas nécessaire de discuter les valeurs négatives données à x, puisqu'elles peuvent être considérées comme numériquement plus petites que x'. Au surplus, on reconnaîtra facilement que pour des valeurs de $x < 0$, $x - x'$, $x - x''$, sont toujours négatifs, et par conséquent Y est toujours réel.

En donnant à x des valeurs plus petites que x' et plus grandes que x'', on obtiendra pour Y des valeurs réelles, et par conséquent des points de la courbe; et la construction dans chaque cas particulier montrera que la courbe a la forme indiquée fig. 15. On donne aux courbes du deuxième degré du second genre le nom d'*hyperboles*.

59. Si les racines x', x'', sont égales, la valeur générale, devenue

$$y = ax + b \pm \frac{\sqrt{n}}{2\mathrm{A}}\,(x - x'),$$

représente deux lignes droites HH', KK' (fig. 16), dont les équations sont

$$y = \left(a + \frac{\sqrt{n}}{2\mathrm{A}}\right) x + \left(b - \frac{\sqrt{n}}{2\mathrm{A}} x'\right),$$

$$y = \left(a - \frac{\sqrt{n}}{2\mathrm{A}}\right) x + \left(b + \frac{\sqrt{n}}{2\mathrm{A}} x'\right),$$

et qui se coupent sur le diamètre en un point I, dont l'abscisse est x'. En effet, en faisant $x = x'$, les équations des droites se réduisent à $y = ax + b$, équation du diamètre.

60. Lorsque les racines x', x'', sont imaginaires, l'hyperbole ne rencontre pas le diamètre. La quantité sous le radical devant rester toujours positive, quelque valeur qu'on donne à x, chaque valeur de x donnera toujours pour Y une double valeur réelle, et par suite deux points de la courbe, situés l'un au-dessus, l'autre au-dessous du diamètre.

On obtiendra donc encore deux branches indéfinies, séparées par le diamètre DD' (fig. 17).

61. Pour trouver les points où la courbe se rapproche le plus du diamètre DD', reprenons l'expression

$$Y = \frac{1}{2A} \sqrt{ n \left(x + \frac{p}{n} \right)^2 + \left(q - \frac{p^2}{n} \right) }.$$

On voit que Y sera le plus petit possible lorsque $x = -\dfrac{p}{n}$; d'ailleurs $q - \dfrac{p^2}{n}$ doit être positif : autrement la quantité sous le radical égalée à zéro donnerait pour x deux valeurs réelles, contre l'hypothèse.

On prendra donc $OM = -\dfrac{p}{n}$; par le point M on mènera l'ordonnée MCA', qui déterminera le point C, à partir duquel on portera sur l'ordonnée des valeurs CA, CA', égales à $\dfrac{1}{2A} \sqrt{ q - \dfrac{p^2}{n} }$, et les points A, A', seront les points de la courbe les plus rapprochés du diamètre ; par conséquent la courbe s'étend indéfiniment en deçà et au delà des droites GH, EF, parallèles au diamètre, et qui ne font que toucher la courbe aux points A et A'.

On démontrerait, comme au n° **55**, que le point C est le centre de la courbe ; que les diamètres AA', BB', sont conjugués entre eux ; que les tangentes AF, A'H, sont parallèles au diamètre BB', conjugué de AA', qui passe par les points de contact.

62. Supposons maintenant A = 0, l'équation

$$Bxy + Cx^2 + Dy + Ex + F = 0,$$

résolue par rapport à y, donnera

$$y = \frac{-Cx^2 - Ex - F}{Bx + D}.$$

Effectuant la division, et désignant par $rx + s$ les deux premiers termes du quotient, et par t le reste de la division, on obtiendra une expression de la forme

$$y = rx + s + \frac{t}{Bx + D}.$$

Si l'on construit d'abord la droite SS′ (fig. 18), représentée par

$$y = rx + s,$$

pour avoir autant de points qu'on voudra de la courbe, il suffira de porter dans la direction des ordonnées de cette droite des longueurs exprimées par $\dfrac{t}{Bx + D}$, au-dessus de cette droite ou au-dessous, selon que cette quantité sera positive ou négative pour la valeur particulière donnée à x.

Or on voit facilement qu'en donnant à x des valeurs croissantes depuis 0 jusqu'à ∞, la quantité $\dfrac{t}{Bx + D}$ décroîtra de plus en plus, et qu'enfin pour $x = \infty$ cette quantité deviendra nulle : ce qui indique que la courbe tend de plus en plus à se rapprocher de la droite SS′, qu'elle n'atteint qu'à une distance infinie de l'origine ; on obtient ainsi un arc indéfini AG.

En donnant à x des valeurs négatives à partir de zéro, la quantité $\dfrac{t}{Bx + D}$ restera positive jusqu'à ce qu'on arrive à $x = -\dfrac{D}{B}$, valeur qui rendra cette quantité infinie.

Si l'on porte donc cette valeur de O en B, et qu'on mène, par le point B, TBT′ parallèle à l'axe des ordonnées, la droite BT ne sera rencontrée par la courbe qu'à l'infini, ce qui donnera un second arc AH de la même branche indéfinie HAG.

Pour des valeurs négatives de x plus grandes que $x = -\dfrac{D}{B} = OB$, la quantité $\dfrac{t}{Bx + D}$ deviendra négative, et à chacune des valeurs de x, $x = OC$, correspondra une valeur particulière

$$\overline{Bx + D} = DM.$$

Or, en faisant décroître x de OC jusqu'à OB, $\dfrac{t}{Bx + D}$ augmentera négativement depuis DM jusqu'à l'infini, et l'on obtient ainsi une portion MK de l'autre branche de la courbe. Enfin, en faisant croître négativement x, de $x = OC$ jusqu'à l'infini, $\dfrac{t}{Bx + D}$ décroît jusqu'à devenir nul, et la courbe se rapproche de plus en plus de la droite SS', ce qui fournit encore une partie ML de la seconde branche indéfinie LMK.

Les droites SS', TT', qui jouissent de la propriété remarquable d'approcher indéfiniment de l'hyperbole sans jamais l'atteindre, ont reçu le nom d'*asymptotes*.

On remarquera que l'une des asymptotes, dont les équations sont

$$y = rx + s,$$
$$x = -\frac{D}{B},$$

est parallèle à l'axe des ordonnées dont le carré manque dans l'équation.

Si en faisant la division on n'obtenait aucun reste, c'est-à-dire si $t = 0$, comme généralement

$$(y - rx - s)(Bx + D) = t,$$

on aurait dans ce cas particulier

$$(y - rx - s)(Bx + D) = 0;$$

d'où

$$y - rx - s = 0,$$
$$Bx + D = 0,$$

équations de deux droites dont l'une est parallèle à l'axe des y.

Donc, lorsqu'une équation du deuxième degré manque du terme en y^2, elle représente toujours soit une hyperbole, dont l'une des asymptotes est parallèle à l'axe des y, soit deux lignes droites dont l'une est parallèle à ce même axe.

Et, en général, ce que l'on démontrera aisément, toutes les fois qu'une équation du deuxième degré manque du carré d'une des variables, elle représente toujours soit une hyperbole ayant une asymptote parallèle à l'axe de celle dés coordonnées dont le carré manque, soit deux droites dont l'une est parallèle à ce même axe.

Et, par conséquent encore, si les deux carrés manquent à la fois, l'équation du deuxième degré représente soit une hyperbole dont les asymptotes sont parallèles aux deux axes, soit deux droites parallèles à ces axes.

TROISIÈME GENRE. $B^2 - 4AC = 0$.

Courbes illimitées seulement dans deux sens par rapport à l'origine.

63. Lorsque n ou $B^2 - 4AC = 0$, la valeur de l'ordonnée de la courbe se réduit à

$$y = ax + b \pm \frac{1}{2A} \sqrt{2px + q}.$$

Après avoir construit le diamètre DD′ (fig. 19),

$$y = ax + b,$$

on déterminera le point A où la courbe le rencontre, en résolvant l'équation du premier degré $x + \frac{q}{2p} = 0$. Soit x' la valeur de x tirée de cette équation; la quantité Y se mettra sous la forme

$$Y = \frac{1}{2A} \sqrt{2p(x - x')}.$$

Si p est positif et x' positif, on voit que pour des valeurs négatives de x, et pour des valeurs positives plus petites que x', Y sera imaginaire; ensuite, qu'à partir du point A, pour lequel $x = x'$ et $Y = 0$, la valeur de Y croît de plus en plus jusqu'à l'infini pour des valeurs croissantes de x : la courbe présente donc la forme indiquée (fig. 19), et elle s'étend au delà de la droite PA, qu'elle touche au point A, ayant une seule branche indéfinie dans les deux sens.

On a donné à ces courbes du troisième genre le nom de *paraboles*. On verra bientôt la raison de ces dénominations des trois courbes du deuxième degré.

Si p était négatif, x' étant toujours positif, la courbe aurait une position inverse et s'étendrait à l'infini dans le sens des abscisses négatives (fig. 20).

Si x' était négatif, p étant positif, la courbe s'étendrait dans le sens des abscisses positives ; dans la même hypothèse pour x', si p était négatif, elle s'étendrait dans le sens des abscisses négatives.

Si $p = 0$, la valeur de y, réduite à

$$y = ax + b \pm \frac{1}{2\mathrm{A}} \sqrt{q},$$

représente deux droites parallèles à la droite $y = ax + b$, et à égales distances de cette droite si $q > 0$.

Si $q = 0$, ces deux droites se réduiront à un seul diamètre,

$$y = ax + b.$$

Enfin, si $q < 0$, la courbe n'existe pas.

Si $\mathrm{A} = 0$ et $\mathrm{B} = 0$ en même temps, on résoudrait l'équation

$$\mathrm{C}x^2 + \mathrm{D}y + \mathrm{E}x + \mathrm{F} = 0$$

par rapport à x, et l'on trouverait une expression de la forme

$$x = -\frac{\mathrm{E}}{2\mathrm{C}} \pm \frac{1}{2\mathrm{C}} \sqrt{-4\mathrm{CD}y + \mathrm{E}^2 - 4\mathrm{CF}},$$

que l'on discuterait comme précédemment.

Puisque $\mathrm{B}^2 - 4\mathrm{AC} = 0$, l'équation représente encore une parabole ayant pour diamètre une droite

$$x = -\frac{\mathrm{E}}{2\mathrm{C}}$$

parallèle à l'axe des y, dont le carré manque dans l'équation.

Si $\mathrm{B} = 0$ et $\mathrm{C} = 0$ en même temps, l'équation représente une parabole dont le diamètre est parallèle à l'axe des x.

64. Il résulte de cette discussion que toute équation du deuxième degré entre deux inconnues x et y, de la forme

$$\mathrm{A}y^2 + \mathrm{B}xy + \mathrm{C}x^2 + \mathrm{D}y + \mathrm{E}x + \mathrm{F} = 0,$$

représente :

$$1° \quad B^2 - 4AC < 0,$$

soit une ellipse, soit un point, soit une courbe imaginaire;

$$2° \quad B^2 - 4AC > 0,$$

soit une hyperbole, soit deux droites convergentes;

$$3° \quad B^2 - 4AC = 0,$$

soit une parabole, soit deux droites parallèles, soit une seule droite;

Et qu'on peut distinguer le genre et l'espèce de chaque genre à la vue seule de l'équation.

Que dans les trois genres de courbes, ellipses, hyperboles, paraboles, on distingue des éléments communs : centre, cordes, diamètres, tangentes, etc.

Nous examinerons bientôt successivement les propriétés de ces éléments par rapport à la courbe, ainsi que d'autres propriétés que cette construction préliminaire ne permet pas encore de reconnaître.

Les raisonnements précédents serviront dans chaque cas particulier à faire reconnaître le genre de la courbe et à déterminer sa forme au moyen de la construction par points indiquée dans la discussion; mais nous parviendrons bientôt à un moyen de construction plus simple et moins sujet à erreur.

RECHERCHE DE LA FORME PARTICULIÈRE A CHAQUE GENRE DE LIGNES DU DEUXIÈME DEGRÉ.

Simplification de l'équation.

65. La construction de la courbe, d'après le procédé indiqué précédemment, est une opération lente et pénible, d'abord parce que les calculs qui la préparent sont difficiles et compliqués, ensuite parce que la traduction du résultat algébrique ou numérique en figure ou grandeur géométrique donne lieu elle-même à des constructions longues et embarrassantes.

Examinons donc si, en simplifiant l'équation, on ne parviendrait pas plus promptement à construire le lieu géométrique, par la connaissance des propriétés particulières que cette simplification peut révéler.

Soit l'équation générale du deuxième degré

$$[1] \qquad Ay^2 + Bxy + Cx^2 + Dy + Ex + F = 0.$$

Le moyen de simplification qui s'offre d'abord consiste à transformer le système d'axes auquel l'équation est rapportée en un autre système.

Nous supposerons dans toute cette discussion que les axes primitifs font entre eux un angle quelconque que nous représenterons par θ, les notations correspondantes aux nouveaux axes étant d'ailleurs les mêmes que celles dont nous nous sommes servis dans la recherche des formules de la transformation des coordonnées.

66. Prenant pour axes nouveaux deux droites respectivement parallèles aux axes primitifs, si l'on substitue dans l'équation [1] les formules

$$x = x' + a,$$
$$y = y' + b,$$

propres à cette transformation, a et b étant les coordonnées de la nouvelle origine, on trouvera

$$Ay'^2 + Bx'y' + Cx'^2 + \left(2Ab + Ba + D\right)y' + \left(2Ca + Bb + E\right)x' + \left(Ab^2 + Bab + Ca^2 + Db + Ea + F\right) = 0,$$

transformée, dans laquelle les coefficients des termes du deuxième degré n'ont pas changé; les coefficients de y' et x' ne sont autre chose que les polynômes dérivés de l'équation [1], relatifs à y et à x, dans lesquels on a remplacé y par b et x par a; et enfin le dernier terme indépendant des variables n'est autre chose que le premier membre de l'équation [1], dans lequel a et b ont remplacé x et y.

Profitant de l'indétermination de a et b pour faire disparaître les termes du premier degré, et pour cela posant

$$2Ab + Ba + D = 0,$$

$$2Ca + Bb + E = 0,$$

on obtiendra les valeurs

$$a = \frac{2AE - BD}{B^2 - 4AC}, \qquad b = \frac{2CD - BE}{B^2 - 4AC}.$$

La condition nécessaire et suffisante pour que la simplification de l'équation soit possible est que les valeurs de a et de b ne soient ni imaginaires, ni infinies, ni indéterminées.

Le premier cas n'est pas possible, puisque les valeurs de a et b ne sont pas affectées de radicaux; le second cas peut arriver, mais seulement pour les équations de paraboles dont la caractéristique est $B^2 - 4AC = 0$; le troisième cas ne peut de même arriver que pour les équations de paraboles.

Mais pour les équations d'ellipses et d'hyperboles il sera toujours permis de faire cette simplification, et de transformer l'équation proposée en une autre représentant exactement la même courbe, et qui se réduira à la forme plus simple

$$[C] \qquad Ay'^2 + Bx'y' + Cx'^2 + P = 0,$$

en faisant pour abréger

$$P = Ab^2 + Bab + Ca^2 + Db + Ea + F.$$

67. Mais on peut obtenir une transformée qui s'applique aux trois courbes à la fois. En effet, profitant de l'indétermination de a et de b pour faire disparaître le terme tout connu, et l'un des termes du premier degré, le terme en y' par exemple, on posera

$$[2] \qquad Ab^2 + Bab + Ca^2 + Db + Ea + F = 0,$$

$$[3] \qquad 2Ab + Ba + D = 0.$$

La première de ces deux équations prend la forme

$$b(2Ab + Ba + D) + a(2Ca + Bb + E) + (Db + Ea + 2F) = 0,$$

et , à cause de la deuxième, se réduit à

$$[4] \qquad a(2Ca + Bb + E) + (Db + Ea + 2F) = 0.$$

Éliminant b entre les équations [3] et [4], on trouvera, pour déterminer la valeur de a, l'équation

$$(B^2 - 4AC)a^2 + 2(BD - 2AE)a + (D^2 - 4AF) = 0,$$

équation qui n'est autre chose que la quantité sous le radical dans l'expression générale de l'ordonnée de la courbe

$$[O] \quad y = -\frac{B}{2A}x - \frac{D}{2A} \pm \frac{1}{2A}\sqrt{(B^2 - 4AC)x^2 + 2(BD - 2AE)x + (D^2 - 4AF)},$$

dans laquelle x est remplacé par a. Les valeurs de a correspondent par conséquent aux points d'intersection du diamètre et de la courbe ; ce qu'on peut d'ailleurs reconnaître dans les équations [2] et [3], dont la première est l'équation même de la courbe et la deuxième celle du diamètre.

Si le diamètre ne rencontrait pas la courbe, il ne serait pas possible de faire évanouir à la fois F et D ; mais on voit facilement qu'on pourrait faire évanouir F et E.

Donc la transformation précédente s'applique à toute équation du deuxième degré, qui peut par ce moyen être ramenée à l'une des deux formes

$$Ay'^2 + Bx'y' + Cx'^2 + E'x' = 0,$$

$$[D] \qquad Ay'^2 + Bx'y' + Cx'^2 + D'y' = 0.$$

68. Afin d'arriver à une transformée plus simple encore que l'équation [D], on changera la direction des axes à l'aide des formules pour la transformation des coordonnées obliques en d'autres coordonnées obliques, sans déplacer l'origine ,

$$x' = \frac{x'' \sin(\theta - \alpha) + y'' \sin(\theta - \alpha')}{\sin \theta},$$

$$y' = \frac{x'' \sin \alpha + y'' \sin \alpha'}{\sin \theta}.$$

Substituant ces valeurs dans l'équation [D], on trouve

$$
[\mathrm{T}] \left\{
\begin{array}{l}
\left(\dfrac{\mathrm{A}\sin^2\alpha}{\sin^2\theta} + \dfrac{\mathrm{B}\sin\alpha'\sin(\theta-\alpha')}{\sin^2\theta} + \dfrac{\mathrm{C}\sin^2(\theta-\alpha')}{\sin^2\theta}\right) y''^2 \\[2mm]
\left(+\dfrac{2\mathrm{A}\sin\alpha\sin\alpha'}{\sin^2\theta} + \dfrac{\mathrm{B}\sin\alpha\sin(\theta-\alpha')}{\sin^2\theta} + \dfrac{\mathrm{B}\sin\alpha'\sin(\theta-\alpha)}{\sin^2\theta} + \dfrac{2\mathrm{C}\sin(\theta-\alpha)\sin(\theta-\alpha')}{\sin^2\theta}\right) x''y'' \\[2mm]
\left(+\dfrac{\mathrm{A}\sin^2\alpha}{\sin^2\theta} + \dfrac{\mathrm{B}\sin\alpha\sin(\theta-\alpha)}{\sin^2\theta} + \dfrac{\mathrm{C}\sin^2(\theta-\alpha)}{\sin^2\theta}\right) x''^2 \\[2mm]
+\dfrac{\mathrm{E}'\sin(\theta-\alpha')}{\sin\theta}\, y'' + \dfrac{\mathrm{E}'\sin(\theta-\alpha)}{\sin\theta}\, x''
\end{array}
\right\} = 0
$$

Si l'on avait substitué·ces valeurs dans l'équation [C]

$$\mathrm{A}y'^2 + \mathrm{B}x'y' + \mathrm{C}x'^2 + \mathrm{P} = 0,$$

on aurait obtenu une transformée exactement semblable, excepté que les termes du premier degré en y'' et x'' seraient remplacés par le terme indépendant P.

Dans cette hypothèse, si on profitait de l'indétermination de α et α' pour faire évanouir le rectangle des coordonnées, en posant

$$[5] \quad \left.\begin{array}{l} 2\mathrm{A}\sin\alpha\sin\alpha' + \mathrm{B}\left[\sin\alpha\sin(\theta-\alpha') + \sin\alpha'\sin(\theta-\alpha)\right] \\[1mm] + 2\mathrm{C}\sin(\theta-\alpha)\sin(\theta-\alpha') \end{array}\right\} = 0,$$

on obtiendrait ainsi une équation à deux indéterminées α, α', et, par conséquent, pouvant être satisfaite par un nombre infini de valeurs de α et α'; ce qui signifie qu'il existe un nombre infini de systèmes d'axes pour lesquels toute équation d'ellipse ou d'hyperbole peut être ramenée à la forme

$$\mathrm{M}y''^2 + \mathrm{N}x''^2 + \mathrm{P} = 0,$$

α, α', étant toutefois liés entre eux par la relation [5].

En développant l'équation de condition [5] on obtiendra sans difficulté, par des transformations de formules trigonométriques connues,

$$[6] \quad \left.\begin{array}{l} 2(\mathrm{A}-\mathrm{B}\cos\theta)\sin\alpha\sin\alpha' + (\mathrm{B}-2\mathrm{C}\cos\theta)\sin(\alpha+\alpha')\sin\theta \\[1mm] -2\mathrm{C}\cos(\alpha+\alpha')\cos^2\theta + 2\mathrm{C}\cos\alpha\cos\alpha' \end{array}\right\} = 0.$$

Ces systèmes se réduisent à un seul si $\alpha' - \alpha = 100^\circ$, c'est-à-dire si l'on prend les nouveaux axes perpendiculaires entre eux.

En effet, on a alors

$$\sin \alpha' = \cos \alpha,$$

$$\cos \alpha' = - \sin \alpha,$$

$$\sin (\alpha + \alpha') = \cos 2\alpha,$$

$$\cos (\alpha + \alpha') = - \sin 2\alpha,$$

et l'équation [6] devient

$$(A - C - B \cos \theta + 2C \cos^2 \theta) \sin 2\alpha + (B - 2C \cos \theta) \sin \theta \cos 2\alpha = 0 ;$$

d'où

$$\tang 2\alpha = - \frac{(B - 2C \cos \theta) \sin \theta}{A - C - B \cos \theta + 2C \cos^2 \theta}.$$

Ce système unique d'axes perpendiculaires a reçu le nom d'*axes principaux* de la courbe.

Si, de plus, les axes primitifs étaient aussi perpendiculaires entre eux, c'est-à-dire si $\theta = 100^0$, la formule précédente se réduirait à

$$\tang 2\alpha = - \frac{B}{A - C}.$$

69. Cette valeur devient indéterminée si l'on a à la fois

$$B = 0, \quad A - C = 0 \quad \text{ou} \quad A = C;$$

alors l'équation générale [1], de la forme

$$Ay^2 + Ax^2 + Dy + Ex + F = 0,$$

représente évidemment une courbe du premier genre : car $B^2 - 4AC$ se réduit à $-4A^2$, quantité nécessairement négative.

Cette équation peut encore se mettre sous la forme

$$\left(y + \frac{D}{2A}\right)^2 + \left(x + \frac{E}{2A}\right)^2 = \frac{D^2 + E^2 - 4AF}{4A^2}.$$

En comparant cette équation à l'expression générale de la distance entre deux points donnés, dont les coordonnées sont rectangulaires (5),

$$D^2 = (x - x')^2 + (y - y')^2,$$

on voit qu'elle représente le lieu géométrique de tous les points tels, que leur distance à un point donné, dont les coordonnées sont

$$x = -\frac{E}{2A},$$

$$y = -\frac{D}{2A},$$

est constante et égale à une longueur donnée, c'est-à-dire la circonférence d'un cercle de rayon donné.

Ainsi, il sera toujours possible de ramener l'équation d'une ellipse et d'une hyperbole à la forme

$$My''^2 + Nx''^2 + P = 0,$$

les nouveaux axes étant obliques ou rectangulaires ; et la question aura un nombre infini de solutions dans le premier cas, et une seule dans le second, excepté pour le cas particulier où $B = 0$, $A = C$, auquel cas l'équation représente une circonférence de cercle, et sera toujours réductible à la forme

$$x^2 + y^2 = R^2$$

par un système quelconque d'axes perpendiculaires menés par le centre.

Ici se présente la question de savoir comment on pourra reconnaître, à l'inspection seule de l'équation, si elle représente un cercle, qui n'est véritablement qu'un cas de l'ellipse.

Pour cela reprenons l'expression générale de la distance de deux points dont les coordonnées sont obliques (5),

$$D^2 = (x - x')^2 + (y - y')^2 + 2(x - x')(y - y') \cos \theta.$$

D'après la définition même de la circonférence, si a, b sont les coordonnées du centre, et r le rayon, les coordonnées x, y d'un point quelconque de la circonférence devront satisfaire à la relation

$$(x - a)^2 + (y - b)^2 + 2(x - a)(y - b) \cos \theta = r^2 ;$$

développant le premier membre, on aura

$$\left. \begin{array}{l} y^2 + 2xy \cos\theta + x^2 - 2(b + a \cos\theta) y - 2(a + b \cos\theta)x \\ \quad + a^2 + b^2 + 2ab \cos\theta - r^2 \end{array} \right\} = 0.$$

En comparant cette équation avec l'équation générale des courbes du deuxième degré, on voit qu'il faut qu'après avoir divisé l'équation proposée par le coefficient de y^2, celui de x^2 soit égal à l'unité, et celui de xy au double du cosinus de l'angle des axes.

70. Maintenant examinons si on ne pourrait pas obtenir une transformée applicable aux trois courbes.

La transformée [T] (**68**) n'aura plus les termes en $x''y''$ et y'', si l'on peut avoir à la fois les deux relations

$$\left.\begin{array}{r} 2A\sin\alpha\sin\alpha' + B[\sin\alpha\sin(\theta-\alpha') + \sin\alpha'\sin(\theta-\alpha)] \\ + 2C\sin(\theta-\alpha)\sin(\theta-\alpha') \end{array}\right\} = 0$$

et $$\sin(\theta-\alpha') = 0,$$

ou plus simplement

$$2A\sin\alpha + B\sin(\theta-\alpha) = 0$$

et $$\sin(\theta-\alpha') = 0 ;$$

d'où

$$\frac{\sin\alpha}{\sin(\theta-\alpha)} = -\frac{B}{2A}$$

et $$\alpha' = \theta.$$

Si l'on compare le premier de ces résultats avec l'équation [O] (**67**), on reconnaîtra que le nouvel axe doit se confondre avec le diamètre passant par l'origine des nouveaux axes; le deuxième résultat fait voir que l'autre axe doit être parallèle aux ordonnées, et, par conséquent, se confondre avec la droite qui touche la courbe à l'extrémité de ce diamètre.

Or, comme pour chaque point des trois courbes on peut concevoir le diamètre et la tangente en ce même point, on peut établir en principe que toute équation du deuxième degré peut être ramenée à la forme

$$My''^2 + Nx''^2 + Qx'' = 0 :$$

et, en faisant $-\dfrac{Q}{M} = 2p$, $-\dfrac{N}{M} = q$, et effaçant les accents, à la forme

$$y^2 = 2px + qx^2,$$

la courbe, quelle qu'elle soit, étant rapportée à deux axes conjugués, dont l'un est le diamètre passant par l'origine, qui est un point de la courbe, et l'autre la tangente à ce même point.

71. On remarquera que, la forme de la courbe n'étant aucunement altérée par cette transformation de coordonnées, les équations, réduites à leur expression la plus simple, doivent conserver le caractère analytique propre au genre de courbe qu'elles représentaient primitivement.

Ainsi, quand l'équation d'une ellipse est ramenée à la forme $My^2 + Nx^2 + P = 0$, il faut nécessairement que M et N soient de même signe; autrement l'on n'aurait plus $B^2 - 4AC < 0$; que si l'équation représente une hyperbole, M et N doivent être de signes contraires; et, plus généralement, lorsque l'équation

$$y^2 = 2px + qx^2$$

représente une ellipse, on doit avoir nécessairement $q < 0$;

si une hyperbole, $q > 0$;

si une parabole, $q = 0$.

DES DIFFÉRENTES FORMES DES ÉQUATIONS DU DEUXIÈME DEGRÉ.

72. L'équation générale

$$Ay^2 + Bxy + Cx^2 + Dy + Ex + F = 0$$

représente donc une courbe quelconque du deuxième degré, *ellipse, hyperbole, parabole;* et les variétés de chaque genre, *un point, une ellipse imaginaire; deux droites convergentes; deux droites parallèles, une seule droite,* ou *une parabole imaginaire,* rapportées à deux axes quelconques.

73. La première équation réduite

$$Ay^2 + Bxy + Cx^2 + P = 0$$

représente une ellipse ou une hyperbole, rapportées à deux axes quelconques, dont l'origine est le centre même de la courbe.

En effet, si l'on fait $x = 0$, ou $y = 0$, on trouve pour y ou pour x deux valeurs égales et de signes contraires; et comme les axes sont dirigés d'une manière arbitraire, il s'ensuit que toute droite passant par l'origine y est partagée en deux parties égales par la courbe.

Cette première équation réduite a été trouvée en transportant les axes, parallèlement à eux-mêmes, en un point dont les coordonnées sont (66)

$$a = \frac{2AE - BD}{B^2 - 4AC}, \quad b = \frac{2CD - BE}{B^2 - 4AC}:$$

ces coordonnées sont par conséquent celles du centre de la courbe, d'après la définition du n° 55.

Au surplus, on peut parvenir directement à ces mêmes valeurs par la résolution du problème suivant.

PROBLÈME XII.

Étant donnée une courbe du deuxième degré, trouver dans le plan de la courbe un point tel, que toute corde passant par ce point y soit divisée en deux parties égales.

L'équation générale de la courbe étant toujours

$$Ay^2 + Bxy + Cx^2 + Dy + Ex + F = 0,$$

et α, β, les coordonnées du point cherché, l'équation d'une sécante quelconque passant par ce point sera

$$y - \beta = k(x - \alpha);$$

substituant dans l'équation de la courbe la valeur de y tirée de l'équation de la sécante, on trouvera, pour déterminer les abscisses des points d'intersection,

$$\left. \begin{array}{l} Ak^2 \\ +Bk \\ +C \end{array} \right| x^2 \begin{array}{l} -2Ak(\alpha k - \beta) \\ -B(\alpha k - \beta) \\ +Dk \\ +E \end{array} \left| x \begin{array}{l} +A(\alpha k - \beta)^2 \\ -D(\alpha k - \beta) \\ +F \end{array} \right\} = 0;$$

et pour déterminer l'abscisse du point milieu de la corde ou partie de la sécante comprise dans la courbe,

$$X = \frac{1}{2}(x' + x'') = \frac{2Ak(\alpha k - \beta) + B(\alpha k - \beta) - Dk - E}{2(Ak^2 + Bk + C)}.$$

Or d'après l'énoncé $X = \alpha$; on aura donc

$$\frac{2Ak(\alpha k - \beta) + B(\alpha k - \beta) - Dk - E}{2(Ak^2 + Bk + C)} = \alpha,$$

et, toute réduction faite,

$$(2A\beta + B\alpha + D)k + (B\beta + 2C\alpha + E) = 0.$$

Cette équation devant être satisfaite quelle que soit la valeur de k, il faut que l'on ait

$$2A\beta + B\alpha + D = 0,$$
$$2C\alpha + B\beta + E = 0 ;$$

équations qui donneront pour α et β les valeurs ci-dessus.

74. Si la réduite représente deux droites convergentes, il faut nécessairement que le point d'intersection des droites soit l'origine elle-même, et de plus que $P = 0$. En effet, en résolvant l'équation par rapport à y, on trouve

$$y = -\frac{B}{2A}x \pm \frac{1}{2A}\sqrt{(B^2 - 4AC)x^2 - 4AP},$$

double valeur qui ne pourra être l'expression de l'ordonnée de lignes droites que dans le cas où $P = 0$; on a alors

$$y = -\left[\frac{B}{2A} \pm \frac{\sqrt{B^2 - 4AC}}{2A}\right]x.$$

On peut encore le démontrer de la manière suivante :

PROBLÈME XIII.

Trouver la relation nécessaire et suffisante pour que l'équation générale

$$Ay^2 + Bxy + Cx^2 + Dy + Ex + F = 0$$

représente un système de deux lignes droites convergentes.

Si l'on résout l'équation par rapport à l'une des variables, y par exemple, on trouvera

$$y = -\frac{Bx + D}{2A} \pm \frac{1}{2A}\sqrt{(B^2 - 4AC)x^2 + 2(BD - 2AE)x + (D^2 - 4AF)}.$$

Pour que cette valeur représente l'ordonnée d'une ligne droite , il faut et il suffit qu'elle puisse se ramener à la forme

$$y = ax + b.$$

Par conséquent la quantité sous le radical doit être un carré parfait ; et l'on trouve directement, pour la condition cherchée , la relation entre les coefficients de l'équation générale

$$[C] \qquad (BD - 2AE)^2 = (B^2 - 4AC)(D^2 - 4AF).$$

Alors la valeur y devient

$$y = -\frac{Bx + D}{2A} \pm \frac{1}{2A}\left(x\sqrt{B^2 - 4AC} + \sqrt{D^2 - 4AF}\right).$$

On conclut facilement, à la seule inspection de cette équation, que, lorsque $B^2 - 4AC < 0$, l'équation générale ne peut représenter l'ensemble des deux lignes droites ; que si $B^2 - 4AC = 0$, l'équation générale peut représenter le système de deux droites parallèles ; et qu'enfin ce n'est que lorsque $B^2 - 4AC > 0$ que l'équation générale peut représenter deux droites convergentes , et seulement lorsque la condition [C] sera satisfaite.

Ces deux équations de lignes droites sont donc

$$y = \left(\frac{-B + \sqrt{B^2 - 4AC}}{2A}\right) x + \left(\frac{-D + \sqrt{D^2 - 4AF}}{2A}\right),$$

$$y = \left(\frac{-B - \sqrt{B^2 - 4AC}}{2A}\right) x + \left(\frac{-D - \sqrt{D^2 - 4AF}}{2A}\right).$$

Si l'on cherche les coordonnées du point d'intersection de ces deux droites, on trouve

$$x = \frac{2AE - BD}{B^2 - 4AC},$$

$$y = \frac{2CD - BE}{B^2 - 4AC},$$

qui sont les mêmes que les coordonnées générales du centre de la courbe.

Il résulte de cette discussion que toute équation du second degré peut, dans certains cas, représenter l'ensemble de deux lignes droites, et réciproquement que l'ensemble de deux lignes droites peut être représenté par une équation du deuxième degré.

Quant à l'équation de condition [C], son développement donne

$$[C'] \qquad AE^2 + CD^2 - BDE + F(B^2 - 4AC) = 0,$$

équation du troisième degré entre les coefficients de l'équation générale.

Cette relation [C'] est exactement la même que celle qui exprime que les trois droites représentées par les équations

$$2Ay + Bx + D = 0,$$
$$2Cx + By + E = 0,$$
$$Dy + Ex + 2F = 0,$$

concourent en un même point.

Elle est encore identique à la condition $P = 0$, c'est-à-dire

$$Ab^2 + Bab + Ca^2 + Db + Ea + F = 0,$$

lorsqu'on y remplace a et b, coordonnées du centre, par leurs valeurs.

Complétant le carré sous le radical dans la valeur générale de l'ordonnée, et faisant

$$(B^2 - 4AC)(D^2 - 4AF) - (BD - 2AE)^2 = L,$$

on résumera, par le tableau suivant, le résultat général de cette discussion :

$$B^2 - 4AC < 0 \begin{cases} L > 0 \text{ ellipse,} \\ L = 0 \text{ un point,} \\ L < 0 \text{ courbe imaginaire.} \end{cases}$$

$$B^2 - 4AC > 0 \begin{cases} L > 0 \text{ hyperbole,} \\ L = 0 \text{ deux droites convergentes,} \\ L < 0 \text{ hyperbole.} \end{cases}$$

$$B^2 - 4AC = 0 \begin{cases} L > 0 \text{ parabole,} \\ L = 0 \text{ deux droites parallèles ou une droite,} \\ L < 0 \text{ courbe imaginaire.} \end{cases}$$

CONSTRUCTION DE L'ELLIPSE SUR DEUX DIAMÈTRES DONNÉS DE GRANDEUR ET DE POSITION.

75. La seconde équation réduite, de la forme

$$My^2 + Nx^2 + P = 0,$$

représente une ellipse ou une hyperbole rapportée à son centre et à deux *axes conjugués* (55) : en effet, en résolvant l'équation par rapport à l'une ou l'autre des variables, on obtient deux valeurs égales et de signes contraires, ce qui démontre que toute corde parallèle à l'un des axes est divisée par l'autre en deux parties égales.

L'équation représente une ellipse lorsque M et N sont de même signe, et P de signe contraire à celui de M et N; et une hyperbole, lorsque M et N sont de signes contraires, quel que soit d'ailleurs le signe de P.

Sous cette forme simple, la construction du lieu géométrique représenté par l'équation n'offre aucune difficulté.

Soit fait $y = 0$ dans l'équation

$$My^2 + Nx^2 - P = 0,$$

on trouvera

$$x_0 = \pm \sqrt{\frac{P}{N}},$$

double valeur que l'on portera sur l'axe des x à droite et à gauche de l'origine en A et A′ (fig. 21).

En faisant de même $x = 0$, on obtiendra

$$y_0 = \pm \sqrt{\frac{P}{M}},$$

que l'on portera de même sur l'axe des y en B et B′. AA′ et BB′ seront les diamètres conjugués de la courbe.

Posant

$$\sqrt{\frac{P}{N}} = A, \quad \sqrt{\frac{P}{M}} = B,$$

d'où

$$N = \frac{P}{A^2}, \qquad M = \frac{P}{B^2},$$

et substituant ces valeurs dans l'équation de la courbe, on aura, toute réduction faite,

$$\frac{y^2}{B^2} + \frac{x^2}{A^2} = 1$$

ou

$$A^2 y^2 + B^2 x^2 = A^2 B^2,$$

équation de l'ellipse rapportée au centre et à deux diamètres conjugués 2A, 2B.

L'ordonnée de la courbe est généralement

$$y = \pm \frac{B}{A} \sqrt{A^2 - x^2}.$$

Pour chaque valeur particulière donnée à x, $x = OP$, on obtiendra pour y deux valeurs égales et de signes contraires, qu'on portera sur l'ordonnée indéfinie PM, ce qui déterminera deux points M et N de la courbe.

En outre, comme la même valeur négative de x, $x = OP' = -OP$ ne change en rien la valeur de y, on obtient ainsi deux nouveaux points M′, N′.

En répétant plusieurs fois la même opération, on déterminera un assez grand nombre de points pour construire la courbe entière.

On reconnaîtra facilement que, x croissant positivement ou négativement depuis $x = 0$ jusqu'à $x = A$, la longueur de l'ordonnée diminue depuis $y = B$ jusqu'à $y = 0$; au delà de $x = A$, la courbe n'existe pas.

La forme de la courbe dépend, comme on le voit, de la grandeur des diamètres AA′ = 2A, BB′ = 2B, et de l'angle formé par ces diamètres.

Lorsque l'angle des diamètres est droit, la construction de la courbe se fait plus promptement, et de la manière suivante :

On a vu (69) que l'équation d'un cercle de rayon R, dont le centre est à l'origine des coordonnées rectangulaires, est de la forme

$$x^2 + y^2 = R^2 ;$$

et l'ordonnée d'un point quelconque de la circonférence a pour expression

$$y = \pm \sqrt{R^2 - x^2}.$$

En comparant la valeur de l'ordonnée de l'ellipse

$$y = \pm \frac{B}{A} \sqrt{A^2 - x^2}$$

avec celle de l'ordonnée d'un cercle de rayon A, concentrique à l'ellipse,

$$Y = \pm \sqrt{A^2 - X^2},$$

on voit que pour des abscisses égales le rapport des ordonnées des deux courbes est constant. On a en effet

$$\frac{y}{Y} = \frac{B}{A}.$$

De là cette construction facile :

Étant donnés le centre O et les *axes* ou diamètres principaux d'une ellipse, AA', BB' (fig. 22), du centre O, et des rayons OA, OB, décrivez deux circonférences concentriques; puis menez un rayon OCD; du point D, DP perpendiculaire sur OA, et du point C, CM parallèle à OA. Le point M appartient à l'ellipse. En effet on a

$$\frac{OC}{OD} = \frac{MP}{DP}$$

ou

$$\frac{B}{A} = \frac{MP}{Y};$$

donc

$$MP = y.$$

Il est facile de voir que, pour chaque rayon OCD, on déterminera quatre points M, N, M', N'.

76. Soit M un point quelconque situé entre deux axes rectangulaires OA, OB (fig. 23), ayant pour coordonnées $x = OP$, $y = MP$; par le point M, menons une droite quelconque RMS : les deux triangles semblables MPS, MRQ, donnent la proportion

$$\frac{MP}{MS} = \frac{RQ}{MR};$$

d'où

$$MP = \frac{MS}{MR} \cdot RQ;$$

et si l'on suppose

$$RS = A + B, \quad RM = A, \quad \text{d'où} \ MS = B,$$

ou aura

$$MP = \frac{B}{A}\sqrt{A^2 - \overline{OP^2}}$$

ou

$$y = \frac{B}{A}\sqrt{A^2 - x^2} :$$

donc le point M appartient à l'ellipse dont les axes sont 2A et 2B, et le centre au point O.

De là ce moyen bien simple de construire une ellipse, connaissant le centre et les axes 2A, 2B. Après avoir mené par le centre, et dans la direction des axes donnés, deux droites indéfinies OS, OR, pliez en forme de règle une feuille de papier, sur laquelle vous marquerez trois points R, M, S, tels, que RM+MS=A+B, la demi-somme des axes; puis faites tourner la règle, dans chacun des angles, autour du point O, de manière que les points R et S soient constamment sur les droites OS, OR, et marquez la place du point M pour chaque position de la règle : chacun de ces points sera un point de l'ellipse.

77. Par le point M (fig. 23), situé entre les axes rectangulaires OS, OR, si l'on mène une droite quelconque MUV, à cause des parallèles OU, MQ, on aura

$$\frac{QO}{QV} = \frac{MU}{MV};$$

et si l'on fait MV = A, MU = B,

$$QO = MP = y = \frac{B}{A}\sqrt{A^2 - x^2}$$

et le point M appartient à l'ellipse dont le centre est au point O, et les axes sont 2A, 2B.

Donc, 3e *construction :*

Pour construire une ellipse ayant son centre au point O, et pour axes 2A, 2B, sur une règle VUM marquez trois points V, U, M, tels, que VM = A, UM = B; et faites tourner la règle dans chacun des angles droits, de manière que les points V et U soient toujours sur les axes : le point M décrira l'ellipse.

Nous laisserons au lecteur le soin de construire la courbe d'après la propriété indiquée par l'expression même de l'ordonnée.

$$y = \pm \frac{B}{A} \sqrt{(A + x)(A - x)}.$$

On cherchera pour chaque valeur de x, $x = OP$, une moyenne proportionnelle entre A'P et AP, que l'on divisera dans le rapport des axes.

Nous nous bornerons à l'énoncé du théorème qui résulte de la formule

$$\frac{y^2}{(A + x)(A - x)} = \frac{B^2}{A^2} \quad \text{ou} \quad \frac{x^2}{(B + y)(B - y)} = \frac{A^2}{B^2}.$$

THÉORÈME XXI.

Dans toute ellipse, le carré d'une demi-corde parallèle à un diamètre est au rectangle des segments déterminés par elle sur le diamètre conjugué, dans un rapport constant, quel que soit l'angle que font entre eux ces diamètres.

Les extrémités A, A', B, B', des diamètres principaux, ou axes de l'ellipse, se nomment les *sommets* de la courbe. La courbe est symétrique par rapport à chacun des axes.

Il est facile de voir que :

THÉORÈME XXII.

Deux ellipses sont égales lorsque leurs axes sont égaux.

78. L'équation de l'ellipse, rapportée au centre et à deux diamètres conjugués, étant de même forme, quel que soit l'angle de ces diamètres, on en conclut un moyen facile de construire l'ellipse sur deux diamètres donnés, faisant entre eux un angle donné.

1re CONSTRUCTION. Sur les diamètres donnés, considérés comme axes, on construira l'ellipse par un des moyens indiqués, ensuite on inclinera convenablement les ordonnées de l'ellipse construite, en conservant à chacune d'elles sa longueur.

Cette construction se fait élégamment de la manière suivante :

Sur un des diamètres donnés AA' (fig. 24), on prendra à partir du centre O des longueurs OI, II, etc., égales entre elles, et en aussi grand nombre qu'on voudra ; par chacun des points I on élèvera les perpendiculaires IH, ordonnées du cercle construit sur AA′ comme diamètre, et les droites IG parallèles à AB; ensuite, par chacun des points G on tirera les droites GM parallèles à AA′, sur lesquelles on prendra des longueurs GM = GM′ égales aux ordonnées correspondantes IH : les points M, M′, seront autant de points de l'ellipse. En effet,

$$OG = y = \frac{OB}{OA} OI = \frac{OB}{OA} \sqrt{\overline{OH}^2 - \overline{IH}^2} = \frac{OB}{OA} \sqrt{\overline{OA}^2 - \overline{GM}^2} = \frac{B}{A} \sqrt{A^2 - x^2}.$$

PROBLÈME XIV.

79. *Étant donnés, de grandeur et de direction, deux diamètres conjugués quelconques d'une ellipse, et une droite passant par le centre, déterminer par une construction graphique les points d'intersection de la droite et de la courbe.*

Désignant par x, y, les coordonnées du point cherché, par ρ la distance de l'origine à ce point, on aura

[1] $\rho^2 = x^2 + y^2 + 2xy \cos \theta.$

Soient

[2]. $Ay^2 + Bx^2 = A^2B^2,$

[3] $y = ax,$

les équations de la courbe et de la droite, on obtiendra aisément de [2] et [3] pour les coordonnées des points communs

$$x = \pm \frac{AB}{\sqrt{A^2 a^2 + B^2}},$$

$$y = \pm \frac{aAB}{\sqrt{A^2 a^2 + B^2}};$$

et substituant dans l'équation [1], on trouvera, toute réduction faite,

$$\rho = \frac{AB}{\sqrt{A^2 a^2 + B^2}} \sqrt{1 + a^2 + 2a \cos \theta},$$

expression qu'il s'agit de construire. Soient OA, OB (fig. 25), les demi-diamètres conjugués donnés, et OD la droite donnée passant par le centre O. Par le point B menez HH′, parallèle à AA′, et rencontrant OD en D,

a sera égal au rapport $\dfrac{DG}{OG} = \dfrac{OB}{BD},$

et la valeur de ρ deviendra, toute réduction faite, et posant $BD = l$,

$$\rho = \frac{A}{\sqrt{A^2 + l^2}} \sqrt{B^2 + l^2 + 2Bl \cos \theta}.$$

Au point B élevez la perpendiculaire BC, et prenez $BC = OA = A$; joignez CD, qui sera égal à $\sqrt{A^2 + l^2}$; d'ailleurs

$$\sqrt{B^2 + l^2 + 2Bl \cos \theta} = OD,$$

et par conséquent

$$\frac{\rho}{OD} = \frac{A}{CD},$$

quatrième proportionnelle qu'on déterminera ainsi qu'il suit : Après avoir décrit le cercle CB, qui rencontre CD en N et N′, on mènera NM, N′M′, parallèles à OC, et les points M et M′ seront les points d'intersection demandés.

En effet, on a
$$\frac{OM}{OD} = \frac{CN}{CD}$$

et
$$\frac{OM'}{OD} = \frac{CN'}{CD}.$$

2° CONSTRUCTION de l'ellipse, connaissant deux diamètres conjugués de grandeur et de direction. On pourra se servir de la solution précédente pour trouver autant qu'on voudra de points d'une ellipse, connaissant de grandeur et de direction deux des diamètres conjugués quelconques.

Nous croyons inutile d'entrer dans de plus longs détails à ce sujet.

REMARQUE. Lorsque les diamètres conjugués sont rectangulaires, la valeur précédente de ρ^2 devient

$$\rho^2 = x^2 + y^2 = x^2 + \frac{B^2}{A^2}(A^2 - x^2) = \frac{(A^2 - B^2)x^2 + A^2B^2}{A^2}.$$

Or cette valeur sera la plus petite ou la plus grande possible lorsqu'on donnera à x la plus petite ou la plus grande valeur qu'elle peut recevoir, c'est-à-dire lorsqu'on fera $x = 0$ ou $x = A$.

Les valeurs correspondantes de ρ sont alors

$$x = \pm A, \qquad \rho_1 = \pm A,$$
$$x = 0, \qquad \rho_2 = \pm B;$$

d'où l'on conclut que

THÉORÈME XXIII.

La plus grande distance du centre de l'ellipse à un point de la courbe est égale au demi-grand axe, et la plus petite distance égale au demi-petit axe.

Ce qui donne le moyen de déterminer la grandeur des deux axes quand on connaît le centre d'une ellipse et l'équation de la courbe.

3ᵉ CONSTRUCTION. Enfin, on pourra employer une construction analogue à celle du nᵒ **77**, modifiée de la manière suivante, eu égard à l'obliquité des diamètres.

Par une des extrémités **B** de l'un des diamètres donnés **BB'** (fig. 26) on mènera BCD perpendiculaire à l'autre diamètre **AA'**, sur laquelle on prendra $BD = OA$, et l'on mènera la droite indéfinie OD. Ensuite, si l'on fait tourner une règle dans chacun des quatre angles formés par les droites OA, OD, de manière que IH soit toujours égal à CD, le point M, tel que $IM = OA$, décrira l'ellipse.

Soit en effet IHM une des positions de la règle mobile ; par le point I si l'on mène IQ parallèle à BD, et qu'on joigne MQ, à cause des triangles semblables OCD, OGI ; OBD, OQI, on aura

$$\frac{OD}{OI} = \frac{BD \text{ ou } IM}{IQ} = \frac{CD \text{ ou } IH}{IG},$$

et par conséquent

$$\frac{IM}{IQ} = \frac{IH}{IG}:$$

donc MQ est parallèle à AA'.

On a d'ailleurs

$$\frac{OB}{OQ \text{ ou } MP} = \frac{BD}{IQ} = \frac{BD}{\sqrt{IM^2 - MQ^2}} = \frac{OA}{\sqrt{OA^2 - OP^2}};$$

donc

$$MP = y = \frac{B}{A}\sqrt{A^2 - x^2}.$$

80. Lorsque les deux diamètres conjugués de l'ellipse sont égaux, l'équation de la courbe prend la forme

$$y^2 + x^2 = A^2,$$

équation qu'il ne faut pas confondre avec l'équation du cercle, laquelle n'est de cette forme que lorsque les axes sont rectangulaires. On peut donc dire que *le cercle est une ellipse dont deux diamètres conjugués quelconques sont égaux*, et ils ne sont conjugués que lorsqu'ils sont rectangulaires.

CONSTRUCTION DE L'HYPERBOLE SUR DEUX DIAMÈTRES CONJUGUÉS
DONNÉS DE GRANDEUR ET DE POSITION.

81. On a vu (**74**) que l'équation

$$My^2 + Nx^2 + P = 0$$

représente une hyperbole lorsque M et N sont de signes contraires ; et comme on peut toujours faire en sorte que le coefficient de y^2 soit positif, en supposant d'abord P positif ; on aura

$$My^2 - Nx^2 + P = 0.$$

Pour $y = 0$, on a

$$x_0 = \pm \sqrt{\frac{P}{N}},$$

pour $x = 0$,

$$y_0 = \pm \sqrt{\frac{-P}{M}},$$

et posant

$$\sqrt{\frac{P}{N}} = A , \quad \sqrt{\frac{-P}{M}} = B\sqrt{-1},$$

l'équation de la courbe, devenue

$$A^2 y^2 - B^2 x^2 = -A^2 B^2 \quad \text{ou} \quad \frac{y^2}{B^2} - \frac{x^2}{A^2} + 1 = 0 ;$$

sera rapportée à son centre et à deux diamètres conjugués 2A, 2B, dont le premier seul rencontre la courbe, ce qui lui a fait donner le nom de *diamètre transverse*.

On remarquera que la courbe ne rencontre pas l'axe des y, y_0

étant évidemment imaginaire ; mais on est convenu de regarder comme le second diamètre de la courbe la quantité réelle $\sqrt{\dfrac{P}{M}}$.

Si P était négatif, l'axe des x ne rencontrerait pas la courbe, qui serait dans une position inverse à la précédente. On peut dès lors ne considérer que la première forme de l'équation.

La valeur générale de l'ordonnée de la courbe étant

$$y = \pm \frac{B}{A} \sqrt{x^2 - A^2} \, ,$$

on voit que, pour des valeurs croissantes depuis $x = 0$ jusqu'à $x = \pm A$, la courbe n'existe pas ; mais qu'à partir de cette dernière valeur de x jusqu'à $x = \pm \infty$, on a toujours pour y deux valeurs réelles, égales et de signes contraires.

Pour obtenir autant de points qu'on voudra de la courbe, OA, OB, étant les deux diamètres conjugués de l'hyperbole (fig. 27), soit pris sur le diamètre transverse un point P, tel que $x = OP > OA$; et par le point P soit menée l'ordonnée indéfinie MP. Au point O on élèvera OD, perpendiculaire et égale à OA, et du point D comme centre, et d'un rayon DI = OP, on décrira un arc de cercle, qui coupera OA en deux points I, I', par lesquels on tirera IQ, I'Q', parallèles à AB ; et enfin, des points Q, Q', les droites indéfinies QM, Q'N, qui détermineront des points M et N de la courbe ; et, si l'on a pris OP' = OP, et mené l'ordonnée indéfinie P'M', les points M', N'.

En effet on a

$$MP = OQ = OI . \frac{OB}{OA} = \frac{OB}{OA} \sqrt{\overline{ID}^2 - \overline{OD}^2} = \frac{OB}{OA} \sqrt{\overline{OP}^2 - \overline{OA}^2}$$

et

$$y = \frac{B}{A} \sqrt{x^2 - A^2}.$$

2ᵉ *Construction.* Cette construction se simplifie élégamment de la manière suivante :

Au point O élevez OD perpendiculaire et égale à OA, axe transverse ; divisez OA en un nombre quelconque de parties égales, telles que Oi, et par les points de division i menez les droites iq, parallèles à AB et ensuite iD. Par le point q tirez, parallèlement à OA, des droites indéfinies qm, sur lesquelles vous prendrez $qm = qm' = i\mathrm{D}$: les points m, m', appartiendront à la courbe.

En prenant $oq' = oq$, et menant $q'n$ indéfinie, sur laquelle on prendra $qn = qn' = i\mathrm{D}$, on obtiendra deux nouveaux points de l'hyperbole.

On voit, d'après cette construction, comment, étant donnés le diamètre transverse, la direction du diamètre non transverse, et un point de l'hyperbole, on pourra déterminer la longueur du diamètre non transverse, et par conséquent construire la courbe.

82. Si les diamètres sont perpendiculaires, la construction est plus simple : la droite OD se confondant avec OB, la courbe est symétrique par rapport à ses *axes* ou diamètres principaux.

Les extrémités de l'axe transverse sont les *sommets* de l'hyperbole.

THÉORÈME XXIV.

Deux hyperboles sont égales lorsque leurs axes sont égaux.

Si les diamètres conjugués sont égaux, il suffira de diviser $\mathrm{OB} = \mathrm{OA}$ en parties égales, telles que Oq ; puis de mener par les points q, q', des parallèles qm, $q'n$, sur lesquelles on prendra $qm = qm'$, et $q'n = q'n'$, égales à $q\mathrm{D}'$, OD' étant perpendiculaire et égal à OB.

Lorsque les diamètres conjugués rectangulaires sont égaux, on dit que l'hyperbole est *équilatère* ; son équation est de la forme $y^2 - x^2 = -\mathrm{A}^2$. On verra par la suite que l'hyperbole ne peut avoir de diamètres conjugués égaux que lorsqu'elle est équilatère **(178)**.

PROBLÈME XV.

83. *Étant donnés de grandeur et de position deux diamètres conjugués de l'hyperbole, et une droite passant par le centre, déterminer graphiquement les points d'intersection de la droite et de la courbe.*

Nous nous bornerons à indiquer la solution, et nous renverrons au n° **79** pour les développements analytiques, qui sont à peu de chose près les mêmes.

OA, OB (fig. 28), étant les deux diamètres conjugués donnés, et OMD la droite donnée passant par le centre O, par le point B, extrémité du diamètre non transverse, menez BD parallèle à

OA et rencontrant en D la droite donnée. Au point O élevez sur OA la perpendiculaire indéfinie OH, et prenez OC $=$ OC′ $=$ OA; ensuite, du point A comme centre, et d'un rayon égal à BD $=$ OP, décrivez un arc de cercle qui coupe la perpendiculaire OH en un point I ; joignez ID, et par les points C et C′ menez, parallèlement à ID, les droites CM, C′M′, qui détermineront les points demandés M et M′.

On pourrait se servir de cette solution pour construire l'hyperbole sur deux diamètres conjugués donnés de grandeur et de position; mais, cette construction étant peu élégante, nous ne nous y arrêterons pas.

Remarque. Si l'on désigne par ρ la distance du centre de l'hyperbole à un point quelconque x, y, de la courbe rapportée à son centre et à ses axes,

$$A y^2 - B^2 x^2 = - A^2 B^2,$$

on trouve

$$\rho^2 = x^2 + y^2 = x^2 + \frac{B^2}{A^2}(x^2 - A^2) = \frac{(A^2 + B^2) x^2 - A^2 B^2}{A^2},$$

dont le *minimum* correspond à la plus petite valeur de x, laquelle est $x = \pm A$; d'où $\rho = \pm A$.

THÉORÈME XXV.

La plus petite distance du centre de l'hyperbole à un point de la courbe est égale au demi-axe transverse.

On pourra, d'après cette propriété, étant donnée l'équation de l'hyperbole, déterminer la grandeur du demi-axe transverse, connaissant le centre de la courbe.

THÉORÈME XXVI.

84. *Dans toute hyperbole, ainsi que dans l'ellipse, le carré de la demi-corde parallèle à un diamètre est au rectangle des segments déterminés par elle sur le diamètre conjugué dans un rapport constant.*

Ce qu'on peut voir facilement par l'équation même de la courbe, mise sous la forme

$$\frac{y^2}{(x + A)(x - A)} = \frac{B^2}{A^2}.$$

Et ce rapport, constant dans l'hyperbole comme dans l'ellipse, est égal au rapport des carrés des diamètres conjugués.

CONSTRUCTION DE LA PARABOLE, ÉTANT DONNÉS UN SYSTÈME D'AXES CONJUGUÉS ET LE PARAMÈTRE DU DIAMÈTRE DONNÉ.

85. L'équation la plus simple de la parabole est **(71)**

$$y^2 = 2px,$$

et alors elle est rapportée à un système d'axes conjugués, dont l'un est le diamètre passant par l'origine des axes, qui est un point de la courbe, et l'autre la tangente en ce point.

Le coefficient $2p$ de x, se nomme le paramètre du diamètre auquel la courbe est rapportée.

Sous cette forme simple on reconnaît facilement la marche de l'ordonnée; x croissant depuis 0 jusqu'à ∞, si $2p$ est positif, l'ordonnée aura toujours deux valeurs réelles égales et de signes contraires, croissant depuis 0 jusqu'à l'infini. Par conséquent la courbe s'étend indéfiniment dans le sens des abscisses positives; et elle est limitée par la tangente, car, pour une valeur quelconque négative de x, l'ordonnée est imaginaire.

On voit encore que le diamètre ne rencontre la courbe qu'à l'origine.

Si $2p$ est négatif, la courbe au contraire s'étend indéfiniment du côté des abscisses négatives.

THÉORÈME XXVII.

Dans toute parabole le carré de la demi-corde parallèle à la tangente est égal au rectangle du segment déterminé par elle sur le diamètre conjugué à la tangente et le paramètre à ce diamètre, ainsi qu'on le reconnaît par l'équation même de la courbe.

86. Pour construire la parabole $y^2 = 2px$, connaissant une tangente OT (fig. 29), le diamètre OD passant par le point de contact O, et le paramètre $2p$ à ce diamètre, on prendra sur OD prolongé une longueur OL $= 2p$, et l'on mènera la perpendiculaire indéfinie OH sur OD; ensuite on marquera autant de points C qu'on voudra sur LPD, et de chacun de ces points comme centre on décrira des arcs de cercle, qui couperont la perpendiculaire OH en des points tels que I, et le diamètre en des points tels que P ; enfin, de chacun des points P on mènera parallèlement à la tangente OT l'ordonnée indéfinie PM, sur laquelle on prendra PM = PM' = OI ; les points M et M' sont des points de la courbe.

En effet on a, dans le cercle, $\overline{PM}^2 = \overline{OI}^2 = OL . OP$, d'après la propriété des demi-cordes perpendiculaires sur le diamètre.

Si la tangente est perpendiculaire à l'extrémité du diamètre, qui devient alors le diamètre principal, ou l'*axe* de la parabole, la construction est encore plus simple.

Les ordonnées MP (fig. 30) étant parallèles à OT, il suffira de mener par chacun des points I, déterminés comme il a été dit ci-dessus, des parallèles à l'axe OA, qui donneront, par leur intersection avec les ordonnées MP, autant de points M, M', de la courbe. La courbe est symétrique par rapport à l'axe. OL est le paramètre du diamètre principal ; on le désigne particulièrement sous le nom de *paramètre* * ou *côté de l'angle droit* **.

THÉORÈME XXVIII.

Deux paraboles sont égales lorsque leurs paramètres sont égaux.

87. Étant donnés un diamètre quelconque et la tangente à l'extrémité de ce diamètre, il suffira de connaître un seul point de la parabole pour trouver le paramètre, et construire la courbe (86).

PROBLÈME XVI.

88. *Étant donnés un diamètre de la parabole, la tangente à l'extrémité de ce diamètre et le paramètre du système, trouver le point d'intersection d'une droite quelconque passant par l'origine.*

Soient $\qquad y^2 = 2px \qquad$ l'équation de la parabole rapportée à ce système d'axes,

$\qquad\qquad y = ax \qquad$ celle de la droite donnée,

et ρ la distance de l'origine au point d'intersection cherché :

on aura $\qquad \rho^2 = x^2 + y^2 + 2xy \cos\theta$;

---

* *Paramètre*, mesure, terme de comparaison des courbes.

** *Latus rectum*. On verra bientôt d'où vient cette dénomination.

et, par une élimination facile, on trouvera

$$\rho = \frac{2p}{a^2} \sqrt{1 + a^2 + 2a \cos \theta}.$$

Soit pris, sur la tangente OT (fig. 31), $OP = 2p$, paramètre donné, et PR menée parallèlement au diamètre donné OD :

il est évident que
$$a = \frac{OP}{PR},$$

et de là
$$\rho = \frac{OP \cdot PR}{OP}.$$

Prenant donc, sur OT, $OS = PR$, et menant SM parallèle à OD, le point M sera le point cherché.

. Cette solution fournit un moyen bien simple de construire la parabole, connaissant un système d'axes conjugués et le paramètre du système. Nous laissons le soin de faire la construction.

89. Si l'équation était de la forme

$$x^2 = 2qy,$$

elle représenterait une parabole dirigée dans le sens des ordonnées. Du reste, les constructions précédentes s'appliqueraient exactement à cette équation en y changeant x en y, et y en x, c'est-à-dire en prenant les ordonnées pour les abscisses, et réciproquement.

90. Enfin l'équation du deuxième degré de la forme

$$y^2 = 2px + qx^2$$

peut représenter, ainsi qu'on l'a vu (**71**), les trois courbes : ellipse, hyperbole ou parabole, selon que $q < 0, q > 0, q = 0$, rapportées à un système d'axes conjugués, dont l'un est le diamètre passant par l'origine, qui est un point de la courbe, et l'autre la tangente à la courbe en ce même point ; ce qu'on reconnaîtrait aussi en discutant cette équation.

Dans les deux premiers cas, si l'on veut introduire dans l'équation l'expression de la longueur des diamètres conjugués, on aura, en désignant par A et B les demi-diamètres, et faisant successivement $y = 0$ dans l'équation,

$$x_\bullet = 2A = -\frac{2p}{q};$$

puis, faisant $x = -\dfrac{p}{q}$, abscisse du centre,

$$y = B = \sqrt{\dfrac{-p^2}{q}},$$

et par conséquent

$$A^2 = \dfrac{p^3}{q^2},$$

$$B^2 = \dfrac{-p^2}{q};$$

d'où l'on tire

$$q = -\dfrac{B^2}{A^2},$$

$$p = \dfrac{B^2}{A}.$$

Et l'équation aura la forme

$$y^2 = \dfrac{B^2}{A^2}\,(2Ax - x^2),\ \text{si elle représente une ellipse,}$$

$$y^2 = \dfrac{B^2}{A^2}\,(2Ax + x^2),\ \text{si elle représente une hyper-}$$
$$\text{bole,}$$

A et B étant deux diamètres conjugués quelconques.

$2\,p = 2\,\dfrac{B^2}{A}$ s'appelle le *paramètre* de l'ellipse ou de l'hyperbole,

pour le système de diamètres conjugués 2A, 2B.

91. La discussion précédente suffit pour faire reconnaître le genre de la courbe représentée par une équation donnée du deuxième degré, et pour la construire lorsqu'on connaît un système de diamètres conjugués, ce qui exige que les termes contenant les carrés des variables x et y existent dans l'équation. Dans le cas où les carrés x^2 ou y^2 manquent dans l'équation, on a vu (**62**) que l'équation représente une hyperbole, et qu'à défaut des diamètres conjugués, qu'il n'est pas possible de déterminer d'après la méthode ordinaire, on peut déterminer deux lignes droites, les asymptotes, entre lesquelles les deux branches de la courbe sont comprises, et qui jouissent de propriétés très-importantes à connaître pour la construction du lieu géométrique représenté par l'équation.

Avant donc d'exposer une méthode générale pour la discussion et la construction des lieux géométriques du deuxième degré, sous quelque forme que les équations se présentent, il convient d'examiner les propriétés de ces asymptotes rectilignes, et plus généralement des asymptotes des courbes du deuxième degré.

DES ASYMPTOTES DES COURBES DU DEUXIÈME DEGRÉ.

92. On appelle en général *asymptote* * *d'une courbe toute ligne droite ou courbe qui se rapproche indéfiniment de la première, sans jamais la rencontrer ;* de sorte que, si ces deux lignes sont rapportées à un même système d'axes, la différence entre leurs ordonnées, correspondantes à la même abscisse, peut être rendue plus petite que toute quantité donnée, et devient nulle lorsque l'abscisse est infinie.

D'après cette définition, il s'agit de chercher si les courbes du deuxième degré ont des asymptotes.

Soit
$$A y^2 + B x y + C x^2 + D y + E x + F = 0$$

l'équation générale de ces courbes, rapportée à des axes quelconques.

On en tire, pour la valeur de l'ordonnée correspondante à une abscisse quelconque x (**51**),

$$y = a x + b \pm \frac{1}{2A} \sqrt{n x^2 + 2 p x + q},$$

en faisant pour abréger

$$-\frac{B}{2A} = a, \quad -\frac{D}{2A} = b, \quad B^2 - 4AC = n,$$

$$BD - 2AE = p, \quad D^2 - 4AF = q,$$

et, complétant le carré sous le radical,

$$y = a x + b \pm \frac{\sqrt{n}}{2A} \sqrt{\left(x + \frac{p}{n}\right)^2 + \left(\frac{q}{n} - \frac{p^2}{n^2}\right)}.$$

Si l'on pose pour un moment

$$\left(x + \frac{p}{n}\right)^2 = z, \quad \frac{q}{n} - \frac{p^2}{n^2} = h,$$

---

* Ἀσύμπτωτος (ἀ-σύν-πίπτειν), qui ne se rencontre pas avec.

en appliquant la formule du binôme de Newton,

$$(z+h)^m = z^m + \frac{m}{1}\, hz^{m-1} + \frac{m}{1}\cdot\frac{m-1}{2}\, h^2 z^{m-2} + \text{etc.},$$

on aura

$$(z+h)^{\frac{1}{2}} = z^{\frac{1}{2}} + \frac{\left(\frac{1}{2}\right)}{1}\, hz^{\frac{1}{2}-1} + \frac{\frac{1}{2}}{1}\cdot\frac{\left(\frac{1}{2}-1\right)}{2}\, h^2 z^{\frac{1}{2}-2} + \text{etc.},$$

$$(z+h)^{\frac{1}{2}} = z^{\frac{1}{2}} + \frac{1}{2}\, hz^{-\frac{1}{2}} - \frac{1}{8}\, h^2 z^{-\frac{3}{2}} + \text{etc.};$$

et par conséquent, en remplaçant z et h par leurs valeurs,

$$\sqrt{\left(x+\frac{p}{n}\right)^2 + \left(\frac{q}{n}-\frac{p^2}{n^2}\right)} = \left(x+\frac{p}{n}\right) + \frac{1}{2}\frac{\left(\frac{q}{n}-\frac{p^2}{n^2}\right)}{x+\frac{p}{n}} - \frac{1}{8}\frac{\left(\frac{q}{n}-\frac{p^2}{n^2}\right)^2}{\left(x+\frac{p}{n}\right)^3} + \text{etc.}$$

et la valeur de l'ordonnée développée en série deviendra

$$[C]\quad y = ax + b \pm \frac{\sqrt{n}}{2A}\left\{\left(x+\frac{p}{n}\right) + \frac{1}{2}\frac{\left(\frac{q}{n}-\frac{p^2}{n^2}\right)}{\left(x+\frac{p}{n}\right)} - \frac{1}{8}\frac{\left(\frac{q}{n}-\frac{p^2}{n^2}\right)^2}{\left(x+\frac{p}{n}\right)^3} + \text{etc.}\right\}$$

93. 1er *Cas.* Supposons d'abord $n > 0$, auquel cas la courbe est une hyperbole, toutes les asymptotes de la courbe seront renfermées dans l'équation [C], lorsqu'on prendra un certain nombre de termes du second membre.

Si l'on prend jusqu'au premier terme inclusivement de la série après le double signe $\pm$, on aura, en désignant par Y l'ordonnée de cette asymptote, x restant le même,

$$Y = ax + b \pm \frac{\sqrt{n}}{2A}\left(x+\frac{p}{n}\right)$$

ou

$$[A]\quad \begin{cases} Y = \left[a+\frac{\sqrt{n}}{2A}\right]x + \left[b+\frac{p}{2A\sqrt{n}}\right] \\[2mm] Y = \left[a-\frac{\sqrt{n}}{2A}\right]x + \left[b-\frac{p}{2A\sqrt{n}}\right] \end{cases};$$

équations de deux lignes droites. On reconnaîtra aisément qu'elles passent par le centre.

En prenant un terme de plus de la série, on aura

$$[B] \qquad Y' = ax + b \pm \frac{\sqrt{n}}{2A} \left\{ \left(x + \frac{p}{n} \right) + \frac{1}{2} \frac{\left[\frac{q}{n} - \frac{p^2}{n^2} \right]}{x + \frac{p}{n}} \right\},$$

asymptote hyperbolique, qui a pour asymptotes rectilignes les mêmes droites [A] que l'hyperbole proposée.

En prenant successivement 1, 2, 3 termes de plus de la série [C], on obtiendrait des courbes asymptotiques qui se rapprocheraient de plus en plus de l'hyperbole.

94. 2ᵉ *Cas.* Si $n = 0$, les équations [A] se confondent en une seule

$$Y = ax + b,$$

équation du diamètre conjugué aux ordonnées.

Donc, *les paraboles n'ont d'autres asymptotes rectilignes que leurs diamètres.*

Ce qu'on peut voir encore par la valeur générale de l'ordonnée de la courbe

$$y = ax + b \pm \frac{1}{2A} \sqrt{nx^2 + 2px + q},$$

qui se réduit à

$$y = ax + b \pm \frac{1}{2A} \sqrt{2p} \left[x + \frac{q}{2p} \right]^{\frac{1}{2}} \quad \text{par la condition} \quad n = 0,$$

et se développe de la manière suivante :

$$y = ax + b \pm \frac{1}{2A} \sqrt{2p} \left[\sqrt{x} + \frac{1}{2} \frac{q}{2p} \frac{1}{\sqrt{x}} + \text{etc.} \right].$$

Et ne prenant que les termes du premier degré, on a

$$Y = ax + b \,;$$

en prenant un terme de plus, on trouve

$$Y = ax + b \pm \frac{\sqrt{2p} \sqrt{x}}{2A},$$

équation d'une parabole qui a le même diamètre que la parabole proposée.

Donc, *deux paraboles égales, construites sur un même diamètre et dirigées dans le même sens, sont réciproquement asymptotes l'une de l'autre.*

95. 3ᵉ *Cas*. Enfin, si $n < 0$, et la courbe est alors une ellipse, on voit que, pour un nombre quelconque fini de termes de la série, $\sqrt{n}$ sera toujours facteur de x; et comme $\sqrt{n}$ est imaginaire, on doit en conclure que *l'ellipse n'a point d'asymptote ni rectiligne ni courbe.*

96. Nous ne traiterons ici que des asymptotes rectilignes, dont on peut trouver directement les équations de la manière suivante :

Soit

$$[1] \qquad y = ax + b \pm \frac{1}{2\mathrm{A}} \sqrt{nx^2 + 2px + q}$$

l'expression générale de l'ordonnée des lignes du deuxième degré, et

$$[2] \qquad \mathrm{Y} = c\mathrm{X} + d$$

l'équation d'une droite quelconque.

Si l'on veut que cette droite soit asymptote de la courbe, il faut, d'après la définition des asymptotes, que la différence des ordonnées de la droite et de la courbe, correspondantes à la même abscisse, puisse devenir plus petite que toute quantité donnée, et nulle pour $x = \infty$.

L'expression de la différence entre ces ordonnées sera

$$\mathrm{Y} - y = [(c - a)\,x + (d - b)] \mp \frac{1}{2\mathrm{A}} \sqrt{nx^2 + 2px + q}.$$

Multipliant et divisant le second membre de cette équation par

$$[(c - a)\,x + (d - b)] \pm \frac{1}{2\mathrm{A}} \sqrt{nx^2 + 2px + q},$$

on obtiendra, toute réduction faite,

$$\mathrm{Y} - y = \frac{\left[(c-a)^2 - \dfrac{n}{4\mathrm{A}^2}\right] x^2 + 2\left[(c-a)(d-b) - \dfrac{p}{4\mathrm{A}^2}\right] x + (d-b)^2 - \dfrac{q}{4\mathrm{A}^2}}{\left[(c-a)\,x + (d-b)\right] \pm \dfrac{1}{2\mathrm{A}} \sqrt{nx^2 + 2px + q}}.$$

Enfin, divisant les deux termes de la fraction par x, on aura

$$Y-y=\frac{\left[(c-a)^2-\dfrac{n}{4A^2}\right]x+2\left[(c-a)(d-b)-\dfrac{p}{4A^2}\right]+\dfrac{(d-b)^2-\dfrac{q}{4A^2}}{x}}{\left[(c-a)+\dfrac{d-b}{x}\right]\pm\dfrac{1}{2A}\sqrt{n+\dfrac{2p}{x}+\dfrac{q}{x^2}}}.$$

Or, pour que cette expression puisse devenir nulle quand on fera $x=\infty$, il faut nécessairement que l'on ait

$$[3]\qquad\qquad (c-a)^2-\frac{n}{4A^2}=0,$$

$$[4]\qquad\qquad (c-a)(d-b)-\frac{p}{4A^2}=0.$$

L'équation [3] fait voir que n ou B^2-4AC doit être nécessairement positif ou nul, c'est-à-dire que la courbe est une hyperbole ou une parabole.

De ces équations l'on tire sans difficulté

$$c=a\pm\frac{\sqrt{n}}{2A},$$

$$d=b\pm\frac{p}{2A\sqrt{n}};$$

et, substituant ces valeurs dans l'équation [2], on obtiendra pour les équations des asymptotes rectilignes de l'hyperbole,

$$Y=ax+b\pm\frac{\sqrt{n}}{2A}\left[x+\frac{p}{n}\right]$$

ou

$$[A]\qquad\left.\begin{array}{l}Y=\left[a+\dfrac{\sqrt{n}}{2A}\right]X+\left[b+\dfrac{p}{2A\sqrt{n}}\right]\\[2ex]Y=\left[a-\dfrac{\sqrt{n}}{2A}\right]X+\left[b-\dfrac{p}{2A\sqrt{n}}\right]\end{array}\right\},$$

ainsi qu'on les a trouvées par une autre méthode (95).

Si $n=0$, on retrouve l'équation du diamètre $y=ax+b$.

La méthode employée ci-dessus peut servir à faire reconnaître les asymptotes, lorsque l'équation de la courbe contient les carrés des coordonnées.

On a vu ailleurs (**62**) comment on les détermine plus facilement encore lorsque les carrés de l'une des inconnues ou des deux à la fois manquent dans l'équation.

97. Lorsque la courbe est rapportée à son centre, et que son équation est de la forme

$$A^2 y^2 - B^2 x^2 = - A^2 B^2,$$

A et B étant les demi-diamètres conjugués de la courbe, on trouve tout d'abord pour les équations des asymptotes

$$Y = \pm \frac{B}{A}\, x,$$

et l'on conclut que

Les asymptotes de l'hyperbole se confondent avec les diagonales du parallélogramme construit sur deux diamètres conjugués quelconques.

Ce qui fournit un moyen bien simple de

Construire les asymptotes de l'hyperbole lorsqu'on connaît le centre et deux diamètres conjugués de direction et de grandeur ;

Et réciproquement de,

Connaissant les asymptotes et la direction d'un des diamètres, déterminer la direction de son conjugué.

Si les axes conjugués étaient rectangulaires, l'équation des asymptotes

$$Y = \pm \frac{B}{A}\, x$$

fait voir que

Les axes principaux de l'hyperbole divisent en deux parties égales les angles des asymptotes.

REMARQUE. Si $B = A$, c'est-à-dire si l'hyperbole est équilatère, les asymptotes sont perpendiculaires entre elles.

98. La comparaison des ordonnées de la courbe et de l'asymptote offre une propriété remarquable de l'hyperbole.

En effet on a
$$Y^2 = \frac{B^2}{A^2} x^2,$$

$$y^2 = \frac{B^2}{A^2} (x^2 - A^2),$$

d'où $$Y^2 - y^2 = B^2,$$

ou $$(Y + y)(Y - y) = B^2,$$

résultat indépendant de x : or, si d'un point P (fig. 32) on mène une sécante PN parallèle au diamètre 2B, on aura

$$Y + y = PN + PM = PN' + PM = MN',$$
$$Y - y = PN - PM = MN :$$

donc $$NM \cdot MN' = B^2.$$

On aurait obtenu de même pour une sécante MQ parallèle au diamètre 2A, $MQ \cdot MQ' = A^2$.

De là ce théorème :

Si d'un point quelconque d'une hyperbole on mène une sécante quelconque parallèle à un diamètre, le rectangle des parties de la sécante comprise entre ce point de la courbe et les asymptotes, est égal au carré de la moitié de ce diamètre.

On pourra donc facilement résoudre les problèmes suivants :

PROBLÈME XVII.

Connaissant les asymptotes de l'hyperbole, un point de la courbe et la direction d'un diamètre, déterminer les deux diamètres conjugués de grandeur et de direction.

PROBLÈME XVIII.

Connaissant les asymptotes de l'hyperbole et un point de la courbe, déterminer les axes de grandeur et de direction.

PROBLÈME XIX.

Connaissant un système de diamètres conjugués de l'hyperbole, déterminer les axes de grandeur et de direction.

99. Le diamètre transverse OAX divise en deux parties égales la tangente DAC au point A, laquelle est parallèle au diamètre conjugué OBY (**70**) : donc

La partie d'une tangente à l'hyperbole comprise entre les asymptotes est partagée en deux parties égales au point de contact.

Et de là la solution de ce problème :

Connaissant les asymptotes, mener une tangente à l'hyperbole par un point donné de la courbe.

Il suffira de mener par le point donné une droite telle, que la partie comprise entre deux droites données soit divisée en ce point en deux parties égales.

On remarquera, à mesure que le point de tangente s'éloigne de l'origine en se rapprochant d'une asymptote, que le point d'intersection de la tangente avec l'autre asymptote s'en rapproche, et l'on peut dire que *les asymptotes sont les limites des tangentes à l'hyperbole.*

On conclut encore les propriétés suivantes :

THÉORÈME XXIX.

Les portions d'une sécante quelconque comprises entre l'hyperbole et ses asymptotes sont égales.

En effet, soit une sécante quelconque UVV'U'; par le milieu G de la corde VV' si l'on mène le diamètre OG, qui rencontre la courbe au point a, le conjugué de ce diamètre cab sera tangent à la courbe au point a; et l'on aura, à cause de $ab = ac$,

$$UG = GU',$$

et, à cause de $VG = GV'$

$$UV = U'V'.$$

D'après cela on résoudra facilement le problème qui suit :

PROBLÈME XX.

Étant donnés les asymptotes et un point de la courbe, trouver autant d'autres points qu'on voudra de l'hyperbole, et construire ainsi la courbe par points.

100. Examinons maintenant successivement les autres formes de l'équation du deuxième degré, dans le cas où le lieu géométrique est une hyperbole.

Et d'abord soit $A = 0$ dans l'équation générale des courbes du deuxième degré.

On sait (**62**) que l'équation

$$Bxy + Cx^2 + Dy + Ex + F = 0,$$

représente une hyperbole, dont une des asymptotes, qu'on sait déterminer (**62**), est parallèle à l'axe des y. On pourra, en transportant l'origine des axes, au moyen des formules

$$x = x' + a,$$
$$y = y' + b,$$

transformer l'équation proposée en une autre de la forme

$$Bxy + Cx^2 + F' = 0.$$

Si l'on fait le calcul, on trouvera

$$a = -\frac{D}{B},$$

$$b = \frac{2CD - BE}{B^2},$$

qui sont précisément les valeurs des coordonnées du centre de la courbe lorsqu'on y fait $A = 0$.

Ensuite en changeant seulement la direction de l'axe des abscisses nouvelles, et prenant pour l'autre l'asymptote parallèle à l'ancien axe des ordonnées, on obtiendra une équation réduite de la forme

$$B'xy + F' = 0,$$

ou $\qquad xy = K^2,\qquad$ en faisant $-\dfrac{F'}{B'} = K^2.$

On reconnaîtra promptement par le calcul que le nouvel axe des x se confond avec la seconde asymptote.

101. Le même raisonnement s'applique au cas où l'équation étant de la forme

$$Ay^2 + Bxy + Dy + Ex + F = 0,$$

l'une des asymptotes serait parallèle à l'axe des x ;

Et de même aux cas où l'équation aurait l'une des formes suivantes :

$Bxy + Dy + Ex + F = 0$ asymptotes parallèles aux axes.

$Bxy + Dy + F = 0 \qquad \begin{cases} \text{l'une des asymptotes est l'axe des } x, \\ \quad \text{l'autre parallèle à l'axe des } y. \end{cases}$

$Bxy + Ex + F = 0 \qquad \begin{cases} \text{l'une des asymptotes est l'axe des } y, \\ \quad \text{l'autre parallèle à l'axe des } x. \end{cases}$

$Bxy + F = 0 \qquad\qquad$ les axes sont les asymptotes.

102. Il résulte de là que l'équation de l'hyperbole peut être toujours ramenée à la forme $xy = K'$. En profitant de cette forme si simple de l'équation de l'hyperbole rapportée aux asymptotes, on démontrerait facilement toutes les propositions précédentes, et l'on mettrait en évidence les procédés de construction indiqués. Nous nous bornerons à énoncer un théorème dont la formule est renfermée dans l'équation elle-même.

THÉORÈME XXX.

Dans toute hyperbole l'aire du parallélogramme formé par les asymptotes et par les parallèles menées à ces lignes d'un point quelconque de la courbe est constante.

En effet, en désignant par θ l'angle des asymptotes, on a

$$xy \sin \theta = K^2 \sin \theta ;$$

ce qui démontre le théorème.

Soit A (fig. 33) un point quelconque de l'hyperbole; AD, AE, les droites menées du point A parallèlement aux asymptotes SS', TT': la droite MAN, menée par le point A telle que AM = AN, est tangente à la courbe (99), et parallèle au diamètre conjugué de AOA' passant par le point A.

On a par conséquent, à cause de OD = DN,

$$\text{parallélog. ODAE} = \text{triangle OAN} = \frac{1}{2}\,\text{OMN} = \frac{1}{8}\,\text{MNPQ}.$$

Donc : *L'aire constante est égale à la huitième partie du parallélogramme construit sur deux diamètres conjugués quelconques, et par conséquent à la huitième partie du rectangle construit sur les axes principaux.*

D'où l'on conclut encore :

THÉORÈME XXXI.

Dans toute hyperbole l'aire du parallélogramme construit sur deux diamètres conjugués quelconques est constante et égale à l'aire du rectangle des axes.

103. Pour déterminer la constante K^2, il suffit de connaître un seul point de la courbe.

En effet, si p, q, sont les coordonnées de ce point, on aura
$pq = K^2$. Soit A le point donné :

$$K^2 = pq = OD.OE = \frac{OM.ON}{4}.$$

Si le point donné est le sommet a de la courbe, à cause de
$OG = OH$, on aura

$$K^2 = \frac{\overline{OH}^2}{4} = \frac{\overline{Oa}^2 + \overline{Ga}^2}{4} = \frac{A^2 + B^2}{4}.$$

La quantité K^2, égale à la somme des carrés des demi-axes de
l'hyperbole, a reçu le nom de *puissance* de l'hyperbole. La grandeur et la forme de la courbe dépendent en effet de la grandeur
de cette quantité. On verra bientôt qu'elle sert à fixer la position
de deux points qui jouissent de propriétés très-remarquables.

PROBLÈME XXI.

104. *Étant donnée la puissance de l'hyperbole et la direction des
asymptotes, déterminer les axes principaux.*

On aura pour déterminer A et B les relations

$$[1] \qquad K^2 \sin \theta = \frac{1}{2} AB,$$

θ étant l'angle des asymptotes, et

$$[2] \qquad K^2 = \frac{A^2 + B^2}{4};$$

d'où l'on tirera sans difficulté

$$A + B = 2K \sqrt{1 + \sin \theta},$$
$$A - B = 2K \sqrt{1 - \sin \theta};$$

et

$$A = K\left[\sqrt{1 + \sin \theta} + \sqrt{1 - \sin \theta}\right] = 2K \cos \frac{\theta}{2},$$

$$B = K\left[\sqrt{1 + \sin \theta} - \sqrt{1 - \sin \theta}\right] = 2K \sin \frac{\theta}{2},$$

d'après les formules trigonométriques connues.

Quant à la direction des axes, on sait (97) qu'ils divisent en deux parties égales les angles des asymptotes, ce qu'indiquent encore les valeurs précédentes de A et de B.

PROBLÈME XXII.

Étant donnés les axes principaux de l'hyperbole, déterminer l'angle des asymptotes.

Les équations [1] et [2] donnent

$$\sin \theta = \frac{2AB}{A^2 + B^2}.$$

Si l'on remarque que $2AB = (A^2 + B^2) - (A - B)^2$, la valeur de $\sin \theta$ deviendra

$$\sin \theta = 1 - \frac{(A - B)^2}{A^2 + B^2}.$$

Si l'hyperbole est équilatère, c'est-à-dire si $A = B$, $\sin \theta = 1$; ce qu'on reconnaît aussi d'après les valeurs précédentes de A et B, et ce qui confirme la remarque du n° **97**.

MÉTHODE GÉNÉRALE POUR LA DISCUSSION ET LA CONSTRUCTION DES LIEUX GÉOMÉTRIQUES DES ÉQUATIONS DU DEUXIÈME DEGRÉ.

105. Maintenant nous pouvons, en résumant toute la discussion précédente, exposer la méthode qu'on devra suivre pour la discussion et la construction du lieu géométrique d'une équation donnée du deuxième degré, numérique ou littérale,

$$Ay^2 + Bxy + Cx^2 + Dy + Ex + F = 0.$$

On commencera par reconnaître à quel genre de courbe ce lieu géométrique appartient, en examinant si $B^2 - 4AC < 0$, ou > 0, ou $= 0$.

1° $B^2 - 4AC < 0$. Le lieu géométrique est une ellipse ou une des espèces du genre : cercle, point ou ellipse imaginaire.

Pour lever toute incertitude, on résoudra l'équation par rapport à y, ce qui donnera une valeur de la forme

$$y = ax + b \pm \frac{1}{2A} \sqrt{nx^2 + 2px + q},$$

et l'on construira le diamètre indéfiniment prolongé

$$y = ax + b.$$

Afin de déterminer les points d'intersection de ce diamètre par la courbe, on égalera à zéro la quantité sous le radical, et l'on résoudra cette équation, ce qui donnera deux valeurs $x = x'$, $x = x''$, qu'on portera sur l'axe des abscisses à partir de l'origine ; par les extrémités de ces abscisses on mènera des parallèles à l'axe des ordonnées, et ces parallèles détermineront, par leur rencontre avec le diamètre, les deux points demandés.

La partie du diamètre indéfini comprise entre ces points sera l'un des diamètres de la courbe ; par le milieu de la distance comprise entre les pieds des ordonnées parallèles on mènera une troisième ordonnée parallèle, qui coupera le diamètre au centre de l'ellipse, et sur laquelle on portera, à partir de ce point, au-dessus et au-dessous du diamètre, une longueur égale à $\dfrac{1}{2A}\sqrt{q - \dfrac{p^2}{n}}$, et l'on aura ainsi le second diamètre conjugué au premier.

Connaissant le centre et un système de diamètres conjugués, on construira la courbe par un des moyens indiqués (**78**, **79**).

On pourra déterminer les axes et les sommets de la courbe d'après la remarque du n° **79**.

Si $x' = x''$, la courbe représente un point, facile à déterminer, sur le diamètre.

Si les racines x', x'', sont imaginaires, ce qu'on reconnaîtra à la vue du trinôme sous le radical, la courbe est imaginaire.

On pourra, si l'on veut, opérer d'une manière analogue en résolvant par rapport à x.

106. 2° $B^2 - 4AC > 0$. Le lieu géométrique est une hyperbole, ou deux droites convergentes.

Après avoir résolu l'équation par rapport à y, et construit le diamètre $y = ax + b$, comme il a été dit précédemment (**105**), on égalera de même à zéro la quantité sous le radical, et si l'on obtient deux valeurs réelles et inégales $x = x'$, $x = x''$, on les portera sur l'axe des abscisses à partir de l'origine ; on prendra le milieu de leur distance, et l'on mènera les trois ordonnées parallèles, dont celle du milieu passera par le centre de la courbe et indiquera la direction du diamètre conjugué non transverse.

Il suffira alors de connaître un point de la courbe pour déterminer la longueur de ce diamètre ; pour cela on fera $x = 0$ ou $y = 0$ dans l'équation de la courbe, ou dans l'expression générale de l'ordonnée, ce qui déterminera généralement deux points. Après avoir déterminé la longueur du diamètre non transversé [61], on construira la courbe par un des moyens indiqués précédemment. On pourra encore déterminer directement la longueur du diamètre non transverse en portant sur l'ordonnée du centre, à partir de ce point, des longueurs égales à $\dfrac{1}{2A}\sqrt{q - \dfrac{p^2}{n}}$, considéré comme réel (61); connaissant un système de diamètre conjugué de grandeur et de dir e cln, on construira facilement la courbe (85).

Si les racines x', x'' sont égales, le lieu géométrique est deux lignes droites qui se coupent au centre, et dont on déterminera facilement la direction d'après leurs équations, ou bien encore en faisant $x = 0$, ou $y = 0$, dans l'équation proposée ou dans la valeur générale de l'ordonnée.

Si les racines x', x'', sont imaginaires, le premier diamètre construit indiquera la direction du diamètre non transverse de l'hyperbole. Ensuite, portant sur l'axe des x, à partir de l'origine, $x = \dfrac{-p}{n}$, on mènera parallèlement à l'axe des y l'ordonnée correspondante, qui coupera le diamètre au centre de la courbe, et sur laquelle, à partir de ce point, on portera au-dessus et au-dessous du diamètre une longueur égale à $\dfrac{1}{2A}\sqrt{q - \dfrac{p^2}{n}}$, et l'on aura ainsi le diamètre transverse conjugué.

Le reste de la construction s'achèvera comme ci-dessus.

On déterminera, si l'on veut, l'axe transverse et les sommets de la courbe d'après la remarque du n° 85.

Ou bien encore, après avoir résolu l'équation par rapport à y, on cherchera les équations des asymptotes

$$y = ax + b \pm \frac{1}{2A}\left(x\sqrt{n} + \frac{p}{\sqrt{n}} \right),$$

que l'on construira par les méthodes connues ; et il suffira de déterminer un point de la courbe de la manière indiquée ci-dessus, pour construire la courbe (98, 99).

Si $A = 0$, on résoudra de même l'équation, alors du premier degré en y, et l'on effectuera la division jusqu'à ce qu'on obtienne un résultat de la forme

$$y = rx + s + \frac{t}{Bx + D}.$$

Les équations des asymptotes seront

$$y = rx + s,$$
$$Bx + D = 0,$$

et l'on achèvera la construction comme ci-dessus.

Il faut remarquer qu'on peut avoir $r = 0$ ou $s = 0$, ou à la fois $r = 0$, $s = 0$; mais quand $t = 0$, le lieu géométrique est l'ensemble des deux droites

$$y = rx + s,$$
$$Dx + D = 0.$$

Dans chaque cas particulier on aura égard à la remarque qui termine le n° **62**.

107. $B^2 - 4AC = 0$, et on le reconnaîtra facilement en examinant si les trois premiers termes de l'équation forment un carré : le lieu géométrique est une parabole ou deux droites, ou une seule droite, ou enfin une courbe imaginaire.

On résoudra l'équation par rapport à y, si A n'est pas nul, et l'on construira le diamètre

$$y = ax + b.$$

On cherchera le point d'intersection du diamètre par la courbe en égalant à zéro la quantité, sous le radical, du premier degré en x, et résolvant l'équation ; ce qui donnera généralement une valeur $x = x'$ qu'on portera sur l'axe des abscisses à partir de l'origine ; par le point ainsi déterminé on mènera l'ordonnée, qui sera la tangente à la parabole, conjuguée au premier diamètre.

Alors il suffira de connaître un point de la courbe pour déterminer le paramètre du diamètre (86), et par suite pour construire la courbe.

Si la quantité sous le radical est indépendante de x, le lieu géométrique est l'ensemble de deux droites parallèles.

Si le radical lui-même est nul, le lieu géométrique n'est autre chose que le diamètre; et une courbe imaginaire, si le radical est imaginaire.

Si $A = 0$, on résoudra l'équation par rapport à x.

108. Lorsque $B = 0$, le lieu géométrique de l'équation se distingue encore facilement.

> A et C étant de même signe,   ellipse;
> —   de signes différents,   hyperbole;
> —   l'un ou l'autre nul,   parabole;

et dans tous les cas, l'équation est rapportée à un système d'axes conjugués, c'est-à-dire parallèles à un système de diamètres conjugués : ce qu'on démontre aisément en discutant la valeur générale de l'ordonnée

$$y = -\frac{Bx}{2A} - \frac{D}{A} \pm \frac{1}{2A}\sqrt{nx^2 + 2px + q}.$$

On voit en effet que, pour $B = 0$, le diamètre est parallèle à l'axe des x.

Si $F = 0$, l'origine est un point du lieu géométrique.

Si $D = 0$, $E = 0$, la courbe est rapportée à son centre; et si en même temps $B = 0$, les axes sont les diamètres conjugués.

109. Enfin, on peut encore construire le lieu géométrique en réduisant l'équation de la courbe à sa forme la plus simple, à l'aide des formules de transformation. Mais les formules générales étant trop compliquées, nous supposerons que les axes primitifs étaient rectangulaires, et que les axes nouveaux, aussi rectangulaires, sont les axes principaux de la courbe, l'origine de ces nouveaux axes étant différente de l'origine primitive.

Si le lieu géométrique est une ellipse ou une hyperbole, les formules (73)

$$a = \frac{2AE - BD}{B^2 - 4AC},$$

$$b = \frac{2CD - BE}{B^2 - 4AC},$$

détermineront les coordonnées de l'origine nouvelle, centre de la courbe.

Pour déterminer la direction du nouvel axe des abscisses par rapport à l'ancien, α étant l'angle que ces axes font entre eux, on a la relation (68)

$$\operatorname{tang} 2\alpha = -\frac{B}{A-C};$$

d'où l'on tire, à l'aide des formules trigonométriques connues,

$$\cos 2\alpha = \frac{1}{\sqrt{1 + \operatorname{tang}^2 2\alpha}} = \frac{A - C}{\sqrt{B^2 + (A - C)^2}},$$

$$\sin 2\alpha = \cos 2\alpha \operatorname{tang} 2\alpha = \frac{-B}{\sqrt{B^2 + (A - C)^2}}.$$

Les coefficients M, N, dé l'équation [T], dans lesquels on substitue $\theta = 100^0$, $\alpha' - \alpha = 100^0$, deviennent

$$M = A \cos^2 \alpha - B \sin \alpha \cos \alpha + C \sin^2 \alpha,$$
$$N = A \sin^2 \alpha + B \sin \alpha \cos \alpha + C \cos^2 \alpha;$$

d'où l'on tire sans difficulté

$$M + N = A + C,$$
$$M - N = \sqrt{B^2 + (A - C)^2},$$

et par suite

$$M = \frac{1}{2}(A + C) + \frac{1}{2}\sqrt{B^2 + (A - C)^2},$$

$$N = \frac{1}{2}(A + C) - \frac{1}{2}\sqrt{B^2 + (A - C)^2}.$$

110. Si le lieu géométrique est une parabole, on ramènera l'équation à la forme

$$My^2 + Sx = 0.$$

Pour cela on changera d'abord la direction des axes en remplaçant, dans l'équation,

$$x \quad \text{par} \quad x \cos \alpha - y \sin \alpha,$$
$$y \quad \text{par} \quad x \sin \alpha + y \cos \alpha,$$

formules qui servent à passer d'un système d'axes rectangulaires à un autre système d'axes rectangulaires, et l'on aura toujours la relation

$$\tan 2\alpha = \frac{-B}{A-C}.$$

Or, comme, à cause de

$$B^2 - 4AC = 0,$$

$$\sqrt{B^2 + (A-C)^2} \text{ se réduit à } (A+C),$$

on a
$$\cos 2\alpha = \frac{A-C}{A+C}, \qquad \sin 2\alpha = \frac{-B}{A+C},$$

et
$$\sin \alpha = \sqrt{\frac{C}{A+C}}, \qquad \cos \alpha = \frac{-B}{2\sqrt{C(A+C)}},$$

et de là
$$M = A + C$$

et
$$N = 0,$$

comme on le savait déjà.

L'équation sera réduite alors à la forme

$$My^2 + Ry + Sx + F = 0,$$

dans laquelle
$$R = D \cos \alpha - E \sin \alpha,$$
$$S = D \sin \alpha + E \cos \alpha;$$

et, substituant à $\sin \alpha$ et $\cos \alpha$ leurs valeurs,

$$\sin \alpha = \sqrt{\frac{1 - \cos 2\alpha}{2}} = \sqrt{\frac{A}{A+C}},$$

$$\cos \alpha = \sqrt{\frac{1 + \cos 2\alpha}{2}} = \sqrt{\frac{C}{A+C}},$$

on trouvera
$$R = \frac{D\sqrt{A} - E\sqrt{C}}{\sqrt{A+C}}, \qquad S = \frac{D\sqrt{C} + E\sqrt{A}}{\sqrt{A+C}}.$$

Ensuite on transportera les nouveaux axes parallèlement à eux-mêmes, en substituant à x et à y, $x+a$, $y+b$; et, égalant à zéro le coefficient de y et le terme indépendant des variables, on aura

$$2Mb + R = 0, \quad Mb^2 + Rb + Sa + F = 0,$$

d'où
$$a = \frac{R^2 - 4MF}{4MS}, \quad b = \frac{-R}{2M},$$

coordonnées du sommet de la parabole. Les coefficients de y^2 et de x restant les mêmes, l'équation sera réduite à la forme

$$My^2 + Sx = 0.$$

Cette seconde méthode, moins rapide que la première, à cause des calculs auxquels la substitution donne lieu, a l'avantage de faire connaître directement le centre et les axes principaux de l'ellipse et de l'hyperbole, l'axe et le sommet de la parabole. On poura, si l'on veut, les employer successivement, comme moyen de vérification.

Conclusion. Ici se termine la partie véritablement essentielle de la discussion des lieux géométriques représentés par les équations du deuxième degré. Lorsque en combinant entre elles les équations du problème, lesquelles ne doivent être que la traduction en langage algébrique des conditions de l'énoncé, on sera parvenu à une équation du deuxième degré entre les coordonnées des points qu'il s'agit de déterminer, il sera facile, d'après ce qui précède, de construire cette équation finale, et les points demandés se trouveront sur une courbe d'espèce déterminée, si le problème est indéterminé, ou à l'intersection de deux courbes déterminées si le problème est déterminé et ne doit avoir qu'un nombre limité de solutions.

Nous croyons devoir rappeler au lecteur ce que nous avons déjà dit ailleurs, que le choix des axes coordonnés contribue beaucoup à la simplicité du résultat et à l'élégance des constructions. On devra donc faire en sorte de choisir pour axes les lignes elles-mêmes du problème, à moins que quelque circonstance particulière ne fasse prévoir qu'un système d'axes rectangulaires dans une certaine position donnée serait préférable. Mais ces cas sont extrêmement rares ; et, bien que les formules rapportées à des coordonnées obliques soient réellement moins simples, on retrouve, sous le rapport de la symétrie, les avantages qu'on aurait sous le rapport du calcul en faisant choix d'un système d'axes rectangulaires; et, ce qui est d'une importance plus grande encore, on lit plus promptement dans le résultat les relations que le lieu géométrique, qu'il s'agit de construire, doit avoir avec les lignes du problème. Aussi n'avons-nous pas hésité à donner la préférence à ce système d'axes coordonnés, et à ne présenter les formules en coordonnées rectangulaires que comme cas particulier des formules générales en coordonnées obliques.

Au surplus, le lecteur trouvera dans la première partie des *Problèmes d'application de l'algèbre à la géométrie* un assez grand nombre d'exercices sur les formules en coordonnées rectangulaires appliquées à la ligne droite et à la circonférence.

Quant à cette courbe, nous ne la traiterons plus particulièrement, et nous ne la considérerons, comme il a été dit ci-dessus (69), que comme une variété de l'ellipse : ainsi toutes les propriétés de l'ellipse s'appliqueront nécessairement à la circonférence, et si quelques modifications sont nécessaires, le calcul algébrique les fera ressortir.

Le lecteur trouvera dans l'exposé de la méthode générale une règle sûre pour discuter et construire le lieu géométrique d'une équation quelconque du deuxième degré; toutefois nous ne croyons pas inutile de nous arrêter à la discussion de quelques lieux géométriques particuliers des équations du deuxième degré numériques ou littérales ; et, pour rendre cette discussion plus intéressante, nous résoudrons quelques problèmes numériques ou littéraux qui conduisent à des équations finales du deuxième degré.

APPLICATION DE LA THÉORIE GÉNÉRALE A DES PROBLÈMES NUMÉRIQUES
ET GRAPHIQUES.

PROBLÈME XXIII.

111. *Par cinq points donnés par leurs coordonnés,*

$$x' = 0 , \quad x'' = 0 , \quad x''' = 2 , \quad x'^{v} = 3 , \quad x^{v} = 1 ,$$

$$y' = 1 , \quad y'' = 2 , \quad y''' = 0 , \quad y'^{v} = 0 , \quad y^{v} = \frac{1}{3} ,$$

faire passer une ligne du deuxième degré, déterminer l'espèce et construire la courbe.

L'équation de la ligne du deuxième degré qui doit passer par les points donnés sera de la forme

$$Ay^2 + Bxy + Cx^2 + Dy + Ex + F = 0.$$

Remplaçant dans cette équation x et y par les coordonnées de chacun des points donnés, on obtiendra les cinq équations de condition

$$[1] \qquad A + D + F = 0,$$

$$[2] \qquad 4A + 2D + F = 0,$$

$$[3] \qquad 4C + 2E + F = 0,$$

$$[4] \qquad 9C + 3E + F = 0,$$

$$[5] \qquad \frac{A}{9} + \frac{B}{3} + C + \frac{D}{3} + E + F = 0\,;$$

d'où l'on tirera par une élimination facile

$$B = \frac{2}{3}A, \quad C = \frac{1}{3}A, \quad D = -3A, \quad E = -\frac{5}{3}A, \quad F = 2A,$$

et par conséquent l'équation de la courbe sera, toute réduction faite,

$$[E] \qquad 3y^2 + 2xy + x^2 - 9y - 5x + 6 = 0.$$

On reconnaîtra d'abord que la condition $B^2 - 4AC < 0$ est satisfaite : par conséquent la ligne demandée est du genre des ellipses.

Résolvant l'équation [E] par rapport à y, on obtiendra

$$y = -\frac{2x - 9}{6} \pm \frac{1}{6}\sqrt{-8x^2 + 24x + 9}.$$

L'un des diamètres a pour équation

$$y = -\frac{2x - 9}{6},$$

et l'autre est parallèle à l'axe des y.

On construira sans difficulté le premier diamètre, qui coupe l'axe des x à une distance de l'origine égale à $4\frac{1}{2}$, et l'axe des y à une distance de l'origine exprimée par $1\frac{1}{2}$.

Ensuite, égalant à zéro le trinôme sous le radical, on trouvera

$$8x^2 - 24x - 9 = 0,$$

d'où

$$x = \frac{3}{2}\left(1 \pm \sqrt{\frac{3}{2}}\right).$$

On prendra donc sur l'axe des x, à partir de l'origine, des longueurs égales à

$$x' = \frac{3}{2}\left(1 + \sqrt{\frac{3}{2}}\right),$$

$$x'' = \frac{3}{2}\left(1 - \sqrt{\frac{3}{2}}\right),$$

que l'on construira de plusieurs manières, soit en regardant $\sqrt{\frac{3}{2}}$ comme une moyenne proportionnelle entre 1 et $\frac{3}{2}$, soit en mettant $\sqrt{\frac{3}{2}}$ sous la forme $\frac{1}{2}\sqrt{6}$, soit enfin en cherchant la valeur numérique de $\sqrt{\frac{3}{2}}$ par l'extraction de la racine carrée, etc. Par les extrémités de ces abscisses ainsi construites on mènera des parallèles à l'axe des y, qui détermineront la partie du diamètre interceptée par la courbe, autrement la longueur de ce diamètre de l'ellipse ; par le milieu de ce diamètre on mènera une parallèle à l'axe des y, et ce sera la direction du diamètre conjugué au premier.

Pour avoir sa longueur, on cherchera la valeur maximum de la partie irrationnelle

$$\frac{1}{6}\sqrt{-8x^2 + 24x + 9}.$$

Or, en faisant

$$\frac{1}{6}\sqrt{-8x^2 + 24x + 9} = z,$$

on trouve sans difficulté

$$x = \frac{3}{2} \pm \sqrt{\frac{27}{8} - \frac{36z^2}{8}};$$

d'où l'on conclut que la plus grande valeur de z est

$$z = \pm \sqrt{\frac{27}{36}} = \pm \frac{1}{2} \sqrt{3}.$$

A partir du centre on portera donc sur le second diamètre, au-dessus et au-dessous du premier, une longueur égale à $\frac{1}{2}\sqrt{3}$, que l'on construira aisément soit en mettant $\sqrt{3}$ sous la forme $\sqrt{4-1}$, soit en cherchant le côté du triangle équilatéral inscrit au cercle de rayon 1, soit enfin en extrayant la racine carrée, et l'on connaîtra par conséquent les deux diamètres conjugués en grandeur et en direction ; et par suite l'ellipse sera facilement construite.

PROBLÈME XXIV.

112. *Décrire une ligne du deuxième degré passant par trois points donnés*,

$$x' = 0, \quad x'' = 1, \quad x''' = 0,$$
$$y' = 0, \quad y'' = -2, \quad y''' = -1,$$

et tangente à deux droites donnés,

[1] $\qquad\qquad\qquad y - 2x = 0,$

[2] $\qquad\qquad\qquad y - x + 1 = 0.$

Déterminer l'espèce et construire la courbe.

L'équation de la ligne demandée sera de la forme

$$A y^2 + B xy + C x^2 + D y + E x + F = 0,$$

les constantes A, B, C, D, E, F, devant être déterminées d'après les conditions du problème.

La condition de passer par les trois points donnés fournit d'abord les trois équations :

$$F = 0,$$
$$4A - 2B + C - 2D + E + F = 0,$$
$$A - D + F = 0.$$

Pour exprimer que la ligne demandée est tangente à la droite [1], on substituera dans l'équation générale la valeur de y tirée de l'équation [1], ce qui donnera une équation du deuxième degré en x, et l'on exprimera la relation que doivent avoir entre eux les coefficients pour que les racines de cette équation soient égales, autrement dit, pour que le trinôme soit un carré parfait, ce qui fournit la relation

$$2D + E)^2 - 4F (4A + 2B + C) = 0.$$

Opérant d'une manière tout à fait semblable sur l'équation [2], on obtiendra la relation

$$(2A + B - D - E)^2 - 4(A - D + F)(A + B + C) = 0.$$

A cause de $F = 0$, ces cinq équations de condition se réduisent aux quatre suivantes :

$$4A - 2B + C - 2D + E = 0,$$
$$A - D = 0,$$
$$2D + E = 0,$$
$$(2A + B - D - E)^2 - 4(A - D)(A + B + C) = 0;$$

d'où l'on tire sans difficulté

$$B = -3A, \quad C = -6A, \quad D = A, \quad E = -2A, \quad F = 0;$$

et par suite, l'équation de la ligne du deuxième degré demandée sera

$$[H] \qquad y^2 - 3xy - 6x^2 + y - 2x = 0.$$

On reconnaît d'abord que le lieu géométrique est du genre des hyperboles. En effet $B^2 - 4AC = 9 + 24 = 33 > 0$. Résolvant l'équation [H] par rapport à y, on trouve, toute réduction faite,

$$y = \frac{3x - 1}{2} \pm \frac{1}{2} \sqrt{33x^2 + 2x + 1}.$$

Si l'on égale à zéro le trinôme sous le radical, l'équation qui en résulte,

$$x^2 + \frac{2x}{33} + \frac{1}{33} = 0,$$

ne donne que des racines imaginaires : par conséquent le diamètre

$$y = \frac{3x - 1}{2}$$

ne rencontre pas l'hyperbole.

Cherchant la valeur minimum de la partie irrationnelle, en faisant

$$\frac{1}{2}\sqrt{33x^2 + 2x + 1} = z,$$

d'où l'on tire

$$x = -\frac{1}{33} \pm \frac{1}{33}\sqrt{132z^2 - 32},$$

on en conclura la position du centre de l'hyperbole dont l'abscisse est égale à $x = -\frac{1}{33}$, et la longueur du demi-axe transverse $\frac{1}{33}\sqrt{264}$.

Connaissant le centre, le diamètre transverse, et la direction du diamètre non transverse, on déterminera facilement la grandeur de ce diamètre : car, pour cela, il suffit de connaître un seul point de la courbe. La courbe pourra donc être construite.

On peut encore résoudre l'équation [H] par rapport à x : on détermine ainsi la direction du diamètre conjugué à l'axe des x, lequel diamètre rencontre la courbe; puis, par le moyen connu, on trouvera le centre. La direction du diamètre non transverse étant donnée, un seul point de la courbe suffira pour la déterminer. Nous laissons au lecteur le soin de faire le calcul et la construction.

Enfin, on peut aussi déterminer les asymptotes de l'hyperbole d'après la formule générale

$$Y = ax + b \pm \frac{\sqrt{n}}{2A}\left(x + \frac{p}{n}\right),$$

qu'il nous semble utile de ramener à une règle mnémonique, de la manière suivante :

Pour trouver les équations des asymptotes de l'hyperbole, dans le cas où l'équation contient les carrés des variables ou au moins le terme en y^2*, résolvez l'équation par rapport à* y *; et, après avoir fait sortir du radical le coefficient de* x^2*, complétez sous le radical le* *carré du binôme en* x, *et dans la valeur générale de* y *remplacez le radical par le binôme ainsi obtenu.*

Dans ce cas particulier les asymptotes ont pour équations

$$y = \frac{3x - 1}{2} \pm \frac{1}{2}\sqrt{33}\left(x + \frac{1}{33}\right).$$

Comme on sait d'ailleurs qu'elles passent par le centre, la connaissance d'un seul point de chacune d'elles suffira pour les déterminer complétement.

Ayant construit les asymptotes, connaissant un point de la courbe, on la construira facilement par un des moyens indiqués précédemment (98, 99), soit en cherchant les axes, soit par la propriété des transversales entre les asymptotes.

PROBLÈME XXV.

113. *Par quatre points donnés,*

$$x' = 0, \qquad x'' = 0, \qquad x''' = 1, \qquad x'^{v} = 1,$$
$$y' = 1, \qquad y'' = -3, \qquad y''' = 4, \qquad y'^{v} = -2,$$

faire passer une courbe du deuxième degré tangente à une droite donnée

$$4y = 13x + 4.$$

Nous nous bornerons à indiquer la méthode, en laissant au lecteur le soin d'effectuer les calculs et la construction.

On déterminera les coefficients de l'équation générale

$$Ay^2 + Bxy + Cx^2 + Dy + Ex + F = 0,$$

d'après les conditions de l'énoncé, et l'on trouvera pour l'équation du lieu géométrique cherché, après avoir fait toutes les réductions,

$$[P] \qquad y^2 - 4xy + 4x^2 + 2y - 9x - 3 = 0.$$

La relation $B^2 - 4AC = 0$ étant satisfaite, le lieu géométrique est une parabole.

Résolvant l'équation, on obtient

$$y = 2x - 1 \pm \sqrt{5x + 4}.$$

On construira le diamètre $y = 2x - 1$, et l'on déterminera le point de rencontre de ce diamètre avec la courbe, lequel point a pour abscisse

$$x = -\frac{4}{5}.$$

Connaissant la direction du diamètre transverse et la tangente à l'extrémité de ce diamètre, il suffira de connaître un point pour déterminer le paramètre de ce diamètre, et par suite construire la courbe comme il a été indiqué précédemment.

PROBLÈME XXVI.

114. *Étant donnés un triangle* ABC *et un point* O *dans le plan du triangle (fig. 34), mener par le point* O *une transversale* MOPN, *qui rencontre les trois côtés du triangle aux points* M, N, P, *de manière qu'on ait la relation*

$$\frac{1}{\overline{OM}^2} = \frac{1}{\overline{ON}^2} + \frac{1}{\overline{OP}^2}.$$

Prenons pour axes des coordonnées les côtés AB, AC; et désignons par p, q, les coordonnées du point donné O; par α, β, les coordonnées du point inconnu P.

L'équation de la transversale cherchée devant passer par les points (p, q), (α, β), sera

$$[1] \qquad y - q = \frac{\beta - q}{\alpha - p}(x - p).$$

Désignant par x_0 la valeur de x correspondante à $y = 0$ dans l'équation [1], on aura

$$\overline{OM}^2 = (x_0 - p)^2 + q^2 - 2(x_0 - p)q \cos A.$$

Faisant $y = 0$ dans l'équation [1], on en tire

$$x_0 - p = -\frac{\alpha - p}{\beta - q}q,$$

et par conséquent

$$\overline{OM}^2 = \left(\frac{q}{\beta - q}\right)^2 [(\alpha - p)^2 + (\beta - q)^2 + 2(\alpha - p)(\beta - q)\cos A].$$

8

Désignant de même par y_0 la valeur de y correspondante à $x = 0$ dans l'équation [l], et observant que

$$\overline{ON}^2 = p^2 + (y_0 - q)^2 - 2p(y_0 - q)\cos A,$$

on trouvera, toute réduction faite,

$$\overline{ON}^2 = \left(\frac{p}{\alpha - p}\right)^2 [(\alpha - p)^2 + (\beta - q)^2 + 2(\alpha - p)(\beta - q)\cos A].$$

Mais on a

$$\overline{OP}^2 = (\alpha - p)^2 + (\beta - q)^2 + 2(\alpha - p)(\beta - q)\cos A;$$

substituant ces valeurs dans la relation donnée

$$\frac{1}{\overline{OM}^2} = \frac{1}{\overline{ON}^2} = \frac{1}{\overline{OP}^2},$$

on obtiendra, après avoir réduit,

$$[E] \qquad p^2(\beta - q)^2 + q^2(\alpha - p)^2 = p^2 q^2,$$

équation d'une ellipse qui a son centre au point donné O (p, q), et pour demi-diamètres conjugués les coordonnées elles-mêmes de ce point.

On construira donc facilement l'ellipse; et les points d'intersection P, P', de cette courbe et du troisième côté BC, détermineront les directions des deux transversales qui satisfont à l'énoncé.

On remarquera que si l'angle A $= 100°$ et $p = q$, l'ellipse devient une circonférence.

En général, si le point O est situé sur la droite qui divise en deux parties égales l'angle A, l'ellipse est rapportée à deux diamètres conjugués égaux.

On reconnaîtra en outre que la courbe est tangente aux côtés AB, AC, aux points D et E tels que AD $= p$, AE $= q$.

Le problème a donc généralement deux solutions; il n'en aura qu'une lorsque l'ellipse sera tangente au troisième côté BC; et enfin le problème sera impossible lorsque l'ellipse ne rencontrera pas le côté.

Au surplus, si l'on veut déterminer les coordonnées du point P;

il faudra éliminer entre l'équation [E] et celle du côté BC, qui est

$$\frac{y}{b} + \frac{x}{c} = 1,$$

b, c, représentant les longueurs des côtés AC, AB.

PROBLÈME XXVII.

115. *Trouver le lieu géométrique des sommets de tous les triangles de même base, et tels que les angles à la base soient doubles l'un de l'autre.*

Appelons $2b$ la base donnée AB (fig. 35), et prenons pour axes rectangulaires la droite AB et la perpendiculaire OY élevée sur le milieu de la base ; soit M (α, β) un des sommets : d'après l'énoncé il faut que l'angle MBA soit égal à 2MAB.

L'équation de BM sera $y = \dfrac{\beta}{\alpha - b} (x - b)$,

et celle de AM $y = \dfrac{\beta}{\alpha + b} (x + b)$,

dans lesquelles $\dfrac{\beta}{\alpha - b}$ représente la tangente de l'angle MBX, et $\dfrac{\beta}{\alpha + b}$ celle de l'angle MAX.

La tangente de l'angle MBA, supplément de MBX, sera par conséquent $\dfrac{-\beta}{\alpha - b}$.

Or, d'après une formule connue,

$$\tan MBA = \tan 2MAB = \frac{2 \tan MAB}{1 - \tan^2 MAB} ;$$

donc

$$\frac{-\beta}{\alpha - b} = \frac{2\left(\dfrac{\beta}{\alpha + b}\right)}{1 - \left(\dfrac{\beta}{\alpha + b}\right)^2} ;$$

effectuant les calculs et réduisant, on trouvera

[H] $$\beta\,(\beta^2 - 3\alpha^2 - 2b\alpha + b^2) = 0.$$

Cette équation finale se décompose en deux équations.

La première $\beta = 0$

n'est autre chose que l'axe des x. On voit en effet que, lorsque MAX est nul, le double de cet angle est aussi nul : par conséquent les deux côtés AM, BM, se confondent avec la droite AB.

La seconde équation

$$\beta^2 - 3\alpha^2 - 2b\alpha + b^2 = 0$$

représente une hyperbole, puisque les coefficients de β^2 et de α^2 sont de signes contraires.

Résolvant l'équation, on trouvera

$$\beta = \pm \sqrt{3\alpha^2 + 2b\alpha - b^2} :$$

donc l'axe des x est un diamètre.

Égalant à zéro le trinôme sous le radical, on obtient

$$\alpha_1 = -\frac{1}{3} b \pm \frac{2}{3} b,$$

ou
$$\alpha_1 = \frac{1}{3} b,$$

$$\alpha_2 = -b.$$

Prenant donc $OD = \frac{1}{3} b$, le diamètre principal transverse ou l'axe de l'hyperbole sera égal à AD ; le centre sera au point C, milieu de AD, et le diamètre non transverse sera dirigé suivant la perpendiculaire CH. La courbe passant par le point A sera donc complétement déterminée.

Quant aux asymptotes, elles ont pour équation, d'après la règle précédente,

$$\beta = \pm \sqrt{3}\left(\alpha + \frac{b}{3}\right),$$

et elles font avec l'axe des x des angles dont les tangentes trigonométriques sont $\pm\sqrt{3}$; de plus elles rencontrent l'axe OY à des distances égales exprimées par $\pm\dfrac{b}{\sqrt{3}}$, rayon du cercle circonscrit au triangle équilatéral dont le côté est b.

On remarquera que l'analyse répond en même temps aux deux cas que présente l'énoncé. La branche hyperbolique à la droite de l'origine O répond au cas où l'angle MBA est double de l'angle MAB; la branche de gauche, au cas où ce dernier angle est double du premier.

REMARQUE. On pourra employer cette solution pour diviser un angle donné en trois parties égales: pour cela on décrira sur AB un segment capable du supplément de l'angle proposé, et l'on cherchera le point d'intersection M de l'arc de ce segment avec l'hyperbole. En effet, la somme des angles A et B sera égale à l'angle proposé, et par conséquent l'angle A en sera le tiers.

PROBLÈME XXVIII.

116. *Étant données deux droites* AB, AC (fig. 36), *on mène par un point donné* O *des sécantes quelconques* OMN, *sur chacune desquelles on détermine un point* P *tel, que la distance du point donné à ce point soit moyenne proportionnelle entre les distances du point donné aux points où la sécante rencontre les droites données, c'est-à-dire tel que*

$$OP^2 = OM.ON :$$

quel est le lieu géométrique des points P ?

Prenant pour axes les droites données, et désignant par p, q, et α, β, les coordonnées du point donné O et d'un point quelconque P du lieu géométrique demandé, on aura, d'après le problème du n° **114**,

$$\overline{OP}^2 = (\alpha - p)^2 + (\beta - q)^2 + 2(\alpha - p)(\beta - q)\cos A,$$

$$\overline{OM}^2 = \left(\frac{q}{\beta - q}\right)^2 [(\alpha - p)^2 + (\beta - q)^2 + 2(\alpha - p)(\beta - q)\cos A],$$

$$\overline{ON}^2 = \left(\frac{p}{\alpha - p}\right)^2 [(\alpha - p)^2 + (\beta - q)^2 + 2(\alpha - p)(\beta - q)\cos A];$$

et, d'après la condition de l'énoncé,

$$\frac{q}{\beta - q} \cdot \frac{p}{\alpha - p} = 1,$$

d'où

[H]
$$\beta\alpha - p\beta - q\alpha = 0,$$

équation d'une hyperbole dont les asymptotes sont

$$\beta = q, \quad \alpha = p.$$

D'ailleurs la courbe passe par l'origine : il sera donc facile de la construire.

PROBLÈME XXIX.

117. *Étant données deux droites convergentes* AB, AC *(fig. 37),
on mène à ces droites des transversales* BC *telles, què le triangle* ABC
intercepté soit constamment égal à une surface donnée m² : *quel est
le lieu géométrique des centres de gravité de ces triangles?*

Les droites AB, AC, étant prises pour axes coordonnés, soit BC
une transversale quelconque telle, que surf ABC $= m^2$; en
joignant le sommet A et le milieu M du côté opposé BC, puis
prenant, sur AM, $AG = \dfrac{2}{3} AM$, le point G sera le centre de gravité du triangle ABC. Menons GP, MQ, parallèles à AY, et soient
$AP = x$, $GP = y$. D'après la construction,

$$AB = 2AQ = 3AP = 3x,$$
$$AC = 2MQ = 3GP = 3y;$$

et, d'après une formule connue,

$$\text{surf } ABC = \frac{AB.AC \sin A}{2} :$$

par conséquent, en vertu de l'énoncé, et à cause des valeurs de
AB, AC,

$$\frac{3x.3y.\sin A}{2} = m^2.$$

Si l'on change m^2 en $\dfrac{9k^2 \sin A}{2}$, l'équation précédente deviendra $xy = k^2$; équation d'une hyperbole rapportée à ses asymptotes, et dont la puissance est égale à k^2.

Il suffira de déterminer un point de cette courbe pour la construire, et l'on y parviendra facilement en menant la transversale
perpendiculaire à la droite qui divise en deux parties égales
l'angle des droites données, et telle que le triangle isocèle intercepté soit équivalent à la surface donnée. Le centre de gravité
de ce triangle sera un point de l'hyperbole.

PROBLÈME XXX.

118. *Trouver le lieu géométrique des centres de gravité de tous les triangles qui ont même base et même angle du sommet.*

Si l'on donnait pour condition que le côté BC fût constamment égal à une longueur donnée b, l'énoncé précédent restant d'ailleurs le même, cette condition serait exprimée par la formule connue

$$b^2 = \overline{AB}^2 + \overline{AC}^2 - 2AB.AC \cos A,$$

et, remplaçant AB et AC par leurs valeurs trouvées précédemment, on aurait

$$[E] \qquad y^2 + x^2 - 2xy \cos A = \left(\frac{b}{3}\right)^2,$$

équation d'une ellipse rapportée à son centre. Si $A = 100^\circ$, l'ellipse se change en une circonférence de rayon $\frac{b}{3}$.

Résolvant l'équation, on obtient

$$y = x \cos A \pm \sqrt{-\sin^2 A x^2 + \left(\frac{b}{3}\right)^2}$$

Pour construire le diamètre

$$y = x \cos A,$$

sur AB on prendra $x = AG = \frac{b}{3}$ (fig. 37 *bis*); et, abaissant GH perpendiculaire sur AC, on aura

$$AH = \frac{b}{3} \cos A = x \cos A.$$

Menant ensuite GI et HI parallèles à AC, AB, on déterminera le point I, et par suite la direction du diamètre AI. L'ellipse rencontre ce diamètre en deux points, dont les abscisses sont

$$x_1 = \pm \frac{\left(\frac{b}{3}\right)}{\sin A}.$$

Au point G on élèvera GK perpendiculaire à AB, et AK perpendiculaire à AC; $AK = \dfrac{\left(\dfrac{b}{3}\right)}{\sin A}$. Ensuite on portera, par un arc de cercle, AK sur AM et AM'; par les points M, M', on mènera des parallèles à AC, et les points D, D', extrémités du diamètre AI, seront déterminés.

Faisant ensuite $x = 0$ dans l'équation de la courbe, on obtient $y = \pm \dfrac{b}{3}$: donc $AE = AG$ est le demi-axe conjugué à AD. On construira donc facilement l'ellipse.

119. Comme application de la remarque du n° **79**, nous déterminerons par le calcul la longueur du demi grand axe.

Pour cela, soit $ay = x$ [1] l'équation d'une droite quelconque passant par le point A, et ρ la distance du point A au point x, y, où cette droite rencontre la courbe, on aura

$$\rho^2 = x^2 + y^2 + 2xy \cos A ;$$

et, en vertu de l'équation [E],

$$\rho^2 = 4xy \cos A + l^2,$$

en faisant pour abréger $\dfrac{b}{3} = l$. On obtiendra facilement, au moyen des équations [1] et [E],

$$x = \frac{l}{\sqrt{1 + a^2 - 2a \cos A}},$$

$$y = \frac{al}{\sqrt{1 + a^2 - 2a \cos A}},$$

et par suite, toute réduction faite,

$$\rho^2 = \frac{(1 + a^2 + 2a \cos A)\, l^2}{1 + a^2 - 2a \cos A}.$$

Résolvant cette équation par rapport à a, on trouve

$$a = \frac{\rho^2 + l^2}{\rho^2 - l^2} \cos A = \frac{1}{\rho^2 - l^2} \sqrt{(\rho^2 + l^2)^2 \cos^2 A - (\rho^2 - l^2)^2},$$

expression qui peut se mettre sous la forme

$$a = \frac{\rho^2 + l^2}{\rho^2 - l^2}\cos A \pm \frac{1}{\rho^2 - l^2}\sqrt{[\rho^2(1+\cos A) - l^2(1-\cos A)][l^2(1+\cos A) - \rho^2(1-\cos A)]}.$$

d'où l'on voit que la plus grande et la plus petite valeur de ρ seront données par les relations

$$\rho_1^2 = l^2\left(\frac{1+\cos A}{1-\cos A}\right), \quad \rho_2^2 = l^2\left(\frac{1-\cos A}{1+\cos A}\right);$$

et, d'après une formule connue,

$$\rho_1^2 = \frac{l^2}{\tang^2\frac{1}{2}A},$$

$$\rho_2^2 = l^2\,\tang^2\frac{1}{2}A.$$

On obtient pour valeurs correspondantes de a

$$a_1 = 1, \quad a_2 = -1;$$

d'où l'on conclut que le grand axe de l'ellipse est dirigé suivant la droite qui divise en deux parties égales l'angle des droites, et le petit axe suivant la droite qui divise en deux parties égales le supplément de cet angle.

Quant aux valeurs des demi-axes, elles se construisent facilement de la manière suivante.

Divisez l'angle (fig. 37 *bis*) BAC et son supplément en deux parties égales par les droites RAR′, PAP′; au point G, tel que $AG = l = \dfrac{b}{3}$, élevez sur AB la perpendiculaire indéfinie OGP, qui rencontre ces droites aux points O et P, GP et OG seront les demi-axes de l'ellipse. En effet, d'après cette construction, le triangle AGP donne

$$AG = GP\,.\,\tang APG = GP\,.\,\tang OAG ;$$

et par conséquent

$$GP = \frac{AG}{\tang OAG} = \frac{l}{\tang\frac{1}{2}A}.$$

D'ailleurs on a directement, par le triangle AOG,

$$OG = AG \, \text{tang} \, OAG = l \, \text{tang} \, \frac{1}{2} A.$$

On pourrait encore substituer dans l'équation [E] les formules

$$x = \frac{x' \sin (A - \alpha) - y' \cos (A - \alpha)}{\sin A},$$

$$y = \frac{x' \sin \alpha + y' \cos \alpha}{\sin A},$$

qui servent à passer d'un système d'axes obliques, faisant entre eux un angle A, à un système d'axes rectangulaires, et exprimer la condition nécessaire pour que le terme en xy s'évanouît dans l'équation transformée; ce qui déterminerait d'abord α, c'est-à-dire la direction du grand axe de l'ellipse; et ensuite, l'équation étant ramenée à la forme

$$My^2 + Nx^2 + P = 0,$$

les longueurs des deux demi-axes seraient déterminées par

$$\sqrt{\frac{-P}{N}} \quad \text{et} \quad \sqrt{\frac{-P}{M}}.$$

Nous laissons au lecteur le soin de faire le calcul.

PROBLÈME XXXI.

120. *Étant données deux droites convergentes* AB, AC, *partagées chacune en un même nombre de parties égales* (fig. 38), *comptées pour l'une*, AC, *à partir du point* A, *pour l'autre*, AB, *à partir du point* B, *on joint réciproquement les points de division de la seconde avec les points de division de la première, de manière que le nombre de divisions de la seconde soit moindre d'une unité que le nombre correspondant de la première. Quel est le lieu géométrique des points d'intersection des droites de jonction consécutives* [2, 3] *et* [3, 4], [3, 4] *et* [4, 5], *etc.?*

Prenons pour axes coordonnés les droites elles-mêmes AB, AC, et supposons que AB soit partagée en n parties, représentées par a, et AC en n parties, représentées par b.

Soit M un point de division quelconque de la droite AC, et

$AM = zb$, z étant un coefficient indéterminé, exprimant le nombre de divisions contenues dans AM.

Le point de division correspondant N de la droite AB, d'après l'énoncé, sera tel que $BN = (z - 1)\,a$, et par conséquent $AN = AB - BN = na - (z - 1)\,a$.

La droite de jonction des deux points M et N aura donc pour équation

$$[1] \qquad MN, \quad \frac{y}{zb} + \frac{x}{(n - z + 1)\,a} - 1 = 0.$$

Soient encore M′ le point de division qui suit immédiatement le point M, en allant dans l'ordre naturel des chiffres, à partir du point A, et N′ le point de division qui suit le point N, en allant de B vers A : on aura $AM' = (z + 1)\,b$, $BN' = za$, et $AN' = a\,(n - z)$; et par conséquent la droite de jonction des points M′, N′, aura pour équation

$$[2] \qquad M'N', \quad \frac{y}{(z + 1)\,b} + \frac{x}{(n - z)\,a} - 1 = 0.$$

Il ne restera plus qu'à éliminer z entre les équations [1] et [2] pour obtenir l'équation du lieu géométrique demandé.

Développant les équations [1] et [2], on obtient

$$[3] \quad any - ayz + ay + bxz - abnz + abz^2 - abz = 0,$$

$$[4] \quad any - ayz + bx + bxz - abnz + abz^2 + abz - abn = 0.$$

Retranchant ces deux équations l'une de l'autre,

$$ay - bx + abn - 2abz = 0 ;$$

d'où

$$z = \frac{ay - bx + abn}{2ab}.$$

Substituant enfin cette valeur dans l'équation [3], par exemple, on trouvera, toute réduction faite,

$$[P] \quad a^2y^2 - 2abxy + b^2x^2 - 2a^2b\,(n + 1)\,y - 2ab^2\,(n + 1)\,x + a^2b^2n\,(n + 2) = 0.$$

La relation $B^2 - 4AC = 0$ étant satisfaite, le lieu géométrique est une parabole.

Si l'on résout l'équation par rapport à y, on aura

$$y = \frac{b}{a}\,[x + a\,(n + 1)] \pm \frac{b}{a}\,\sqrt{4a\,(n + 1)\,x + a^2}.$$

Le diamètre DD',

$$y = \frac{b}{a}\left[x + a\,(n+1)\right],$$

est parallèle à la droite AH qui joint le point A et le milieu de BC, et il rencontre la droite AC, axe des y, en un point dont l'ordonnée est $(n+1)\,b$.

De plus, la courbe coupe le diamètre en un point dont l'abscisse est

$$x = -\frac{a}{4\,(n+1)}.$$

On déterminera facilement ce point, par lequel menant une parallèle à AC, on aura un système de diamètres conjugués de la parabole. On pourra d'ailleurs déterminer un point de la courbe, soit par la construction directe résultant de l'énoncé, soit en en faisant $x = 0$ ou $y = 0$ dans l'équation [P].

On reconnaîtra par ce dernier moyen que la parabole passe par les points nb, $(n+2)b$, de la droite AC, et na, $(n+2)a$, de la droite AB.

La connaissance d'un seul point suffira pour déterminer le paramètre du diamètre, et pour achever la construction de la courbe par un des moyens indiqués précédemment.

Désignant $AB = na$ par p, $AC = nb$ par q, et remplaçant a et b par $\frac{p}{n}$, $\frac{q}{n}$; puis faisant $n = \infty$, après avoir chassé les dénominateurs, on trouvera l'équation

$$[P']\quad p^2 y^2 - 2pqxy + q^2 x^2 - 2p^2 qy - 2pq^2 x + p^2 q^2 = 0,$$

équation d'une parabole tangente aux côtés AB, AC, aux points B et C, ce qu'on reconnaîtra sans difficulté en faisant successivement $x = 0$ et $y = 0$.

Plus on fera de divisions des côtés AB, AC, plus on s'approchera de cette parabole limite, qu'on ne pourra jamais obtenir exactement par une construction graphique.

L'équation [P'] donne

$$py = qx + pq \pm \sqrt{4pq^2 x}\,;$$

et, extrayant encore la racine carrée des deux membres,

$$\sqrt{py} = \sqrt{qx + pq \pm \sqrt{4pq^2 x}}.$$

Or on sait que toute expression de la forme

$$\sqrt{A \pm \sqrt{B}}$$

peut se ramener à la suivante :

$$\sqrt{\frac{A+C}{2}} \pm \sqrt{\frac{A-C}{2}},$$

dans laquelle expression

$$C = \sqrt{A^2 - B}.$$

Effectuant les calculs, on trouvera

$$\sqrt{py} = \sqrt{pq} \pm \sqrt{qx};$$

d'où l'on tire, en prenant une seule combinaison de signes,

$$\frac{\sqrt{y}}{\sqrt{q}} + \frac{\sqrt{x}}{\sqrt{p}} = 1 \quad \text{ou} \quad \frac{y^{\frac{1}{2}}}{q^{\frac{1}{2}}} + \frac{x^{\frac{1}{2}}}{p^{\frac{1}{2}}} = 1,$$

équation symétrique de la parabole rapportée à ses tangentes
AB, AC.

Si $p = q$, l'équation de la parabole devient

$$y^{\frac{1}{2}} + x^{\frac{1}{2}} = p^{\frac{1}{2}}.$$

121. Le lecteur pourra s'exercer à discuter et à construire les
courbes suivantes, dont nous nous bornerons à faire connaître
les éléments principaux :

$$y^2 + 2xy + 5x^2 - 4x = 0,$$

rapportée à des axes rectangulaires.

Ellipse, passant par l'origine des axes coordonnés.

Équation du diamètre conjugué à l'axe des y :

$$y + x = 0.$$

Coordonnées des points de rencontre de la courbe et de ce
diamètre :

$$x' = 0, \quad x'' = 1,$$
$$y' = 0, \quad y'' = -1.$$

Coordonnées du centre :

$$x = \frac{1}{2},$$

$$y = -\frac{1}{2}.$$

Longueur du premier diamètre :

$$D = \sqrt{2}.$$

Longueur de son conjugué :

$$D' = 2,$$

Longueur des axes :

$$2A = \sqrt{\frac{5}{2}} + \sqrt{\frac{1}{2}},$$

$$2B = \sqrt{\frac{5}{2}} - \sqrt{\frac{1}{2}}.$$

Tangentes des angles des axes avec la droite prise pour axe des x :

$$a_1 = -\left(2 + \sqrt{5}\right),$$

$$a_2 = \sqrt{5} - 2.$$

122. $\qquad y^2 + xy - 2x^2 - 2y - 2x + 3 = 0,$

rapportée à des axes rectangulaires.

Hyperbole.

Le diamètre $2y + x - 2 = 0$ rencontre la courbe en deux points, dont les abscisses sont

$$x' = \frac{2}{9}\left(\sqrt{19} - 1\right), \quad x'' = -\frac{2}{9}\left(\sqrt{19} + 1\right),$$

et les coordonnées du centre

$$x = -\frac{2}{9}, \quad y = \frac{10}{9}.$$

Le diamètre conjugué, parallèle à l'axe des y.

Asymptotes, $\qquad Y = -\dfrac{X}{2} + 1 \pm \dfrac{3}{2}\left(X + \dfrac{2}{9}\right).$

Axe transverse, $\qquad 2A = 2\sqrt{\dfrac{38}{81}}\,(\sqrt{10} - 1).$

Tangente de l'angle que cet axe fait avec la droite prise pour axe des x,

$$a = 3 - \sqrt{10}.$$

123. $\qquad y^2 - 4xy + 4x^2 + 2y - 7x - 1 = 0,$

rapportée à des coordonnées rectangulaires.

Diamètre : $\qquad y = 2x - 1.$

Coordonnées du point de rencontre de la courbe et du diamètre :

$$x' = -\dfrac{2}{3},$$

$$y' = -\dfrac{7}{3}.$$

Le second diamètre est parallèle à l'axe des y, et passe par ce point.

Équation de la perpendiculaire menée par le point x', y', sur le premier diamètre :

$$y = -\dfrac{x}{2} - \dfrac{8}{3}.$$

Coordonnées des points de rencontre de cette perpendiculaire et de la courbe :

$$x'' = -\dfrac{14}{75},$$

$$y'' = -\dfrac{193}{75}.$$

Coordonnées du point milieu de la partie de la perpendiculaire comprise dans la courbe :

$$x = \dfrac{x' + x''}{2} = -\dfrac{32}{75},$$

$$y = \dfrac{y' + y''}{2} = -\dfrac{184}{75}.$$

La droite menée par ce point parallèlement au premier diamètre est l'axe de la parabole.

On cherchera l'équation de cet axe et les coordonnées du sommet, c'est-à-dire du point de rencontre de l'axe et de la courbe.

124.
$$5y^2 - 8xy + 5x^2 - 6y + 6x + 2 = 0,$$

rapportée à des axes quelconques.

Un point, dont les coordonnées sont

$$x = -\frac{1}{3},$$

$$y = \frac{1}{3}.$$

L'équation proposée peut être ramenée à la forme

$$(y - 2x - 1)^2 + (x - 2y + 1)^2 = 0,$$

ce qui exige qu'on ait en même temps

$$y - 2x - 1 = 0,$$
$$x - 2y + 1 = 0.$$

125.
$$10y^2 + 11xy - 6x^2 - 9y - 4x + 2 = 0,$$

coordonnées quelconques,

Deux droites :

$$[1] \qquad 2y + 3x - 1 = 0,$$
$$[2] \qquad 5y - 2x - 2 = 0.$$

126.
$$9y^2 - 6xy + x^2 + 24y - 8x + 16 = 0,$$

coordonnées quelconques.

Une droite :
$$3y - x + 4 = 0.$$

127.
$$16y^2 - 9x^2 = 0.$$

Deux droites :
$$(4y + 3x) = 0,$$
$$(4y - 3x) = 0,$$

formant avec les axes un faisceau harmonique, dont l'origine est le sommet.

PROBLÈME XXXII.

128. *Étant données deux droites faisant entre elles un angle donné* A, *on place de toutes les manières possibles entre ces droites une ligne droite d'une longueur constante et donnée* l, *et l'on partage cette ligne dans chaque position particulière en deux parties qui soient entre elles dans un rapport donné* $\dfrac{m}{n}$. *Quel est le lieu géométrique des points de division?*

Les droites données étant prises pour axes coordonnés, on obtiendra

$$n^2\, y^2 - 2mn \cos A\ xy + m^2\, x^2 - \left(\frac{mnl}{m+n}\right)^2 = 0.$$

Discuter l'équation de cette ellipse, qui se change en cercle lorsque $A = 100°$, et $m = n$.

PROBLÈME XXXIII.

129. *Partager un triangle donné* ABC *par une sécante* DE, *de manière que les deux parties de ce triangle soient entre elles dans un rapport donné* $\dfrac{m}{n}$, *et qu'elles aient leur centre de gravité sur une même perpendiculaire à la sécante.*

Prenant pour axes coordonnés les côtés $AB = a$, $AC = b$, et désignant par α, β, les distances AD, AE, des points D et E, où la sécante rencontre les côtés AB, AC, on aura pour déterminer ces distances les deux équations

$$[1] \qquad \beta^2 - \alpha^2 - (b + a \cos A)\beta + (a + b \cos A)\alpha = 0,$$

$$[2] \qquad \beta\alpha = \frac{m}{m+n}\, ab,$$

équations de deux hyperboles, dont l'une est rapportée aux asymptotes AB, AC.

Discuter ces équations dans les cas où $A = 100°$, où $b = a$, et $A = \dfrac{200°}{3}$, etc., etc.

PROBLÈME XXXIV.

130. *Trouver le lieu géométrique des points tels,*

1° *Que la somme de leurs distances à deux droites données de position soit constante et égale à* s,

2° *Que la différence des distances soit constante et égale à* d,

3° *Que le rectangle des distances soit égal à une surface donnée* m²,

4° *Que le rapport des distances soit égal à* $\dfrac{m}{n}$,

5° *Que la somme des carrés des distances soit égale à une surface donnée* n²,

6° *Que la différence des carrés des distances soit égale à une surface donnée* p².

Les droites données étant prises pour axes coordonnés, θ étant l'angle de ces droites, et α, β, les coordonnées d'un point quelconque des lieux géométriques demandés, on obtiendra

1°
$$\beta + \alpha = \frac{s}{\sin \theta},$$

ligne droite, perpendiculaire à la bissectrice de l'angle des droites données, et telle que le triangle isocèle intercepté ait pour ses deux hauteurs égales la longueur donnée *s*.

2°
$$\beta - \alpha = \frac{d}{\sin \theta},$$

ligne droite, parallèle à la bissectrice de l'angle des droites données, et telle que les deux hauteurs égales du triangle isocèle intercepté soient égales à *d*.

3°
$$\alpha\beta = \frac{m^2}{\sin^2 \theta},$$

hyperbole, ayant pour asymptotes les droites données, et pour puissance $\dfrac{m^2}{\sin^2 \theta}$.

4°
$$\frac{\beta}{\alpha} = \frac{m}{n},$$

ligne droite, passant par le point de concours des droites données.

5°
$$\beta^2 + \alpha^2 = \frac{n^2}{\sin^2 \theta},$$

ellipse, rapportée aux droites données comme diamètres, l'origine au point de concours des droites; les diamètres conjugués sont égaux. Si $\theta = 100°$, l'ellipse se change en circonférence.

$$6° \qquad\qquad \beta^2 - \alpha^2 = \frac{p^2}{\sin^2 \theta},$$

hyperbole, ayant pour asymptotes les bissectrices de l'angle des droites et de son supplément.

PROBLÈME XXXV.

131. *Étant donnés deux droites* AB, AC, *et un point* I (fig. 39) *situé dans leur plan, on mène par ce point une droite* NIS, *qui rencontre les droites* AB, AC, *aux points* S *et* N; *ensuite par le point* S *une droite* SM, *faisant avec* NIS *l'angle* ISM *égal à un angle donné, et sur laquelle on prend une longueur* SM *troisième proportionnelle à* NI *et* IS.

Cela fait, si l'on suppose que le sommet S *de l'angle donné parcourt la droite* AB, *le côté* NIS *étant assujetti à passer constamment par le point* I, *et la longueur* SM *à satisfaire constamment à la relation* $\overline{\text{IS}}^2 = \text{NI} \cdot \text{SM}$, *le point* M *décrira une courbe, dont il s'agit de déterminer l'équation et l'espèce.*

Par le point I menons IO parallèle à AC : il est facile de voir que le point O sera nécessairement un point de la courbe. En effet, IN' étant infini, le côté de l'angle donné correspondant à SM devra être nul. Prenons donc pour origine des coordonnées le point O, pour axe des x la droite AB, l'axe des y faisant un angle quelconque θ avec l'axe des x, et soit fait $AO = a$, $OD = p$ $ID = q$, $OP = \alpha$, $MP = \beta$, $OS = z$.

D'après la construction précédente, la droite AC, parallèle à la droite OI, dont l'équation est $y = \frac{q}{p}\, x$, et passant par le point dont les coordonnées sont $x' = -a$, $y' = 0$, aura pour équation

$$[1] \qquad\qquad \text{AC} \quad y = \frac{q}{p}\,(x + a);$$

et de même l'on aura pour équations des droites NIS, SM,

d'après les formules connues,

$$[2] \qquad \text{NIS} \qquad y - q = -\frac{q}{z - p}(x - p),$$

$$[3] \qquad \text{SM} \qquad y - \beta = -\frac{\beta}{y - \alpha}(x - \alpha).$$

Mettant l'équation [1] sous la forme

$$[4] \qquad y - q = \frac{q}{p}(x - p) + \frac{aq}{p},$$

et combinant entre elles les équations [2] et [4] pour en tirer lçs valeurs de $(x - p)$, $(y - q)$, et les substituer dans la formule

$$\text{NI} = \sqrt{(x - p)^2 + (y - q)^2 + 2(x - p)(y - q)\cos\vartheta},$$

on trouvera, toute réduction faite,

$$\text{NI} = \frac{a}{z}\sqrt{(z - p)^2 + q^2 - 2q(z - p)\cos\theta}.$$

Les valeurs de IS et SM s'obtiennent directement :

$$\text{IS} = \sqrt{(z - p)^2 + q^2 - 2q(z - p)\cos\theta},$$

$$\text{SM} = \sqrt{(z - \alpha)^2 + \beta^2 - 2\beta(z - \alpha)\cos\theta}.$$

Par conséquent la relation $\overline{\text{IS}}^2 = \text{NI} . \text{SM}$ donne pour équation de condition

$$[E] \quad \sqrt{(z - p)^2 + q^2 - 2q(z - p)\cos\theta} = \frac{a}{z}\sqrt{(z - \alpha)^2 + \beta^2 - 2\beta(z - \alpha)\cos\theta}.$$

Il s'agit d'exprimer maintenant que l'angle des droites NIS, SM, est constamment égal à l'angle donné S. Or, d'après la formule en coordonnées obliques (**23**), on devra avoir pour seconde équation de condition

$$\tan g\, S = \frac{\left(+\dfrac{\beta}{z - \alpha} - \dfrac{q}{z - p}\right)\sin\theta}{1 + \dfrac{\beta}{z - \alpha} \cdot \dfrac{q}{z - p} - \left(\dfrac{\beta}{z - \alpha} + \dfrac{q}{z - p}\right)\cos\theta}.$$

Cette équation se simplifie rapidement si l'on suppose que l'angle des axes soit égal au supplément de l'angle donné. Alors de $\theta = 200^\circ - S$ on tire

$$\tang S = -\frac{\sin\theta}{\cos\theta};$$

et, substituant cette valeur, on obtient, toute réduction faite,

$$[E'] \qquad 1 + \frac{\beta}{z-\alpha}\cdot\frac{q}{z-p} - \frac{2q}{z-p}\cos\theta = 0.$$

Il ne reste plus qu'à éliminer z entre les équations [E], [E'], pour obtenir l'équation du lieu géométrique demandé.

Au lieu d'éliminer d'après la méthode générale, qui conduirait à des calculs et à un résultat très-compliqués, nous aurons recours à l'artifice de calcul suivant.

L'équation [E'] prend la forme

$$[5] \qquad \frac{\beta}{z-\alpha} = -\frac{(z-p)-2q\cos\theta}{q};$$

d'où l'on tire, par une transformation connue,

$$\frac{(z-\alpha)^2+\beta^2}{(z-\alpha)^2} = \frac{q^2+[(z-p)-2q\cos\theta]^2}{q^2}.$$

Développant le second membre, il vient

$$\frac{(z-\alpha)^2+\beta^2}{(z-\alpha)^2} = \frac{(z-p)^2+q^2-2q(z-p)\cos\theta}{q^2} - \frac{2q\cos\theta[(z-p)-2q\cos\theta]}{q^2};$$

et, en vertu de la relation [5],

$$\frac{(z-\alpha)^2+\beta^2}{(z-\alpha)^2} = \frac{(z-p)^2+q^2-2q(z-p)\cos\theta}{q^2} + \frac{2\beta\cos\theta}{z-\alpha};$$

par conséquent, enfin,

$$\frac{(z-\alpha)^2+\beta^2-2\beta(z-\alpha)\cos\theta}{(z-p)^2+q^2-2q(z-p)\cos\theta} = \frac{(z-\alpha)^2}{q^2}.$$

L'équation [E] devient par la substitution de cette valeur

$$[E''] \qquad \frac{(z-\alpha)^2}{q^2} = \frac{z^2}{a^2};$$

et, extrayant la racine carrée des deux membres, on trouvera

$$z = \frac{a\alpha}{a \mp q}.$$

Substituant enfin cette valeur dans l'équation [5], on obtiendra, toute réduction faite, l'équation finale

$$[\mathrm{F}] \qquad \pm a\alpha^2 \mp (a - q)(p + 2q \cos \theta)\alpha + (a \mp q)^2 \beta = 0,$$

qui se décompose en deux équations :

$$[f] \qquad a\alpha^2 - (a + q)(p + 2q \cos \theta)\alpha - (a + q)^2 \beta = 0,$$

$$[f'] \qquad a\alpha^2 - (a - q)(p + 2q \cos \theta)\alpha + (a - q)^2 \beta = 0,$$

équations de deux paraboles.

Si du point I comme centre, et d'un rayon égal à ID, on décrit un arc de cercle qui coupe AB au point E, on aura évidemment DE $= 2q \cos \theta$, et par conséquent OE $= p + 2q \cos \theta$; et, représentant par r cette longueur, les équations précédentes prendront la forme plus simple

$$[\mathrm{P}] \qquad a\alpha^2 - (a + q)\, r\alpha - (a + q)^2 \beta = 0,$$

$$[\mathrm{P'}] \qquad a\alpha^2 - (a - q)\, a\alpha + (a - q)^2 \beta = 0.$$

Résolvant l'équation P par rapport à α, on obtiendra

$$\alpha = \frac{a + q}{2a}\, r \pm \frac{a + q}{2a} \sqrt{r^2 + 4a\beta}.$$

Le diamètre $\alpha = \dfrac{a + q}{2a}\, r$ est parallèle à l'axe des y, et se construit facilement ainsi qu'il suit :

Prenez EG, quatrième proportionnelle à AO, OE, EI, et par le point F, milieu de OG, menez FF′ parallèle à OY.

Le diamètre FF′ rencontre la parabole en un point dont l'ordonnée est $\beta = - \dfrac{r^2}{4a}$: donc

Portez, sur FF′, FT égale à une troisième proportionnelle entre AO et la moitié de OE, et par le point T menant TT′ parallèle à OX, TT′ sera la tangente à l'extrémité du diamètre transverse, et la construction de la courbe n'offrira plus aucune difficulté.

La seconde équation [P'], résolue par rapport à α, donne

$$\alpha = \frac{a-q}{2a}\,r \pm \frac{a-q}{2a}\sqrt{r^2 - 4a\beta}.$$

Le diamètre $\alpha = \dfrac{a-q}{2a}\,r$ se construit ainsi :

Portez EG de E en G', et par le point H, milieu de OG', menez HH' parallèle à OY ; prenez ensuite $HR = FT = \dfrac{r^2}{4a}$, et menez RR' parallèle à OX : la droite RR' sera la tangente à la parabole à l'extrémité du diamètre HH'.

Le lieu géométrique demandé est donc une ligne courbe MGTOK, composée de deux portions de paraboles; les portions restantes de ces courbes que l'on voit ponctuées sur la figure correspondent au supplément de l'angle donné.

152. Nous terminerons cette partie très-importante de la discussion des courbes par un dernier problème, que nous analyserons en entier.

PROBLÈME XXXVI.

Par deux points donnés E, F (fig. 40), mener, à un même point M d'une circonférence donnée A, deux droites EM, FM, également inclinées sur le rayon AM passant par ce point, c'est-à-dire telles que l'on ait

$$EMI = FMI.$$

L'origine des coordonnées rectangulaires étant au centre du cercle donné, dont l'équation est

$$\beta^2 + \alpha^2 = r^2,$$

les équations des droites seront

$$AM \quad y = \frac{\beta}{\alpha}\,x,$$

$$EM \quad y - =\beta\,\frac{q-\beta}{p-\alpha}\,(x-\alpha),$$

$$FM \quad y - \beta = \frac{q'-\beta}{p'-\alpha}\,(x-\alpha).$$

D'après la formule connue,

$$\tang \text{EMI} = \frac{\dfrac{q-\beta}{p-\alpha}-\dfrac{\beta}{\alpha}}{1+\dfrac{q-\beta}{p-\alpha}\cdot\dfrac{\beta}{\alpha}} = \frac{(q-\beta)\alpha-(p-\alpha)\beta}{(p-\alpha)\alpha+(q-\beta)\beta},$$

$$\tang \text{FMI} = \frac{\dfrac{\beta}{\alpha}-\dfrac{q'-\beta}{p'-\alpha}}{1+\dfrac{\beta}{\alpha}\cdot\dfrac{q'-\alpha}{p'-\alpha}} = \frac{(p'-\alpha)\beta-(q'-\beta)\alpha}{(p'-\alpha)\alpha+(q'-\beta)\beta}:$$

donc

$$\frac{(q-\beta)\alpha-(p-\alpha)\beta}{(p-\alpha)\alpha+(q-\beta)\beta} = \frac{(p'-\alpha)\beta-(q'-\beta)\alpha}{(p'-\alpha)\alpha+(q'-\beta)\beta}.$$

Développant, et ayant égard aux facteurs communs, il vient

$$(\beta^2-\alpha^2)[(p-\alpha)(q'-\beta)+(p'-\alpha)(q-\beta)]+2\alpha\beta[(p-\alpha)(p'-\alpha)-(q-\beta)(q'-\beta)]=0.$$

Mais on a

$$(p-\alpha)(q'-\beta)+(p'-\alpha)(q-\beta)=(pq'+p'q)-(q+q')\alpha-(p+p')\beta+2\alpha\beta$$

et

$$(p-\alpha)(p'-\alpha)-(q-\beta)(q'-\beta)=(pp'-qq')-(p+p')\alpha+(q+q')\beta-(\beta^2-\alpha^2);$$

En effectuant les multiplications, et observant que $\alpha^2+\beta^2=r^2$, on trouvera

$$(\beta^2-\alpha^2)(pq'+p'q)+2\alpha\beta(pp'-qq')-r^2(p+p')\beta+r^2(q+q')\alpha=0;$$

équation d'une hyperbole équilatère, puisque $\beta^2-4\text{AC}>0$ et $\text{A}+\text{C}=0$; et de plus la courbe passe par l'origine.

Transformations. Prenons pour axe des x la droite AF : alors $q'=0$, et l'équation finale trouvée précédemment devient

$$[\text{F}] \quad (\beta^2-\alpha^2)\,pq+2\alpha\beta pp'-r^2(p+p')\beta+r^2q\alpha=0.$$

Si l'on fait $\beta=0$, on trouvera successivement

$$-\alpha^2 p'q+r^2 q\alpha=0; \quad \text{d'où} \quad \alpha=0,\ \alpha=\frac{r^2}{p'},$$

et la courbe passe par un point B tel, que $\text{AB}=\dfrac{\text{AM}}{\text{AF}}$.

Soit fait $\dfrac{q}{p}=\dfrac{\beta}{\alpha}$; pour trouver le point où la courbe coupe la droite AE, on obtiendra successivement :

$$\frac{\beta^2 + \alpha^2}{\alpha^2} = \frac{p^2 + q^2}{p^2} \quad \text{et} \quad \frac{\sqrt{\beta^2 + \alpha^2}}{\alpha} = \frac{\sqrt{p^2 + q^2}}{p} ;$$

substituant dans l'équation [F] $\beta = \frac{q}{p}\alpha$, on trouvera, toute réduction faite,

$$([q^2 - p^2] p'q + 2p^2p'q)\,\alpha - r^2(p + p')\,pq + r^2p^2q = 0,$$

d'où
$$\alpha = 0 \quad \text{et} \quad \alpha = \frac{r^2pp'q}{p'q^3 + p^2p'q} = \frac{r^2p}{p^2 + q^2},$$

et enfin
$$\sqrt{\beta^2 + \alpha^2} = \frac{r^2}{\sqrt{p^2 + q^2}} :$$

donc l'hyperbole coupe la droite AE en un point D, dont les coordonnées sont

$$\alpha = \frac{r^2p}{p^2 + q^2}, \quad \beta = \frac{r^2q}{p^2 + q^2},$$

et tel, que
$$AD = \frac{\overline{AM}^2}{AE}.$$

Le point milieu C de la droite DB a pour coordonnées

$$B \begin{cases} \alpha' = \dfrac{r^2}{p'} \\[2mm] \beta' = 0 \end{cases} \qquad D \begin{cases} \alpha = \dfrac{r^2p}{p^2 + q^2} & \xi = \dfrac{\alpha + \alpha'}{2} \\[2mm] \beta = \dfrac{r^2q}{p^2 + q^2} & \chi = \dfrac{\beta + \beta'}{2} \end{cases}$$

ou,
$$\xi = \frac{r^2}{2p'}\left[\frac{(p^2 + q^2) + pp'}{p^2 + q^2}\right],$$

$$\chi = \frac{r^2}{2}\left[\frac{q}{p^2 + q^2}\right].$$

Mais l'équation générale des courbes du deuxième degré étant

[G]
$$Ay^2 + Bxy + Cx^2 + Dy + Ex + F = 0,$$

on a pour coordonnées du centre de la courbe

$$a = \frac{2AE - BD}{B^2 - 4AC}, \quad b = \frac{2CD - BE}{B^2 - 4AC};$$

et comparant les équations [F] et [G], on a

$$A = p'q, \quad B = 2pp', \quad C = -p'q,$$

$$D = -r^2(p+p'), \quad E = r^2q, \quad F = 0;$$

d'où

$$a = \frac{r^2}{2p'}\left[\frac{(p^2+q^2)+pp'}{p^2+q^2}\right],$$

$$b = \frac{r^2}{2}\left[\frac{q}{p^2+q^2}\right].$$

D'où il résulte que $\xi = a$, $\chi = b$, et par conséquent le centre de l'hyperbole est au point C, milieu de BD.

Si l'on transporte l'origine des axes rectangulaires au point C, centre de la courbe, l'équation générale devient

$$Ay^2 + Bxy + Cx^2 + F' = 0,$$

équation dans laquelle A, B, C, conservent leur valeur primitive, et $F' = F + \dfrac{Db + Ea}{2}$:

on aura donc

$$F' = \frac{r^4 q}{4p'(p^2+q^2)}[(p^2+q^2)+pp'-(p+p')p']$$

$$= \frac{r^4}{4p'(p^2+q^2)}[(p^2+q^2)-p'^2]q.$$

D'ailleurs, si l'on veut ramener l'équation précédente à la forme $My^2 + Nx^2 + P = 0$, qui est celle de la courbe rapportée à des axes rectangulaires, l'origine étant au centre, on sait (68) qu'en appelant I l'angle que le nouvel axe des x fait avec l'ancien, on doit avoir

$$\tan 2I = \frac{-B}{A-C};$$

d'où

$$\cos 2I = \frac{A-C}{\sqrt{B^2+(A-C)^2}},$$

$$\sin 2I = \frac{-B}{\sqrt{B^2+(A-C)^2}};$$

et de plus
$$M = \frac{1}{2}(A + C) + \frac{1}{2}\sqrt{B^2 + (A - C)^2},$$

$$N = \frac{1}{2}(A + C) - \frac{1}{2}\sqrt{B^2 + (A - C)^2},$$

$$P = F'.$$

Or, dans ce cas particulier $A + C = 0$, et $A - C = 2p'q$; d'où

$$\sqrt{B^2 + (A - C)^2} = \sqrt{4p^2p'^2 + 4p'^2q^2} = 2p'\sqrt{p^2 + q^2} :$$

donc

$$M = p'\sqrt{p^2 + q^2},$$

$$N = -p'\sqrt{p^2 + q^2},$$

et

$$\tan 2I = \frac{-2pp'}{2p'q} = -\frac{p}{q} ;$$

d'où

$$\tan 2I = -\frac{1}{\left(\dfrac{q}{p}\right)}.$$

La relation $I + aa' = 0$ étant satisfaite, il s'ensuit que, si l'on mène AR (fig. 40 bis) perpendiculaire à AE, et qu'on divise l'angle RAX' en deux parties égales par la droite AX″, l'axe des x nouvelles, autrement dit l'axe transverse de l'hyperbole, sera parallèle à AX″, et l'axe non transverse parallèle à AY″, perpendiculaire à AX″, et les asymptotes partageront les angles X″AY″, X″Ay″, en deux parties égales.

Or, puisque $X″AF = \frac{1}{2} RAF$, et que AY″ est perpendiculaire à AX″, AY″ divise l'angle SAR en deux parties égales. De plus, X″AE = Y″AR, ainsi qu'il est facile de le voir, à cause de $RAE = X″AY″ = 100^\circ$: donc X″AE = Y″AS = FAy″, et par conséquent la droite qui partagera l'angle X″Ay″ en deux parties égales, se confondra avec la droite AV, qui divise l'angle donné EAF en deux parties égales.

Par conséquent les asymptotes de l'hyperbole sont deux droites passant par C (fig. 40), l'une parallèle, l'autre perpendiculaire, à la droite AV, qui partage en deux parties égales l'angle donné EAF. Connaissant les asymptotes et un point de la courbe, on la construira facilement.

Toutes les constructions peuvent être résumées dans la construction suivante.

Sur AE, AF, comme diamètres, décrivez deux demi-circonférences, qui coupent la circonférence donnée aux points I et H, et abaissez les perpendiculaires ID, HB, qui détermineront les points D et B. Joignez BD, et prenez-en la moitié au point C, partagez l'angle EAF en deux parties égales par la droite AV, et, par le point C, menez CL parallèle à AV, et CN perpendiculaire à AV. Les droites LCL', NCN', seront les asymptotes de l'hyperbole.

On construira, sans difficulté, autant de points qu'on voudra de la courbe, dont on connaît déjà trois points A, B, D, à l'aide de la propriété des transversales entre les asymptotes.

On peut, au surplus, construire la courbe au moyen des axes, en ramenant son équation à la forme

$$My^2 + Nx^2 + P = 0 :$$

car, d'après les valeurs de M, N et P, trouvées ci-dessus, l'équation de l'hyperbole rapportée à ses axes est

$$p'\sqrt{p^2+q^2}\,\beta^2 - p'\sqrt{p^2+q^2}\,\alpha^2 - \frac{r^4}{4p'(p^2+q^2)}[p'^2 - (p^2+q^2)]\,q = 0,$$

ou

$$\beta^2 - \alpha^2 - \frac{r^4}{4p'^2(p^2+q^2)\sqrt{p^2+q^2}}[p'^2 - (p^2+q^2)]\,q = 0.$$

Si l'on fait, pour abréger,

$$p' = AF = d', \quad \sqrt{p^2+q^2} = AE = d, \quad q = d\sin EAF = d\sin\theta,$$

il vient

$$\beta^2 - \alpha^2 - \frac{r^4}{4d'^2 d^2}\sin\theta\,(d'^2 - d^2) = 0.$$

Et si l'on fait de plus

$$AD = \frac{r^2}{d} = l, \quad AB = \frac{r^2}{d'} = l', \quad \text{d'où} \quad r^4 = ll'dd',$$

on obtient

$$\beta^2 - \alpha^2 - \frac{ll'\,dd'\sin\theta}{4\,d^2 d'^2}(d'^2 - d^2) = 0,$$

$$\beta^2 - \alpha^2 - \frac{ll'\sin\theta}{4\,dd'}\cdot(d'^2 - d^2) = 0,$$

$$\beta^2 - \alpha^2 - \operatorname{surf}ABD\left(\frac{d'^2 - d^2}{2\,dd'}\right) = 0.$$

TROISIÈME SECTION.

PROPRIÉTÉS GÉNÉRALES ET PARTICULIÈRES
DES COURBES DU DEUXIÈME DEGRÉ,

ET APPLICATIONS DE CES PROPRIÉTÉS A LA RÉSOLUTION
DES PROBLÈMES DE GÉOMÉTRIE.

133. Nous allons maintenant examiner successivement les propriétés communes aux courbes du deuxième degré, pour en faire l'application aux problèmes de géométrie. Dans tout ce qui va suivre nous adopterons généralement la même méthode.

1° Recherche des propriétés, d'après l'équation la plus générale des courbes du deuxième degré,

$$[G] \qquad Ay^2 + Bxy + Cx^2 + Dy + Ex + F = 0,$$

rapportée à deux axes quelconques, non conjugués.

2° Recherche de ces propriétés à l'aide de l'équation plus particulière, et qui comprend les trois courbes,

$$[P] \qquad y^2 = 2px + qx^2.$$

Nous rappellerons une dernière fois à cette occasion que l'équation [P] est rapportée à un système d'axes conjugués quelconques, dont l'un est un diamètre transverse, et l'autre la tangente à la courbe à l'extrémité de ce diamètre; que, A et B étant les demi-diamètres conjugués de l'ellipse et de l'hyperbole, on a, pour l'ellipse,

$$p = \frac{B^2}{A}, \quad q = -\frac{B^2}{A^2};$$

d'où réciproquement

$$A = -\frac{p}{q}, \quad B^2 = -\frac{p^2}{q},$$

qui sont en même temps l'abscisse et l'ordonnée du centre;

L'ellipse se change en circonférence si $B = A = R$, rayon de la circonférence; et $p = R$, $q = -1$.

Pour l'hyperbole,

$$p = \frac{B^2}{A}, \quad q = \frac{B^2}{A^2},$$

d'où
$$A = \frac{p}{q}, \quad B^2 = \frac{p^2}{q}.$$

Pour la parabole, p étant le paramètre du diamètre,

$$p = p,$$
$$q = 0;$$

Enfin que, θ désignant l'angle des axes conjugués, si l'on veut exprimer que la courbe est rapportée à ses axes principaux, ou plutôt à son axe transverse et à la tangente au sommet de la courbe, il suffira de supposer $\theta = 100^\circ$, ce qui ne changera en rien la forme de l'équation; mais alors A et B représenteront les demi-axes de la courbe.

3° Recherche des propriétés des courbes du deuxième degré pourvues d'un centre, à l'aide de l'équation

[C] $$A^2 y^2 + B^2 x^2 = A^2 B^2,$$

rapportée au centre et à deux diamètres conjugués quelconques 2A et 2B.

Pour l'hyperbole, il suffira de changer B^2 en $-B^2$ dans les résultats obtenus pour l'ellipse.

Au lieu de l'équation [C] on pourra se servir de

[A] $$\frac{y^2}{B^2} + \frac{x^2}{A^2} = 1,$$

qu'on obtient en divisant tous les termes par $A^2 B^2$, équation plus symétrique, et qui rappelle l'équation de la ligne droite rapportée à ses paramètres.

DES FOYERS DANS LES COURBES DU DEUXIÈME DEGRÉ.

134. On sait que la circonférence d'un cercle est une ligne courbe telle, que la distance de chacun de ses points à un autre point pris dans son plan est indépendante d'aucune valeur des coordonnées de ce point de la courbe. Cette propriété du centre dans les circonférences conduit tout naturellement à chercher s'il n'existerait pas aussi pour quelques-unes des courbes du deuxième degré quelque propriété analogue.

Soient donc $y^2 = 2px + qx^2$, l'équation d'une courbe quelconque du deuxième degré rapportée à deux axes conjugués quelconques, l'origine étant sur la courbe, et a, b, les coordonnées d'un point quelconque I (fig. 41) situé dans le plan de cette courbe.

En désignant par Δ la distance du point I à un point quelconque $M(x, y)$ de la courbe, on aura

$$\Delta = \pm \sqrt{(y-b)^2 + (x-a)^2 + 2(y-b)(x-a)\cos\theta},$$

θ étant l'angle des axes conjugués. Développant la quantité sous le radical, et remplaçant y par sa valeur, tirée de l'équation de la courbe, on trouvera

$$\Delta = \pm \sqrt{x^2(1+q) - 2[b - (x-a)\cos\theta]\sqrt{2px + qx^2} + 2[p - (a + b\cos\theta)]x + a^2 + 2ab\cos\theta + b^2}.$$

Or cette expression ne peut être indépendante de x, à moins qu'on n'ait

[1] $\qquad\qquad\qquad 1 + q = 0$,

[2] $\qquad\qquad\qquad b = 0$,

[3] $\qquad\qquad\qquad \cos\theta = 0$,

[4] $\qquad p - (a + b\cos\theta) = 0$.

La condition [3] fait voir que les axes doivent être rectangulaires; la condition [1], que la courbe est une circonférence; la condition [2], que le point est sur le diamètre; et enfin, la condition [4], que le point est au milieu du diamètre.

On peut déjà conclure que la circonférence est la seule courbe du deuxième degré qui jouisse de la propriété que la distance de chacun de ses points à un point déterminé de son plan est constante.

155. Mais on peut se proposer de chercher s'il n'existe pas dans le plan de la courbe un point tel, que sa distance à un point quelconque de cette courbe soit une fonction rationnelle et linéaire de l'abscisse de ce point.

D'après cet énoncé il faut nécessairement que

$$[5] \qquad b - (x - a)\cos\theta = 0,$$

puisque Δ ne peut être rationnel sans que Δ^2 le soit aussi.

Or, la relation [5] devant être satisfaite quel que soit x, il faut qu'on ait

$$b + a\cos\theta = 0,$$
$$\cos\theta = 0,$$

ou seulement

$$\cos\theta = 0, \quad b = 0.$$

Donc le point cherché ne peut se trouver que sur l'axe transverse principal de la courbe.

Substituant ces conditions nouvelles dans l'expression de Δ, on aura

$$\Delta = \pm\sqrt{(1 + q)\,x^2 + 2(p - a)\,x + a^2}\,;$$

et le deuxième membre de cette égalité ne pourra devenir rationnel, à moins que le trinôme ne soit un carré parfait; ce qui établit entre les coefficients la relation

$$4(p - a)^2 = 4(1 + q)a^2\,;$$

d'où l'on tire

$$[6] \qquad qa^2 + 2ap - p^2 = 0,$$

et

$$a = -\frac{p \pm p\sqrt{1+q}}{q},$$

ou bien

$$a = \frac{p}{q}\left(-1 \pm \sqrt{1+q}\right).$$

Il existe donc sur l'axe principal transverse de la courbe deux points généralement qui jouissent de la propriété énoncée ci-dessus, c'est-à-dire tels, que la *distance de chacun d'eux à un point quelconque de la courbe est une fonction rationnelle et linéaire de l'abscisse de ce point de la courbe. Ces points sont désignés sous le nom de* Foyers.

Enfin on peut demander de déterminer un point tel, que sa distance à un point quelconque de la courbe soit une fonction rationnelle et linéaire des coordonnées de ce point.

Soient toujours a, b les coordonnées du point cherché, il faudra que l'on ait

$$\sqrt{(y-b)^2+(x-a)^2+2(y-b)(x-a)\cos\theta}=ny+mx+t.$$

Et comme cette relation doit subsister pour chacun des points de la courbe et seulement pour ces points, on peut identifier cette équation avec celle de la courbe

$$y^2-2px-qx^2=0,$$

ce qui donne les équations de condition suivantes :

$$1-n^2-1=0,$$
$$mn+\cos\theta=0,$$
$$1-m^2+q=0,$$
$$b+a\cos\theta+nt=0,$$
$$a+b\cos\theta+mt-q=0,$$
$$b^2+a^2+2ab\cos\theta-t^2=0.$$

Des deux premières relations on tire

$$n=0,$$
$$\cos\theta=0,$$

ce qui réduit les suivantes à celles-ci :

$$1-m^2+q=0,$$
$$b=0,$$
$$a+mt-p=0,$$
$$b^2+a^2-t^2=0;$$

et enfin à l'équation unique

$$qa^2+2ap-p^2=0,$$

même résultat que précédemment [6].

Si $q=0$ l'équation [6] ne donne qu'une valeur

$$a=\frac{p}{2};$$

résultat qu'on trouverait encore en mettant la valeur générale de a sous la forme

$$a = \frac{p}{1 \mp \sqrt{1 + q}} ;$$

et, faisant $q = 0$, on trouverait pour a deux valeurs, dont l'une infinie et l'autre $a = \frac{p}{2}$.

Donc la parabole n'a qu'un foyer.

156. Si la courbe a un centre dont l'abscisse est $-\frac{p}{q}$, on a

$$a + \frac{p}{q} = \frac{\pm p \sqrt{1 + q}}{q} :$$

donc les deux foyers sont à une égale distance du centre, exprimée par $c = p \dfrac{\sqrt{1 + q}}{q}$.

Or les carrés des demi-axes principaux sont dans ce cas

$$\frac{p^2}{q^2} - \frac{p^2}{q} :$$

par conséquent, dans l'ellipse $q < 0$, la distance focale est égale à $\sqrt{A^2 - B^2}$, et dans l'hyperbole $q > 0$, $\sqrt{A^2 + B^2}$, A et B étant les demi-axes.

On trouvera donc facilement les foyers de l'ellipse et de l'hyperbole lorsqu'on connaîtra le centre et les axes principaux.

L'*excentricité*, c'est-à-dire le rapport de la distance des foyers au grand axe ou à l'axe transverse, sera donc

$$e = \frac{\dfrac{2p}{q} \sqrt{1 + q}}{2 \dfrac{p}{q}} = \sqrt{1 + q}.$$

Il est facile de conclure en même temps que le demi-paramètre n'est autre chose que l'ordonnée du foyer, et que par conséquent le paramètre entier est la corde passant par le foyer perpendiculairement à l'axe. En effet, si l'on fait $x = a$ dans l'équation de la courbe, on aura, à cause de l'équation [6],

$$y^2 = p^2, \quad \text{d'où} \quad y = \pm p.$$

137. Extrayant la racine carrée de la quantité sous le radical (**135**), on trouvera

$$\Delta = \pm \left(x \sqrt{1+q} \pm a \right).$$

Si l'on substitue, dans cette valeur de Δ, la valeur de a trouvée précédemment, on obtiendra, toute réduction faite, en désignant généralement par ρ la longueur du rayon vecteur correspondant à une abscisse quelconque x,

$$\rho = \pm \left[x \sqrt{1+q} \pm \left(-\frac{p}{q} \pm \frac{p}{q} \sqrt{1+q} \right) \right].$$

Si q est positif, comme la valeur de ρ, longueur absolue, doit être nécessairement positive en supposant x positif, on ne peut admettre que les deux valeurs

$$\rho_1 = \left(x + \frac{p}{q} \right) \sqrt{1+q} - \frac{p}{q},$$

$$\rho_2 = \left(x + \frac{p}{q} \right) \sqrt{1+q} + \frac{p}{q} :$$

d'où l'on tire
$$\rho_2 - \rho_1 = 2 \frac{p}{q}.$$

Et si q est négatif, on a les deux seules valeurs admissibles

$$\rho'_1 = \left(x + \frac{p}{q} \right) \sqrt{1+q} - \frac{p}{q},$$

$$\rho'_2 = - \left(x + \frac{p}{q} \right) \sqrt{1+q} - \frac{p}{q} ;$$

d'où
$$\rho'_1 + \rho'_2 = - 2 \frac{p}{q}.$$

Ce qui démontre que *dans l'ellipse, la somme des rayons vecteurs menés des deux foyers à un point quelconque de la courbe est constante et égale au grand axe.*

Et *dans l'hyperbole, la différence des rayons vecteurs est constante et égale à l'axe principal transverse.*

Dans le cas de la parabole $q = 0$, la valeur de Δ donne

$$\rho'' = x + \frac{p}{2}.$$

Si donc on mène à une distance de l'origine exprimée par $-\dfrac{p}{2}$ une droite perpendiculaire à l'axe de la parabole, la distance d'un point quelconque de la courbe au foyer sera égale à la distance de ce même point à la droite ainsi déterminée.

THÉORÈME XXXII.

La distance du foyer au sommet de la parabole est égale au quart du paramètre.

138. La distance du foyer le plus rapproché du sommet, origine des coordonnées, étant

$$a = -\frac{p}{q} + \frac{p}{q}\sqrt{1+q},$$

la distance de ce même foyer à l'autre sommet de la courbe sera

$$a' = -\frac{2p}{q} + \frac{p}{q} - \frac{p}{q}\sqrt{1+q} = -\frac{p}{q} - \frac{p}{q}\sqrt{1+q};$$

d'où $aa' = -\dfrac{p^2}{q} = $ le carré du demi petit axe ou du demi-axe non transverse.

On peut donc aussi définir les foyers de l'ellipse et de l'hyperbole en disant que ce sont deux points de l'axe transverse principal tels, que le produit de leurs distances aux sommets de la courbe est égal au carré de l'autre demi-axe; ce qui fournit encore un moyen facile de déterminer les foyers par une troisième proportionnelle.

1re REMARQUE. Comme exercice de calcul, le lecteur pourra appliquer cette méthode aux équations

$$A^2 y^2 + B^2 x^2 = A^2 B^2,$$

ellipse, rapportée à son centre et à ses axes;

$$A^2 y^2 - B^2 x^2 = - A^2 B^2,$$

hyperbole, rapportée à son centre et à ses axes;

$$y^2 = 2px,$$

parabole, rapportée à son sommet et à son axe.

Les abscisses des foyers seront exprimées plus simplement par les formules suivantes :

$$a = \pm \sqrt{A^2 - B^2} = c, \quad \text{pour l'ellipse ;}$$

$$a = \pm \sqrt{A^2 + B^2} = c, \quad \text{pour l'hyperbole ;}$$

$$a = \frac{p}{2}, \quad \text{pour la parabole.}$$

Et les rayons vecteurs menés des foyers à un même point de la courbe :

Ellipse, $\qquad \rho_1 = A - \dfrac{cx}{A},$

rayon vecteur du foyer positif ;

$$\rho_2 = A + \frac{cx}{A},$$

rayon vecteur du foyer négatif.

Hyperbole, $\qquad \rho_1 = \pm \left(\dfrac{cx}{A} - A \right),$

rayon vecteur du foyer positif ;

$$\rho_2 = \pm \left(\frac{cx}{A} + A \right),$$

rayon vecteur du foyer négatif.

On prendra les signes supérieurs si x est positif, et les signes inférieurs si x est négatif.

Parabole, $\qquad \rho = x + \dfrac{p}{2},$

rayon vecteur unique.

De là on conclut directement

$$\rho_1 + \rho_2 = 2A, \quad \text{ellipse ;}$$

$$\rho_2 - \rho_1 = 2A,$$

ou $\qquad \rho_1 - \rho_2 = 2A, \quad \text{hyperbole.}$

On démontrera facilement que, pour un point quelconque extérieur à l'ellipse, D et D′ étant les distances de ce point aux foyers, on a

$$D + D' > 2A ;$$

si le point est sur la courbe,

$$D + D' = 2A ;$$

s'il est intérieur,

$$D + D' < 2A.$$

Pour l'hyperbole, si le point est extérieur,

$$D - D' < 2A ;$$

si le point est sur la courbe ,

$$D - D' = 2A ;$$

si le point est intérieur,

$$D - D' > 2A.$$

Pour la parabole, en appelant D la distance d'un point quelconque à la droite perpendiculaire à l'axe, à une distance égale à celle du foyer au sommet de la courbe, et D' la distance du même point au foyer,

si le point est extérieur, $D < D'$;

si le point est sur la courbe, $D = D'$;

si le point est intérieur, $D > D'$.

2ᵉ Remarque. L'équation de l'ellipse rapportée à son grand axe, à son sommet négatif, étant

$$y^2 = \frac{B^2}{A^2}(2Ax - x^2) ,$$

la distance du foyer correspondant à ce sommet sera

$$A - \sqrt{A^2 - B^2}.$$

Représentant cette distance par $\frac{1}{2}p$, on aura

$$\frac{1}{2}p = A - \sqrt{A^2 - B^2} ;$$

d'où l'on tire · $$B^2 = Ap - \frac{1}{4}p^2 ;$$

et par la substitution de cette valeur dans l'équation de l'ellipse, on obtiendra, toute réduction faite,

$$y^2 = 2px - \frac{px\,(p+2x)}{2\mathrm{A}} + \frac{p^2\,x^2}{4\mathrm{A}^2}.$$

Si, dans cette équation, on donne à A des valeurs croissantes, p restant toujours le même, on aura une suite d'ellipses dont les grands axes seront de plus en plus grands, mais dont le sommet et le foyer conserveront la même position; et enfin, en supposant $2\mathrm{A} = \infty$, on retrouve l'équation de la parabole

$$y^2 = 2px.$$

On peut donc dire que *la parabole est une ellipse dont le grand axe est infini, ou, ce qui revient au même, dont le centre est à une distance infinie du sommet.*

Ce qu'on aurait pu prévoir d'après les coordonnées générales du centre dans les courbes du 2e degré, lesquelles coordonnées deviennent infinies pour la parabole.

139. La propriété des rayons vecteurs pour l'ellipse et pour l'hyperbole permet de définir ces deux courbes d'une manière plus précise, ainsi qu'il suit :

L'ellipse est une ligne courbe, lieu géométrique de tous les points tels, que la somme de leurs distances à deux points donnés est constante.

L'hyperbole est une ligne courbe, lieu géométrique de tous les points tels, que la différence de leurs distances à deux points donnés est constante.

Connaissant la somme ou la différence des rayons vecteurs, et la position des deux points, on calculera sans peine l'équation de la courbe, ou bien on la construira par points.

Quant à la parabole, on peut la définir :

Une ligne courbe, lieu géométrique de tous les points tels, que les distances de chacun d'eux à un point donné et à une droite donnée soient constamment égales.

Ce qui donne aussi le moyen, soit de trouver l'équation de la courbe, soit de la construire par points, lorsqu'on connaît la position de la droite et du point donné.

Au surplus, cette définition de la parabole peut être comprise dans une définition générale pour les trois courbes, ainsi qu'on le verra bientôt.

Applications.

PROBLÈME XXXVII.

140. *Étant donnés le centre et les axes de l'ellipse, trouver les foyers et construire la courbe.*

AA′, BB′ (fig. 42), étant les axes, de l'extrémité B du petit axe, comme centre, et d'un rayon OA égal au demi grand axe, décrivez un arc de cercle, qui coupera le grand axe en deux points F et F′; ces points sont les foyers.

En effet, $$OF = OF' = \sqrt{A^2 - B^2}.$$

Connaissant les foyers, on obtiendra autant de points qu'on voudra de l'ellipse de la manière suivante.

Sur le grand axe AA′ prenez un point quelconque N; ensuite du point F, comme centre, et d'un rayon égal à AN, décrivez un arc de cercle indéfini MIM′; du point F′ comme centre, et d'un rayon égal à A′N, décrivez pareillement un arc de cercle indéfini, qui rencontrera le premier en deux points, généralement, M et M′ : ces deux points appartiennent à la courbe.

En effet, $$FM + F'M = AN + A'N = 2A.$$

Seconde manière. On peut encore déterminer les foyers d'une autre manière, ainsi qu'il suit :

Sur le grand axe AA′, comme diamètre, décrivez une demi-circonférence, et par l'extrémité B du petit axe menez CBC′, parallèle à AA′; enfin, par les points C et C′ abaissez sur AA′ les perpendiculaires CF, C′F′, qui détermineront les foyers.

PROBLÈME XXXVIII.

141. *Étant donnés les foyers et le grand axe de l'ellipse, construire la courbe par un mouvement continu, 1° sur le terrain, 2° sur le papier.*

1° Aux foyers F, F′ (fig. 42), plantez deux jalons ou piquets; prenez une corde d'une longueur égale au grand axe, et après en avoir assujetti fortement les bouts aux deux piquets, à l'aide d'un troisième piquet mobile le long de cette corde, toujours tendue aussi parallèlement que possible au terrain, décrivez la courbe.

2° Sur le papier, on pourra employer deux épingles pour remplacer les piquets des foyers, et un crayon ou une plume pour remplacer le troisième piquet mobile.

PROBLÈME XXXIX.

142. *Étant donnés le centre et les axes de l'hyperbole, déterminer les foyers et construire la courbe.*

A l'extrémité de l'axe transverse A'A (fig. 43) élevez une perpendiculaire AC égale au demi-axe non transverse; ensuite du centre O de la courbe, et d'un rayon égal à OC, décrivez un arc de cercle, qui coupera l'axe transverse en deux points F et F', foyers cherchés.

En effet, $$OF = OC = \sqrt{A^2 + B^2}.$$

Pour obtenir autant de points qu'on voudra de la courbe, prenez sur l'axe transverse un point quelconque N; du point F comme centre, et d'un rayon égal à A'N, ensuite du point F' comme centre, et d'un rayon égal à AN, décrivez deux arcs de cercle, qui se couperont généralement en deux points M et M'. Ces deux points appartiennent à la courbe. En effet,

$$F'M - FM = A'N - AN = AA' = 2A.$$

PROBLÈME XL.

143. *Connaissant les foyers de l'hyperbole et la longueur de l'axe transverse, décrire la courbe par un mouvement continu.*

Fixez au foyer F' (fig. 43) une règle F'M, qui puisse tourner autour de ce point; attachez au point M et à l'autre foyer F un fil MF d'une longueur telle, que F'M—FM soit égal à l'axe transverse donné; puis faites glisser une pointe (plume ou crayon) le long de la règle, de manière qu'une portion du fil soit toujours forcée de s'y appliquer, la pointe, par ce mouvement, décrit une portion de l'hyperbole.

PROBLÈME XLI.

144. *Étant donnés les foyers et la longueur du grand axe de l'ellipse, ou de l'axe transverse de l'hyperbole, trouver l'équation de la courbe.*

Autrement dit :

Trouver l'équation de la courbe telle, que la somme ou la différence des distances de chacun de ses points à deux points donnés soit constamment égale à une longueur donnée 2A.

F, F' (fig. 44) étant les deux points donnés, on prendra pour axe des x la droite FF', et pour axe des y la perpendiculaire OY élevée au milieu de la distance FF', que l'on fera égale à 2c.

Soit $M(x = OP,\ y = MP)$ un point de la courbe cherchée : on devra avoir, d'après l'énoncé,

$$1° \qquad F'M + FM = 2A,$$

$$2° \qquad F'M - FM = 2A;$$

de sorte que, z étant une indéterminée, ou pourra représenter

$$1° \qquad F'M \text{ par } A + z, \quad \text{et} \quad FM \text{ par } A - z;$$

$$2° \qquad F'M \text{ par } z + A, \quad \text{et} \quad FM \text{ par } z - A.$$

1° Les triangles rectangles F'MP, FMP, donnent

$$y^2 + (c + x)^2 = (A + z)^2,$$
$$y^2 + (c - x)^2 = (A - z)^2,$$

équations entre lesquelles il s'agit d'éliminer z.

En retranchant la deuxième de la première, tirant la valeur de z, et substituant cette valeur dans l'une ou l'autre des équations, on trouvera, toute réduction faite,

$$A^2 y^2 + (A^2 - c^2)x^2 = A^2(A^2 - c^2).$$

D'après l'énoncé $F'M + FM > FF'$: donc $2A > 2c$, et $A^2 - c^2$ est une quantité positive. Faisant donc

$$A^2 - c^2 = B^2,$$

ou trouvera $\qquad A^2 y^2 + B^2 x^2 = A^2 B^2.$

La courbe est donc une ellipse rapportée à son centre et à ses axes

$$2A \quad \text{et} \quad 2\sqrt{A^2 - c^2}.$$

2° Dans le second cas, on aura les équations

$$y^2 + (x + c)^2 = (z + A)^2,$$
$$y^2 + (x - c)^2 = (z - A)^2,$$

d'où l'on tirera z par une élimination semblable; et on obtiendra l'équation finale

$$A^2 y^2 - (c^2 - A^2)x^2 = - A^2(c^2 - A^2),$$

équation d'une hyperbole dont l'axe transverse est $2A$, et l'axe non transverse $2\sqrt{c^2 - A^2}$.

PROBLÈME XLII.

145. *Étant donné le paramètre de la parabole, trouver le foyer et construire la courbe.*

Soit AX l'axe de la parabole, A le sommet, et AL le paramètre (fig. 45); prenez $AH = AF = \frac{1}{4}AL$, et le point F sera le foyer. Pour avoir autant de points qu'on voudra de la parabole, par un point quelconque N, pris sur l'axe, on élèvera la perpendiculaire NM; ensuite, du point F comme centre, et d'un rayon égal à HN, on décrira un arc de cercle, qui coupera NM en deux points M, M', lesquels appartiendront à la parabole. En effet,

$$FM = HN = MQ.$$

PROBLÈME XLIII.

146. *Connaissant le paramètre, et par conséquent le foyer de la parabole, construire la courbe par un mouvement continu.*

Prenez $AH = AF = \frac{1}{4}AL$, paramètre donné, et élevez la perpendiculaire HH'; placez contre la droite HH' une équerre mobile EQR; prenez un fil d'une longueur égale à QR, attachez une de ses extrémités en R et l'autre au foyer F; tendez alors ce fil au moyen d'une pointe (plume ou crayon) appliquée contre QR, et faites glisser l'équerre le long de HH' : la pointe décrira la parabole. En effet, on aura toujours $FM + MR = QM + MR$, et par conséquent $FM = QM$.

DES DIRECTRICES DANS LES COURBES DU DEUXIÈME DEGRÉ.

147. On a trouvé pour la valeur générale du rayon vecteur

$$\rho = x\sqrt{1+q} + a,$$

en désignant par a l'abscisse générale des foyers ;

d'où
$$\rho = \left(x + \frac{a}{\sqrt{1+q}}\right)\sqrt{1+q}.$$

Si l'on construit la droite LL' (fig. 46) perpendiculaire à l'axe à une distance du sommet exprimée par

$$-\frac{a}{\sqrt{1+q}},$$

la distance d'un point de la courbe à cette droite sera représentée par

$$d = x + \frac{a}{\sqrt{1+q}},$$

et par conséquent
$$\frac{\rho}{d} = \sqrt{1+q}\,;$$

donc ce rapport est constant, et l'on peut dire généralement que

Les trois courbes sont les lieux géométriques des points tels, que le rapport des distances de chacun de ces points à un point et à une droite donnés est constamment le même.

$$\text{Si } q < 0, \text{ le rapport est } < 1.$$
$$\text{Si } q > 0, \text{ le rapport est } > 1.$$
$$\text{Si } q = 0, \text{ le rapport est } = 1.$$

De là viennent les dénominations des courbes elles-mêmes : ellipse *courbe par défaut :* hyperbole, *par excès ;* parabole, *par égalité.*

148. Il s'agit maintenant de déterminer à la fois la position de cette droite, et le rapport des distances de chaque point de la courbe au point et à la droite donnés.

Or on a trouvé pour la distance du centre au foyer

$$CF = c = \frac{p}{q}\sqrt{1+q}.$$

La distance OL de la droite à l'origine étant

$$-\frac{a}{\sqrt{1+q}} = \frac{\frac{p}{q} - \frac{p}{q}\sqrt{1+q}}{\sqrt{1+q}},$$

sa distance au centre sera

$$CL = \frac{p}{q} + \frac{\frac{p}{q} - \frac{p}{q}\sqrt{1+q}}{\sqrt{1+q}} = \frac{\frac{p}{q}}{\sqrt{1+q}};$$

donc $CF.CL = \frac{p^2}{q^2} =$ le carré du demi-axe transverse.

Quant au rapport, on a (**136**)

$$\sqrt{1+q} = e,$$

c'est-à-dire qu'il est égal à l'excentricité.

La droite LL′ a reçu le nom de *directrice*.

Pour la parabole, la directrice est située à une distance du sommet égale au quart du paramètre, c'est-à-dire à la demi-ordonnée du foyer, ou à la distance du foyer au sommet (**137**).

149. Connaissant donc le centre et les axes, ou la position des deux foyers et le grand axe, on pourra se servir de la propriété de la directrice et du foyer pour construire la courbe par points.

Il est d'ailleurs évident qu'il suffit de connaître un foyer, la directrice correspondante et le rapport des distances, ou simplement la position du sommet de la courbe, pour la construire. Si la courbe est une parabole, la détermination du foyer et de la directrice suffisent, ainsi qu'on l'a vu (**146**).

Dans l'analyse précédente, on n'a considéré qu'un des foyers; mais le même raisonnement s'appliquant exactement à l'autre foyer, on en conclut que l'ellipse et l'hyperbole ont deux directrices situées symétriquement par rapport au centre de la courbe, hors de la courbe dans l'ellipse, entre les deux branches dans l'hyperbole.

Au reste, la symétrie de la courbe faisait prévoir ce résultat, et il suffit d'une seule directrice pour construire la courbe.

Nous laisserons au lecteur le soin de résoudre le problème inverse.

PROBLÈME XLIV.

Trouver le lieu géométrique des points tels, que le rapport des distances de chacun de ces points à un point et à une droite donnés soit constamment égal à un rapport donné.

150. Réciproquement, connaissant la position d'un foyer, de la directrice correspondante et du sommet situé entre le foyer et la directrice, ou autrement dit le rapport constant des distances de chaque point de la courbe au point et à la droite donnés, on trouvera sans difficulté les axes et le centre s'il y a lieu.

En effet, A et B étant les axes, on aura, pour les déterminer, les relations

$$LC.FC = A^2;$$

$$\frac{\sqrt{A^2 - B^2}}{A} = r,$$

rapport donné, ou égal à $\dfrac{OF}{OL}$ si le point O est donné; ou

$$(LF + FC)FC = A^2.$$

Et désignant LF, qui est connu, par d,

$$\sqrt{A^2 - B^2}\,(d + \sqrt{A^2 - B^2}) = A^2,$$

$$\frac{\sqrt{A^2 - B^2}}{A} = r;$$

d'où l'on tirera par un calcul très-simple

$$A = \frac{rd}{1 - r},$$

$$B = rd\sqrt{\frac{1 + r}{1 - r}}.$$

151. Comme application de cette théorie, nous résoudrons quelques problèmes qui ont rapport au contact des cercles.

PROBLÈME XLV.

Étant donnés les foyers d'une courbe du deuxième degré donnée d'espèce et une droite, trouver les points d'intersection de la droite et de la courbe sans qu'il soit nécessaire de construire cette courbe.

Les foyers étant donnés ainsi que l'espèce de la courbe, il sera facile, d'après ce qui précède, de déterminer la directrice.

Soient donc F un des foyers donnés, LL' la directrice correspondante, et LG la droite donnée (fig. 47).

Si M est un point d'intersection de la droite et de la courbe, on aura, en appelant r le rapport des distances,

$$\frac{\overline{MF}}{\overline{MP}} = r;$$

et, si l'on désigne par α l'angle de la droite donnée et de la directrice, on aura

$$\frac{\overline{MP}}{\overline{ML}} = \sin \alpha;$$

d'où l'on conclut

$$\frac{\overline{MF}}{\overline{ML}} = r \sin \alpha.$$

Donc le point M est tel, que le rapport de ses distances aux deux points donnés F et L est constant et donné, ce point se trouve donc sur une circonférence dont le diamètre ll' est situé sur LF, et tel, que les distances de ses deux extrémités l et l' aux points F et L sont dans le rapport donné $r \sin \alpha$. L'intersection de la droite et de la circonférence déterminera les points cherchés.

Quant à ce rapport, exprimé par deux nombres r et $\sin \alpha$, il sera facile de le déterminer par le rapport des produits des deux lignes : il suffira de chercher le sommet correspondant A de la courbe sur la perpendiculaire FD, axe transverse de la courbe. Alors

$$\frac{\overline{AF}}{\overline{AD}} = r,$$

et

$$\frac{\overline{ED}}{\overline{EL}} = \sin \alpha;$$

donc

$$r \sin \alpha = \frac{AF.ED}{AD.EL}.$$

Le problème aura donc généralement deux solutions ou une seule, et pourra même être impossible, selon la position de la droite donnée et des foyers.

PROBLÈME XLVI.

152. *Étant donnés les éléments de deux courbes du deuxième degré ayant un même foyer, déterminer les points communs de ces courbes sans qu'il soit nécessaire de les construire.*

Soient F le foyer commun (fig. 48), LL′, LL″, les directrices correspondantes dans chacune des deux courbes, et M un des points d'intersection de ces courbes; on aura, d'après la nature de chacune d'elles,

$$\frac{MF}{MP} = r,$$

$$\frac{MF}{MQ} = r';$$

d'où
$$\frac{MQ}{MP} = \frac{r}{r'}.$$

Le rapport $\frac{MQ}{MP}$ est donc déterminé, et tous les points tels que M se trouvent sur deux droites passant par le point d'intersection L des directrices.

Donc si l'on connaît les éléments des deux courbes du deuxième degré, on pourra obtenir les points communs de ces deux courbes par l'intersection de chacune des droites précédentes avec l'une quelconque des courbes proposées. Le problème pourra avoir 4, 3, 2, 1 ou 0 solutions.

PROBLÈME XLVII.

153. *Trois courbes du deuxième degré étant données confocales deux à deux, trouver, s'il y a lieu, les points communs à ces trois courbes sans les décrire.*

Ce problème n'est qu'une application du problème qui précède; on en trouvera facilement la solution par une construction parfaitement semblable à la précédente.

Il est facile de voir que les trois courbes ne peuvent avoir plus de quatre points communs.

154. Il nous reste à démontrer encore une autre propriété remarquable de la directrice, et qui consiste en ce que,

THÉORÈME XXXIII.

Si d'un point quelconque O *de la directrice* LL' *d'une courbe du deuxième degré on mène une sécante* ONM *et la droite du foyer* OF *(fig. 49), cette droite partage en deux parties égales l'angle* NFM *ou l'angle* NFS, *formé par l'un des rayons vecteurs* FN *et le prolongement* FS *de l'autre rayon vecteur* FM.

En effet si l'on mène à la directrice les perpendiculaires NQ, MP, d'après la propriété de la directrice et du foyer, on aura la relation

$$\frac{NF}{MF} = \frac{NQ}{MP} \,;$$

et, à cause des parallèles NQ, MP,

$$\frac{NF}{MF} = \frac{ON}{OM}.$$

Le rapport des distances du point O aux extrémités de la base NM étant égal au rapport des côtés de l'angle, il s'ensuit que OF divise l'angle du sommet ou son supplément en deux parties égales.

Connaissant trois points de la courbe et le foyer, on pourra donc déterminer la directrice correspondante, et par conséquent la courbe sera déterminée.

Applications.

PROBLÈME XLVIII.

155. *Étant donnés le centre et les axes de l'ellipse, construire la directrice de chaque foyer.*

Déterminez d'abord les foyers F, F' (fig. 50) ; au point F, élevez la perpendiculaire FM ; du point O, centre de la courbe, et d'un rayon égal à OA, demi grand axe, décrivez l'arc de cercle AM ; joignez OM, et menez, perpendiculairement à OM, ML, qui rencontre le grand axe au point L : la perpendiculaire LD sera

11

la directrice du foyer F; et, à une distance $OL' = OL$, élevant la perpendiculaire L'D', on aura la directrice du foyer F'.

Il est évident qu'il suffirait de connaître la distance des foyers et le grand axe.

PROBLÈME XLIX.

156. *Étant donnés le centre et les axes de l'hyperbole, ou seulement les foyers et l'axe transverse, trouver la directrice.*

Dans le premier cas, déterminez d'abord les foyers F, F' (fig. 51); sur OF décrivez une demi-circonférence; du point O avec le rayon OA, décrivez un arc du cercle qui coupe en D la demi-circonférence décrite sur OF; enfin par le point d'intersection D abaissez la perpendiculaire DL, qui sera la directrice du foyer F.

L'D', perpendiculaire à OA, à une distance $OL' = OL$, sera la directrice du foyer F'.

PROBLÈME L.

157. *Quel est le lieu géométrique des centres de tous les cercles tangents à la fois à deux cercles donnés?*

Les cercles peuvent être tangents extérieurement à la fois aux deux cercles donnés, ou tangents extérieurement à l'un et intérieurement à l'autre; ou, enfin, tangents à la fois intérieurement.

Dans le premier cas M étant un des centres démandés (fig. 52); O, O', les centres des cercles donnés; r, r', les rayons donnés, et ρ le rayon inconnu, on aura, d'après la théorie du contact des cercles,

$$OM = \rho + r,$$
$$O'M = \rho + r';$$

d'où $\qquad OM - O'M = r - r'.$

La différence des distances du point M aux points O et O' étant constante et égale à la différence des rayons, le lieu géométrique demandé est une hyperbole dont les foyers sont O et O', et l'axe transverse $r - r'$, différence des rayons donnés.

Dans le second cas, on aura (fig. 53),

$$OM = \rho + r,$$

$$O'M = \rho - r';$$

d'où
$$OM - O'M = r + r'.$$

Le lieu géométrique est encore une hyperbole dont les centres des cercles donnés sont les foyers, et l'axe transverse égal à la somme des rayons donnés.

Troisième cas. Enfin on aura pour le troisième cas (fig. 54),

$$OM - O'M = r' - r,$$

même hyperbole que dans le premier cas.

Connaissant les foyers et l'axe transverse, on construira facilement les directrices d'après le problème du n° **156**. Nous engageons le lecteur à faire l'épure de ce problème ainsi que des suivants.

PROBLÈME LI.

158. *Décrire un cercle tangent à trois cercles donnés.*

Soient O_1, O_2, O_3; r_1, r_2, r_3, les centres et les rayons des cercles donnés.

Le centre du cercle qui les touche tous les trois sera à l'intersection de deux hyperboles, ayant pour foyers O_1, O_2 et O_1, O_3, ou O_1, O_2 et O_2, O_3; par conséquent dans les deux cas ces courbes ont un foyer commun. On cherchera donc leurs points d'intersection (**155**), qui seront les centres des cercles demandés.

PROBLÈME LII.

159. *Quel est le lieu géométrique des centres de tous les cercles tangents à la fois à une droite donnée à un cercle donné ?*

Premier cas. Si les cercles touchent extérieurement le cercle donné, M (fig. 55) étant le centre d'un de ces cercles, et CD une droite parallèle à la droite donnée AB, à une distance $PH = r$, rayon du cercle donné, on devra avoir

$$OM = MH,$$

et par conséquent le point M est sur une parabole dont O est le foyer et la directrice est CD.

Deuxième cas. Si les cercles sont tangents intérieurement, le résultat est le même; seulement la directrice est une parallèle, symétrique à la précédente par rapport à la droite donnée AB (fig. 56).

PROBLÈME LIII.

160. *Décrire un cercle tangent à deux cercles donnés et à une droite donnée.*

Le centre du cercle devra se trouver sur deux courbes du deuxième degré, parabole et hyperbole, ayant un même foyer.

On cherchera les intersections de ces deux courbes (**152**).

PROBLÈME LIV.

161. *Décrire un cercle tangent à deux droites données et à un cercle donné.*

On ramènera facilement la solution de ce problème à l'intersection de deux paraboles déterminées d'espèce, ou plus simplement à l'intersection d'une droite déterminée et d'une parabole.

162. On résoudra facilement les problèmes suivants, dont nous ne ferons qu'indiquer les solutions.

PROBLÈME LV.

Quel est le lieu géométrique des centres de tous les cercles tangents à un cercle donné et passant par un point donné?

Hyperbole, dont les foyers sont le centre du cercle donné et le point donné, et dont l'axe transverse est égal au rayon donné.

PROBLÈME LVI.

Décrire un cercle passant par deux points donnés et tangent à un cercle donné.

Les centres des cercles demandés sont donnés par l'intersection d'une hyperbole et d'une droite.

PROBLÈME LVII.

Décrire un cercle tangent à deux cercles donnés et passant par un point donné.

Intersection de deux hyperboles confocales.

PROBLÈME LVIII.

Décrire un cercle passant par un point donné et tangent à la fois à une droite et à un cercle donnés.

Intersection d'une parabole et d'une hyperbole confocales.

Nous laissons de même au lecteur le soin de chercher par la même méthode la solution des problèmes suivants.

PROBLÈME LIX.

Quel est le lieu géométrique des centres de tous les cercles tangents à une droite donnée et passant par un point donné ?

Une parabole.

PROBLÈME LX.

Décrire un cercle passant 1° par deux points donnés et tangent à une droite donnée ; 2° par un point donné et tangent à deux droites données.

Intersection de paraboles déterminées, ou de paraboles et de droites faciles à construire.

PROBLÈME LXI.

163. *Étant donnés un foyer d'une courbe du deuxième degré et trois points de la courbe, déterminer la direction et la longueur du grand axe, et par suite le second foyer (fig. 57).*

F et A, B, C (fig. 57), étant le foyer et les points donnés, soit IL la directrice inconnue. Si des points A, B, C, on abaisse les perpendiculaires AH, BK, CM, qu'on mène AF, BF, CF, enfin qu'on joigne les points donnés par les droites BA, CB, qui rencontrent la directrice aux points I et L ;

D'après la propriété de la directrice (**147**), on aura, en désignant par $\dfrac{m}{n}$ le rapport constant,

$$\frac{AF}{AH} = \frac{BF}{BK} = \frac{CF}{CM} = \frac{m}{n};$$

d'où l'on tire

$$\frac{BK}{AH} = \frac{BF}{AF},$$

$$\frac{CM}{BK} = \frac{CF}{BF}.$$

Mais les triangles semblables AIH, IBK, et LBK, LCM, donnent
les relations

$$\frac{BK}{AH} = \frac{IB}{AI},$$

$$\frac{CM}{BK} = \frac{LC}{LB}:$$

on aura, par conséquent, en comparant ces proportions,

$$\frac{BF}{AF} = \frac{IB}{AI},$$

$$\frac{CF}{BF} = \frac{LC}{LB}.$$

Les points I et L seront donc déterminés par ces deux dernières
proportions.

La droite IL sera donc déterminée, et par suite la direction
de l'axe transverse FG.

Ensuite on partagera la distance GF en deux parties, dans le
rapport $\dfrac{m}{n}$, et les points de division S et S' seront les sommets
de la courbe.

Si $m < n$, la courbe sera une ellipse, et les deux points S
et S' seront du même côté de la directrice.

Si $m > n$, la courbe sera une hyperbole, et les points S et S'
seront d'un côté différent de la directrice.

Si $m = n$, la courbe est une parabole, et le sommet est au
milieu de GF.

Seconde manière. On pourra encore, en se servant de la propriété démontrée au n° **154**, trouver la directrice de la manière suivante :

Après avoir joint CB et BA par des droites indéfinies, on mènera AF et les droites indéfinies BFB′, CFC′; puis on partagera les angles AFB′, BFC′, en deux parties égales par les droites FI, FL, qui détermineront par leur rencontre avec BA et CB deux points I et L de la directrice.

Le reste de la construction s'achèvera comme précédemment.

PROBLÈME LXII.

Circonscrire à un triangle donné une ellipse dont l'un des foyers soit au centre de gravité du triangle.

La solution ne présentera aucune difficulté d'après le problème précédent. Nous laissons au lecteur le soin de faire les constructions.

DES DIAMÈTRES DES COURBES DU DEUXIÈME DEGRÉ.

164. *On appelle* DIAMÈTRE *d'une courbe toute ligne qui partage en deux parties égales un système de cordes parallèles.*

Les diamètres d'une courbe peuvent être des lignes droites ou courbes; mais dans les lignes du deuxième degré, tous les diamètres sont rectilignes; ce qu'on peut démontrer directement ainsi qu'il suit :

PROBLÈME LXIII.

Étant donnée une courbe quelconque du deuxième degré, trouver le lieu géométrique des points milieux d'un système quelconque de cordes parallèles entre elles.

Soit l'équation générale des courbes du deuxième degré

$$[1] \qquad Ay^2 + Bxy + Cx^2 + Dy + Ex + F = 0,$$

les axes étant quelconques et l'origine en un point quelconque de leur plan.

L'équation d'une sécante quelconque sera de la forme

$$[2] \qquad y = ax + b,$$

et l'on obtiendra les coordonnées des points communs de cette sécante et de la courbe en combinant entre elles les équations [1] et [2].

La substitution de la valeur de y [2] dans l'équation [1] donne, toute réduction faite,

$$\left.\begin{array}{l} Aa^2 \\ + Ba \\ + C \end{array}\ \middle|\ \begin{array}{l} x^2 + 2Aab \\ + Bb \\ + Da \\ + E \end{array}\ \middle|\ \begin{array}{l} x + Ab^2 \\ + Db \\ + F \end{array}\right\} = 0.$$

Désignant par x', x'', les deux valeurs qu'on tirerait de cette équation, et par X l'abscisse du point milieu de la corde déterminée par la sécante [2], on doit avoir nécessairement

$$X = \frac{1}{2}(x' + x'');$$

et, d'après la théorie des équations algébriques, la somme des racines d'une équation étant égale au coefficient du deuxième terme pris en signe contraire divisé par le coefficient du premier, on aura

[3]
$$X = -\frac{2Aab + Bb + Da + E}{2(Aa^2 + Ba + C)}.$$

Cela posé, si Y désigne l'ordonnée du milieu de la corde, X et Y devront satisfaire à l'équation

$$Y = aX + b;$$

on aura, par conséquent, en substituant la valeur précédente de X, et réduisant,

[4]
$$Y = \frac{Bab - Da^2 - Ea + 2Cb}{2(Aa^2 + Ba + C)}.$$

Telles seraient donc les coordonnées du point milieu de la corde déterminée par la sécante

$$y = ax + b.$$

Si l'on élimine entre les équations [3] et [4] la quantité b, qui correspond à une position particulière de la sécante, l'équation finale en X et Y représentera le lieu géométrique des points milieux de toutes les cordes parallèles à la droite

$$y = ax.$$

Les équations [3] et [4] prennent la forme

$$2(Aa^2 + Ba + C)x + (2Aa + B)b + (Da + E) = 0,$$
$$2(Aa^2 + Ba + C)y - (2C + Ba)b + (Da + E)a = 0;$$

et, par l'élimination ordinaire, on obtiendra, après réductions successives,

$$[D] \qquad y = -\frac{2C + Ba}{2Aa + B}x - \frac{Da + E}{2Aa + B},$$

équation d'une ligne droite.

Donc, *les diamètres des courbes du deuxième degré sont des lignes droites.*

165. L'équation [D] peut se mettre sous la forme

$$(2Ay + Bx + D)a + (2Cx + By + E) = 0;$$

d'où l'on voit qu'elle est satisfaite, quel que soit a, par les valeurs de x et de y tirées des équations

$$2Ay + Bx + D = 0,$$
$$2Cx + By + E = 0,$$

et qui sont

$$[C] \qquad x = \frac{2AE - BD}{B^2 - 4AC},$$

$$y = \frac{2CD - BE}{B^2 - 4AC},$$

coordonnées générales du centre dans les courbes du deuxième degré.

On conclut de là ce théorème général :

THÉORÈME XXXIV.

Dans toute courbe du deuxième degré douée d'un centre, tous les diamètres concourent en ce point.

Et, comme un diamètre n'est lui-même qu'une corde du

système des cordes qui lui sont parallèles, on a cette nouvelle proposition :

THÉORÈME XXXV.

Tous les diamètres sont partagés par le centre de la courbe en deux parties égales.

166. Lorsque $B^2 - 4AC = 0$, c'est-à-dire lorsque la courbe est une parabole, les valeurs précédentes de x et de y [C] deviennent infinies; mais si l'on substitue dans l'équation générale du diamètre [D] la valeur $B = \pm 2\sqrt{AC}$, on trouvera, en supprimant le facteur $2(a\sqrt{A} \pm \sqrt{C})$ commun aux deux termes de la fraction coefficient de x,

$$y = -\frac{\sqrt{C}}{\sqrt{A}}\, x - \frac{Da + E}{2\sqrt{A}(a\sqrt{A} \pm \sqrt{C})}.$$

Dans cette équation générale du diamètre de la parabole, le coefficient de x étant indépendant de a, qui indique la direction du système des cordes parallèles, on en conclut le théorème suivant:

THÉORÈME XXXVI.

Dans la parabole, les diamètres transverses sont tous parallèles entre eux.

167. Si $A = C = 1$, et $B = 2\cos\theta$, ce qui indique que la courbe représente une circonférence, le diamètre est perpendiculaire sur le milieu d'une corde quelconque.

En effet, en désignant pour abréger par a' le coefficient de x dans l'équation [D], dans lequel on a substitué les valeurs $C = A = 1$, $B = 2\cos\theta$, on aura pour la condition de perpendicularité

$$1 + aa' + (a + a')\cos\theta = 1 - \frac{a + a^2\cos\theta}{a + \cos\theta} + \left(a - \frac{1 + a\cos\theta}{a + \cos\theta}\right)$$

$$= \frac{(1 - a^2) - (1 - a^2)}{a + \cos\theta} = 0.$$

De là ce théorème connu :

THÉORÈME XXXVII.

Dans toute circonférence, la droite perpendiculaire sur le milieu de la corde passe par le centre.

168. Avant d'examiner plus particulièrement les propriétés des diamètres, nous démontrerons une propriété des cordes dans les courbes du deuxième degré.

On appelle, en général, ainsi qu'on l'a vu précédemment, *corde d'une courbe la droite qui joint deux points de cette courbe.* Si cette droite passe par le centre, la corde devient un diamètre.

On nomme *cordes supplémentaires,* dans les courbes du deuxième degré pourvues d'un centre, deux cordes menées d'un point de la courbe aux extrémités d'un même diamètre. Ainsi les cordes DM, D'M (fig. 58), qui s'appuient sur un même diamètre DD', sont deux cordes supplémentaires.

Ces cordes jouissent d'une propriété remarquable, ainsi qu'on va le voir.

Soit
$$y^2 = 2px + qx^2$$

l'équation d'une ellipse ou d'une hyperbole rapportée à deux axes conjugués, l'origine étant en un point quelconque de la courbe.

Désignons par x', y', les coordonnées OF, DF, de l'extrémité D d'un diamètre quelconque DD' : les coordonnées de l'autre extrémité D' seront évidemment $-\dfrac{2p}{q} - x'$, $-y'$. En effet,

$$OF' = AF = OA - OF, \quad \text{et} \quad D'F' = DF.$$

Enfin soient x, y, les coordonnées d'un point quelconque M de la courbe.

Les rapports c, c', des sinus des angles que les droites DM, D'M, font avec les axes, sont, d'après l'équation de la ligne droite,

$$c = \frac{y - y'}{x - x'}, \quad c' = \frac{y + y'}{(x + x') + \dfrac{2p}{q}}.$$

En multipliant ces égalités membre à membre on obtient

$$cc' = \frac{q(y^2 - y'^2)}{2p(x - x') + q(x^2 - x'^2)}.$$

Or les points x, y et x', y' appartenant à la courbe, on a les relations

$$y^2 = 2px + qx^2,$$

$$y'^2 = 2px' + qx'^2;$$

d'où l'on tire $\quad y^2 - y'^2 = 2p(x - x') + q(x^2 - x'^2),$

et par conséquent $\quad\quad cc' = q;$

résultat indépendant de la direction de chacune des cordes supplémentaires pour un diamètre donné, ainsi que de la position de ce diamètre.

169. La relation $cc' = q$ étant indépendante de la position du diamètre sur lequel les cordes supplémentaires reposent, il s'ensuit que, si deux cordes supplémentaires AM, BM (fig. 59), sont menées par les extrémités d'un diamètre, de l'axe principal transverse AB par exemple, les parallèles A'M', B'M', menées par un point M' de la courbe parallèlement à AM et MB, rencontreront la courbe aux extrémités d'un même diamètre A'B'.

Et réciproquement, si des extrémités A', B', d'un nouveau diamètre quelconque A'B', on mène des parallèles à AM et MB, ces droites A'M', B'M' se couperont en un point M' de la courbe, et ces nouvelles cordes feront entre elles les mêmes angles que les premières.

170. Supposons donc, puisque la direction du diamètre est indifférente, qu'on ait pris pour diamètre des cordes supplémentaires l'axe transverse principal, et qu'on ait mené par ses extrémités deux cordes supplémentaires AM, BM, dont les équations sont

$$\text{AM} \qquad y = \frac{y'}{x'} x,$$

$$\text{BM} \qquad y = \frac{qy'}{2p + qx'} \left(x + \frac{2p}{q} \right).$$

L'angle M de ces cordes, d'après la formule connue

$$\tan M = \frac{a' - a}{1 + aa'},$$

sera déterminé généralement par l'expression

$$\tan M = \frac{\dfrac{qy'}{2p+qx'} - \dfrac{y'}{x'}}{1 + \dfrac{qy'}{2p+qx'} \cdot \dfrac{y'}{x'}},$$

laquelle se réduit à

$$\tan M = -\frac{2p}{(1+q)y'};$$

et, remplaçant p et q par leurs valeurs en fonction des demi-axes,

$$\tan M = -\frac{2AB^2}{(A^2 - B^2)y'}.$$

La plus grande valeur de y', $Y' = B$, donne pour la valeur *minimum* de la tangente

$$\tan M = -\frac{2AB}{A^2 - B^2} = \tan ACB,$$

et cette tangente étant négative, on en conclut que dans l'ellipse le plus grand angle que puissent faire deux cordes supplémentaires est l'angle obtus formé par les cordes supplémentaires qui joignent les extrémités du grand axe et l'extrémité du petit axe; et le plus petit, l'angle $CAD = DBC$, c'est-à-dire l'angle des cordes supplémentaires qui joignent les extrémités du petit axe avec l'extrémité du plus grand.

De plus, comme à chaque valeur de y, soit positif ou négatif, il correspond deux points M, m, de la courbe, le même angle des cordes supplémentaires correspond à deux systèmes de ces cordes AM, MB; Am, mB.

Si $A = B$, $\tan M = \infty$, c'est-à-dire que l'angle des cordes supplémentaires dans le cercle est constamment un angle droit.

Pour l'hyperbole il suffit de changer B^2 en $-B^2$, et l'on trouve (fig. 60)

$$\tan M = \frac{2AB^2}{(A^2 + B^2)y}.$$

Or, y pouvant croître depuis zéro jusqu'à l'infini, la tangente décroît depuis l'infini jusqu'à zéro.

On remarque de même qu'il y a aussi deux systèmes de cordes supplémentaires faisant entre elles le même angle.

171. Reprenons maintenant la recherche des propriétés des diamètres des courbes du deuxième degré, et pour cela soit l'équation générale des trois courbes

[1]
$$y^2 = 2px + qx^2,$$

et

[2]
$$y = ax + b,$$

l'équation d'une droite quelconque CC′ (fig. 61).

Combinant entre elles ces deux équations pour en obtenir les abscisses de leurs points communs, on trouvera successivement

$$(ax + b)^2 - 2px - qx^2 = 0,$$
$$x^2 (a^2 - q) - 2(p - ab) x + b^2 = 0.$$

Si l'on désigne par x', x'', les abscisses des points d'intersection de la courbe et de la sécante, et par α, β, les coordonnées du point milieu M de la corde interceptée, on aura d'abord

$$\alpha = \frac{x' + x''}{2},$$

et, en vertu de l'équation précédente,

[3]
$$\alpha = \frac{p - ab}{a^2 - q}.$$

Et, puisque les points α, β, se trouvent sur la droite

$$y = ax + b,$$

on aura

[4]
$$\beta = a\alpha + b,$$

et α et β seront complétement déterminés lorsque a et b seront donnés.

Eliminant entre les équations [3] et [4] la quantité b, qui détermine la position particulière d'une des cordes, on obtient

$$\alpha = \frac{\beta - a(\beta - a\alpha)}{a^2 - q},$$
$$a^2 \alpha - q\alpha = p - a\beta + a^2\alpha,$$

et enfin

[5] $$\beta = \frac{q}{a}\,\alpha + \frac{p}{a}.$$

Cette équation représente actuellement la droite qui passe par les milieux M, M', M″, des cordes parallèles entre elles, et dont la direction est déterminée par a.

On en conclut d'abord, comme précédemment, que les diamètres des courbes du deuxième degré sont des lignes droites ; que ces diamètres passent par le centre de la courbe (en effet, l'équation [5] est satisfaite par $\alpha = -\frac{p}{q}$, $\beta = 0$); ou bien sont tous parallèles entre eux, si $q = 0$, c'est-à-dire dans la parabole.

Enfin, si l'on multiplie entre eux les coefficients de x dans les équations [2] et [5], on trouve, en désignant par d, d', les rapports des sinus des angles que font avec les axes conjugués des x et des y deux diamètres conjugués quelconques,

$$dd' = q = -\frac{B^2}{A^2} \quad \text{pour l'ellipse,}$$

$$+\frac{B^2}{A^2} \quad \text{pour l'hyperbole,}$$

$$0 \quad \text{pour la parabole.}$$

Or on a trouvé (168) que, si des extrémités d'un diamètre quelconque on mène deux droites à un même point de la courbe, la relation entre les rapports des sinus des angles que font ces cordes supplémentaires avec les axes des x et des y est exprimée par

$$cc' = q :$$

donc si $\qquad c = d,\quad$ on a $\quad c' = d'$.

On peut de là conclure que

Deux diamètres conjugués sont toujours parallèles à un système de cordes supplémentaires.

Et réciproquement

Deux diamètres parallèles à un système de cordes supplémentaires forment un système de diamètres conjugués.

Et par conséquent l'angle des diamètres est égal à l'angle des cordes supplémentaires, ou son supplément.

PROBLÈME LXIV.

172. *Construire dans une ellipse ou dans une hyperbole donnée deux diamètres conjugués qui fassent entre eux un angle donné.*

A cet effet, sur un diamètre quelconque, tel que AB (fig. 62), on décrira un arc de segment capable de l'angle donné, qui coupera la courbe en un point M; on mènera par le centre, parallèlement aux droites AM et MB, cordes supplémentaires, les droites CD, CE', qui seront les diamètres demandés.

A cette solution il faut ajouter encore celle qui correspond aux cordes supplémentaires AM', BM', dont l'angle est supplément de l'angle donné.

Il y a, en effet, généralement deux systèmes possibles de diamètres conjugués faisant entre eux un angle donné.

Pour l'ellipse, l'angle des diamètres conjugués devra être compris entre les limites déterminées précédemment (**170**) pour l'angle des cordes supplémentaires.

On trouvera facilement les axes d'une ellipse ou d'une hyperbole tracées dans un plan, en décrivant, du centre de la courbe, une circonférence de rayon quelconque, qui déterminera un rectangle par ses intersections avec la courbe; les axes seront parallèles aux côtés du rectangle.

173. On peut arriver à la solution numérique de ce problème par l'analyse suivante :

Soit
$$A^2 y^2 + B^2 x^2 = A^2 B^2$$

l'équation de l'ellipse, rapportée à son centre et à ses axes ; substituant dans cette équation à la place de x et y les valeurs

$$x = x' \cos \alpha + y' \cos \alpha',$$
$$y = x' \sin \alpha + y' \sin \alpha',$$

qui servent à passer d'un système d'axes rectangulaires à un système d'axes obliques de même origine, on trouvera

$$\left. \begin{array}{l} A^2 \sin^2 \alpha' \\ + B^2 \cos^2 \alpha' \end{array} \right| \begin{array}{l} y'^2 + 2A^2 \sin \alpha \sin \alpha' \\ \quad\ + 2B^2 \cos \alpha \cos \alpha' \end{array} \left| \begin{array}{l} x'y' + A^2 \sin^2 \alpha \\ \quad\ + B^2 \cos^2 \alpha \end{array} \right| \left. \begin{array}{l} x'^2 \\ \ \end{array} \right\} = A^2 B^2.$$

Si l'on veut que les nouveaux axes soient conjugués entre eux, il faut et il suffit que le coefficient de $x'y'$ soit nul; ce qui donne

$$[1] \qquad A^2 \sin \alpha \sin \alpha' + B^2 \cos \alpha \cos \alpha' = 0,$$

et l'équation se réduit à

$$(A^2 \sin^2 \alpha' + B^2 \cos^2 \alpha') y'^2 + (A^2 \sin^2 \alpha + B^2 \cos^2 \alpha) x'^2 = A^2 B^2.$$

Faisant successivement $y' = 0$, et $x' = 0$, et désignant par A', B', les longueurs des demi-diamètres conjugués que l'on obtient de cette manière, on aura

$$[2] \qquad A'^2 = \frac{A^2 B^2}{A^2 \sin^2 \alpha + B^2 \cos^2 \alpha},$$

$$[3] \qquad B'^2 = \frac{A^2 B^2}{A^2 \sin^2 \alpha' + B^2 \cos^2 \alpha'}.$$

L'équation de la courbe rapportée à ces nouveaux diamètres conjugués sera

$$A'^2 y'^2 + B'^2 x'^2 = A'^2 B'^2.$$

THÉORÈME XXXVIII.

174. *Dans l'ellipse, la somme des carrés de deux diamètres conjugués quelconques est constante et égale à la somme des carrés des axes.*

En effet, rétablissant l'homogénéité dans les valeurs de A'^2 et B'^2, on aura

$$A'^2 = \frac{A^2 B^2 (\sin^2 \alpha + \cos^2 \alpha)}{A^2 \sin^2 \alpha + B^2 \cos^2 \alpha},$$

$$B'^2 = \frac{A^2 B^2 (\sin^2 \alpha' + \cos^2 \alpha')}{A^2 \sin^2 \alpha' + B^2 \cos^2 \alpha'} = \frac{A^2 B^2 + A^2 B^2 \dfrac{\cos^2 \alpha'}{\sin^2 \alpha'}}{A^2 + B^2 \dfrac{\cos^2 \alpha'}{\sin^2 \alpha'}}.$$

Or, de la relation [1] on tire d'abord

$$\tan \alpha \tan \alpha' = -\frac{B^2}{A^2},$$

résultat qui s'accorde avec ce qui a été démontré précédemment (**171**); et ensuite, élevant au carré, en vertu des formules trigonométriques connues, on obtient

$$\frac{\cos^2 \alpha'}{\sin^2 \alpha'} = \frac{A^4}{B^4}\frac{\sin^2 \alpha}{\cos^2 \alpha};$$

la valeur de B'^2 deviendra

$$B'^2 = \frac{B^4 \cos^2 \alpha + A^4 \sin^2 \alpha}{A^2 \sin^2 \alpha + B^2 \cos^2 \alpha},$$

et par suite,

$$A'^2 + B'^2 = \frac{A^2 \sin^2 \alpha (A^2 + B^2) + B^2 \cos^2 \alpha (A^2 + B^2)}{A^2 \sin^2 \alpha + B^2 \cos^2 \alpha};$$

et, toute réduction faite,

$$A'^2 + B'^2 = A^2 + B^2;$$

d'où
$$4A'^2 + 4B'^2 = 4A^2 + 4B^2.$$

175. Pour l'hyperbole on aurait trouvé, par un calcul en tout semblable,

$$A'^2 - B'^2 = A^2 - B^2, \quad \text{et} \quad 4A'^2 - 4B'^2 = 4A^2 - 4B^2.$$

De là ce théorème, analogue au précédent :

THÉORÈME XXXIX.

Dans l'hyperbole, la différence des carrés des diamètres conjugués est constante et égale à la différence des carrés des axes.

Quant à la relation des diamètres conjugués, on a

$$\tan \alpha \, \tan \alpha' = \frac{B^2}{A^2}.$$

THÉORÈME XL.

176. *Dans l'ellipse et dans l'hyperbole l'aire du parallélogramme construit sur deux diamètres conjugués quelconques est constante et égale au rectangle des axes.*

En effet, multipliant entre elles les égalités

$$A'^2 = \frac{A^2 B^2}{A^2 \sin^2 \alpha + B^2 \cos^2 \alpha},$$

$$B'^2 = \frac{A^2 B^2}{A^2 \sin^2 \alpha' + B^2 \cos^2 \alpha'},$$

on trouvera

$$A'^2 B'^2 = \frac{A^4 B^4}{A^4 \sin^2 \alpha \sin^2 \alpha' + B^4 \cos^2 \alpha \cos^2 \alpha' + A^2 B^2 (\sin^2 \alpha' \cos^2 \alpha + \sin^2 \alpha \cos^2 \alpha')};$$

et, à cause de la relation [1],

$$A^2 \sin \alpha \sin \alpha' + B^2 \cos \alpha \cos \alpha' = 0,$$

qui donne

$$A^4 \sin^2 \alpha \sin^2 \alpha' + B^4 \cos^2 \alpha \cos^2 \alpha' = -2 A^2 B^2 \sin \alpha \sin \alpha' \cos \alpha \cos \alpha',$$

le dénominateur devient

$$A^2 B^2 (\sin^2 \alpha' \cos^2 \alpha - 2 \sin \alpha \sin \alpha' \cos \alpha \cos \alpha' + \sin^2 \alpha \cos^2 \alpha'),$$

expression qui se change en

$$A^2 B^2 (\sin \alpha' \cos \alpha - \sin \alpha \cos \alpha')^2 = A^2 B^2 \sin^2 (\alpha' - \alpha);$$

et par conséquent

$$A'^2 B'^2 = \frac{A^4 B^4}{A^2 B^2 \sin^2 (\alpha' - \alpha)},$$

d'où enfin
$$AB = A'B' \sin(\alpha' - \alpha)$$

et
$$2A . 2B = 2A' . 2B' \sin(\alpha' - \alpha).$$

On arriverait à un résultat parfaitement identique en changeant B^2 en $-B^2$, et B'^2 en $-B'^2$, pour l'hyperbole.

PROBLEME LXV.

177. *Déterminer un système de diamètres conjugués égaux dans une ellipse donnée.*

Égalant les valeurs de A'^2 et B'^2 [2] et [3] (**173**), on trouvera d'abord

$$A^2 \sin^2 \alpha + B^2 \cos^2 \alpha = A^2 \sin^2 \alpha' + B^2 \cos^2 \alpha',$$

et remplaçant $\cos^2\alpha$, $\cos^2\alpha'$ par $1-\sin^2\alpha$, $1-\sin^2\alpha'$, on trouvera, toute réduction faite,

$$(A^2-B^2)(\sin^2\alpha'-\sin^2\alpha)=0\,;$$

équation qui ne peut être satisfaite que par

$$\sin^2\alpha'-\sin^2\alpha=0\,;$$

d'où
$$\sin\alpha'=\pm\sin\alpha\,,$$

et, à cause de la relation

$$\operatorname{tang}\alpha\operatorname{tang}\alpha'=-\frac{B^2}{A^2}\,,$$

dont on doit conclure que les deux tangentes doivent être de signes contraires,

$$\cos\alpha'=\mp\cos\alpha\,,$$

et par conséquent
$$\operatorname{tang}\alpha'=-\operatorname{tang}\alpha:$$

donc
$$\operatorname{tang}^2\alpha=\frac{B^2}{A^2}\,,$$

et
$$\operatorname{tang}\alpha=+\frac{B}{A}\,,$$

$$\operatorname{tang}\alpha'=-\frac{B}{A}\,;$$

donc les diamètres conjugués égaux DD', EE' (fig. 63), sont parallèles aux côtés du parallélogramme inscrit $ABA'B'$, qui a les axes pour diagonales.

178. Dans l'hyperbole, il ne peut exister généralement un système de diamètres conjugués égaux.

En effet, de la relation

$$A'^2-B'^2=A^2-B^2\,,$$

pour $A'=B'$, on serait forcé de conclure que $A=B$; mais si $A=B$, on aura toujours $A'=B'$: donc

THÉORÈME XLI.

Dans l'hyperbole équilatère, deux diamètres conjugués quelconques sont toujours égaux.

PROBLÈME LXVI.

179. *Connaissant les axes d'une ellipse ou d'une hyperbole, et l'angle θ que deux diamètres conjugués font entre eux, déterminer ces diamètres de grandeur et de position.*

1° On a trouvé précédemment pour l'ellipse les relations

[1] $$A'^2 + B'^2 = A^2 + B^2,$$

[2] $$A'B' \sin(\alpha' - \alpha) = AB \quad \text{ou} \quad A'B' = \frac{AB}{\sin(\alpha' - \alpha)}.$$

Remplaçant $\alpha' - \alpha$ par θ, multipliant la deuxième équation par 2, et ajoutant et retranchant successivement de l'équation [1] l'équation obtenue, on trouvera

$$(A' + B')^2 = A^2 + B^2 + \frac{2AB}{\sin\theta},$$

$$(A' - B')^2 = A^2 + B^2 - \frac{2AB}{\sin\theta};$$

d'où

$$A' = \frac{1}{2}\sqrt{A^2 + B^2 + \frac{2AB}{\sin\theta}} + \frac{1}{2}\sqrt{A^2 + B^2 - \frac{2AB}{\sin\theta}},$$

$$B' = \frac{1}{2}\sqrt{A^2 + B^2 + \frac{2AB}{\sin\theta}} - \frac{1}{2}\sqrt{A^2 + B^2 - \frac{2AB}{\sin\theta}},$$

valeurs des demi-diamètres conjugués, qu'on calculera ou que l'on construira par les moyens connus.

Quant à la direction de ces diamètres, il suffit de déterminer l'inclinaison de A', par exemple, par rapport à A.

On a pour cela la relation

$$A^2 \tan\alpha \tan\alpha' + B^2 = 0,$$

et, à cause de $\quad \alpha' - \alpha = \theta, \quad$ d'où $\quad \alpha' = \theta + \alpha,$

$$\tan\alpha \tan(\theta + \alpha) = -\frac{B^2}{A^2}.$$

Développant $\tan(\theta + \alpha)$, chassant le dénominateur et ordonnant, on aura

$$A^2 \tan^2\alpha + (A^2 - B^2)\tan\theta \tan\alpha + B^2 = 0,$$

d'où

$$\tan \alpha = -\frac{(A^2 - B^2)\tan\theta}{2A^2} \pm \frac{1}{2A^2}\sqrt{(A^2 - B^2)^2\tan^2\theta - 4A^2B^2}.$$

Pour que cette valeur soit réelle, il faut que

$$\tan^2\theta > \text{ ou } = \frac{4A^2B^2}{(A^2 - B^2)^2},$$

d'où $$\tan\theta > \text{ ou } = \pm\frac{2AB}{A^2 - B^2},$$

c'est-à-dire que l'angle θ, s'il est aigu, doit être au moins égal à celui dont la tangente est $\frac{2AB}{A^2 - B^2}$; et, s'il est obtus, au plus égal à celui qui a pour tangente $-\frac{2AB}{A^2 - B^2}$.

Si l'on substitue la valeur

$$\tan\theta = \pm\frac{2AB}{A^2 - B^2}$$

dans l'expression de $\tan\alpha$, on trouvera

$$\tan\alpha = \mp\frac{B}{A},$$

ce qui s'accorde avec ce qui a été trouvé précédemment (**177**).

2° La détermination de A' et de B', au moyen des équations

$$A'^2 - B'^2 = A^2 - B^2,$$

$$A'B' = \frac{AB}{\sin\theta},$$

donne lieu à un calcul un peu plus compliqué. En éliminant successivement B' ou A' entre ces deux équations, on obtiendra une équation en A' ou B' du quatrième degré, résoluble à la manière de celles du deuxième degré.

180. Au reste ce problème est moins utile que le problème inverse qui suit, et dont les applications sont fort nombreuses dans la construction des ellipses données par leurs équations.

PROBLÈME LXVII.

Connaissant de grandeur et de position deux diamètres conjugués d'une ellipse, déterminer les axes de grandeur et de direction.

Des relations
$$A^2 + B^2 = A'^2 + B'^2,$$
$$AB = A'B' \sin \theta,$$

on tirera aisément, par un calcul semblable au précédent,

$$A = \frac{1}{2}\sqrt{A'^2 + B'^2 + 2A'B'\sin\theta} + \frac{1}{2}\sqrt{A'^2 + B'^2 - 2A'B'\sin\theta},$$

$$B = \frac{1}{2}\sqrt{A'^2 + B'^2 + 2A'B'\sin\theta} - \frac{1}{2}\sqrt{A'^2 + B'^2 - 2A'B'\sin\theta}.$$

Ces valeurs se construisent élégamment de la manière suivante :

Soient A'a', B'b' (fig. 64), les diamètres faisant entre eux l'angle donné A'OB' $= \theta$.

De l'extrémité B' du diamètre B'b' abaissez sur son conjugué A'a' la perpendiculaire indéfinie B'P ; sur cette perpendiculaire, prenez, à partir du point B', B'E $=$ B'F $=$ OA', et joignez OE et OF. D'après la propriété du triangle obliquangle,

$$OE = \sqrt{\overline{B'E}^2 + \overline{B'O}^2 + 2B'E \cdot PB'},$$

ou
$$OF = \sqrt{A'^2 + B'^2 + 2A'B'\sin\theta} ;$$
et de même

$$OF = \sqrt{\overline{B'F}^2 + \overline{B'O}^2 - 2B'F \cdot B'P},$$

ou
$$OF = \sqrt{A'^2 + B'^2 - 2A'B'\sin\theta} :$$
de là par conséquent

$$A = \frac{OE + OF}{2},$$

$$B = \frac{OE - OF}{2},$$

longueurs que l'on construira sans difficulté ainsi qu'il suit :

Sur OE et OF achevez le parallélogramme OFGE ; du point E comme centre, et d'un rayon égal à EG, décrivez une demi-circonférence, qui détermine les deux points H et I tels, que

$$OH = 2A, \quad OI = 2B,$$

et les deux moitiés

$$OM = A, \quad ON = B.$$

Pour déterminer la direction des axes il suffit de trouver l'inclinaison de l'axe 2A sur le diamètre A'a', laquelle a été représentée précédemment par α. Pour cela on a l'équation

$$A'^2 = \frac{A^2 B^2}{A^2 \sin^2 \alpha + B^2 \cos^2 \alpha},$$

qui donne

$$A'^2 = \frac{A^2 B^2}{(A^2 - B^2) \sin^2 \alpha + B^2};$$

d'où

$$\sin^2 \alpha = \frac{B^2}{A'^2} \cdot \frac{A^2 - A'^2}{A^2 - B^2},$$

et

$$\sin \alpha = \pm \frac{B}{A'} \sqrt{\frac{A^2 - A'^2}{A^2 - B^2}},$$

ce qui déterminera deux directions symétriques de l'axe 2A par rapport au diamètre A'a'; le second axe 2B devant être perpendiculaire à 2A, sa position sera déterminée.

181. Cette valeur de $\sin \alpha$ ne fournissant pas une construction simple, on cherchera à déterminer α en fonction seulement des demi-diamètres donnés A', B', et de l'angle θ qu'ils font entre eux : pour cela on substituera dans l'équation de l'ellipse rapportée à ces diamètres conjugés,

$$A'^2 y + B'^2 x^2 = A'^2 B'^2,$$

les valeurs

$$x = \frac{x' \sin(\theta - \alpha) - y' \cos(\theta - \alpha)}{\sin \theta},$$

$$y = \frac{x' \sin \alpha + y' \cos \alpha}{\sin \theta},$$

qui servent à passer d'un système d'axes obliques à un système d'axes rectangulaires. L'équation résultante devant conserver la même forme, on trouvera pour équation de condition

$$A'^2 \sin \alpha \cos \alpha - B'^2 \sin(\theta - \alpha) \cos(\theta - \alpha) = 0,$$

d'où l'on tirera

$$A'^2 \sin 2\alpha - B'^2 \sin (2\theta - 2\alpha) = 0.$$

Développant $\sin (2\theta - 2\alpha)$, et divisant par $\cos 2\alpha$,

$$A'^2 \operatorname{tang} 2\alpha - B'^2 \sin 2\theta + B'^2 \cos 2\theta \operatorname{tang} 2\alpha = 0,$$

et enfin

$$\operatorname{tang} 2\alpha = \frac{B'^2 \sin 2\theta}{A'^2 + B'^2 \cos 2\theta},$$

valeur qui s'accorde avec le résultat trouvé n° 68, et dans lequel il suffirait, pour s'en convaincre, de faire

$$C = B'^2, \quad A = A'^2, \quad B = 0.$$

En mettant la valeur précédente sous la forme

$$\operatorname{tang} 2\alpha = \frac{B' \sin 2\theta}{\dfrac{A'^2}{B'} + B' \cos 2\theta},$$

on pourra construire l'angle 2α directement, ainsi qu'il suit :

OA', OB' (fig. 65), étant les diamètres conjugués donnés faisant entre eux l'angle donné θ, menez OC telle, que COB' $=$ B'OA' et OC $=$ OB'; du point C abaissez CQ, perpendiculaire sur OA :

$$OQ = B' \cos 2\theta, \quad \text{et} \quad CQ = B' \sin 2\theta.$$

Achevez le parallélogramme OB'DQ, et rabattez par un arc de cercle QD sur QR; élevez la perpendiculaire indéfinie RS sur OA', et prenez QS $=$ OA', ensuite menez ST perpendiculaire à QS, QT $=\dfrac{A'^2}{B'}$.

Au point T élevez TV perpendiculaire à OA', et faites

$$TV = CQ = B' \sin 2\theta; \quad \operatorname{tang} 2\alpha = \operatorname{tang} TOV, \quad \text{et} \quad 2\alpha = TOV.$$

Divisez enfin l'angle TOV en deux parties égales par la droite OA, qui sera la direction du grand axe de l'ellipse; OB perpendiculaire à OA sera la direction du petit axe.

2ᵉ Construction. Si l'on se reporte à la construction du n° 180 (fig. 64), on a

$$OP = B' \cos \theta, \quad B'P = B' \sin \theta,$$

$$\tang EOP = \frac{EP}{OP} = \frac{EB' + B'F}{OP} = \frac{A' + B' \sin \theta}{B' \cos \theta},$$

$$\tang FOP = -\frac{FP}{OP} = -\frac{FB' - B'P}{OP} = -\frac{A' - B' \sin \theta}{B' \cos \theta},$$

et

$$\tang EOF = \frac{\tang EOP + \tang FOP}{1 - \tang EOP \, \tang FOP}.$$

Substituant les valeurs précédentes, on trouve sans difficulté

$$\tang EOF = \frac{2B \sin \theta \cos \theta}{A'^2 + B'^2 (\cos^2 \theta - \sin^2 \theta)} = \frac{B'^2 \sin 2\theta}{A'^2 + B'^2 \cos 2\theta};$$

donc

$$EOF = 2\alpha.$$

Il suffit donc de diviser l'angle EOF et son supplément en deux parties égales, et de porter sur les bissectrices les longueurs déterminées précédemment des demi-axes A et B.

PROBLÈME LXVIII.

182. *Étant donnés de grandeur et de direction deux diamètres conjugués de l'hyperbole, déterminer la direction et la grandeur des axes.*

On déterminera d'abord les asymptotes par la propriété du parallélogramme inscrit à l'hyperbole, dont les sommets doivent se trouver sur les asymptotes ; ensuite, divisant les angles des asymptotes en deux parties égales, on aura la direction des axes.

Pour la détermination de la longueur de ces axes, on aura recours au problème du n° **179** (2°).

183. Avant de donner quelques applications de cette théorie, nous ferons connaître une propriété remarquable des diamètres conjugués des courbes du deuxième degré, laquelle consiste en ce théorème :

THÉORÈME XLII.

Lorsque plusieurs courbes du deuxième degré ont quatre points communs, dans quelque direction qu'on leur mène des diamètres parallèles, les conjugués de ces diamètres concourent en un seul et même point.

Soient

$$[1] \qquad Ay^2 + Bxy + Cx^2 + Dy + Ex + F = 0,$$

$$[2] \qquad A'y^2 + B'xy + C'x^2 + D'y + E'x + F' = 0,$$

$$[3] \qquad A''y^2 + B''xy + C''x^2 + D''y + E''x + F'' = 0,$$

les équations de trois courbes du deuxième degré passant par les mêmes quatre points.

Multipliant les deux premières équations par deux facteurs m et m' indéterminés, et ajoutant les produits, on obtiendra

$$[4] \quad \left\{ \begin{array}{l} (Am + A'm')\,y^2 + (Bm + B'm')\,xy + (Cm + C'm')x^2 \\ + (Dm + D'm')\,y + (Em + E'm')\,x + (Fm + F'm') \end{array} \right\} = 0,$$

équation qui peut représenter, dans sa généralité, toutes les courbes du deuxième degré passant par les intersections des courbes [1] et [2].

Pour exprimer que cette courbe [4] représente la courbe [3], c'est-à-dire si l'on veut que les trois courbes [1], [2], [3], aient les mêmes points d'intersection, il faudra qu'on ait à la fois

$$(Am + A'm') = A'', \qquad\qquad (Dm + D'm') = D'',$$
$$(Bm + B'm') = B'', \qquad\qquad (Em + E'm') = E'',$$
$$(Cm + C'm') = C''; \qquad\qquad (Fm + F'm') = F'';$$

d'où l'on tire

$$2(Am + A'm') = 2A'', \qquad\qquad 2(Cm + C'm') = 2C'',$$
$$(Bm + B'm') = B'', \qquad\qquad Bm + B'm' = B'',$$
$$Dm + D'm' = D'', \qquad\qquad Em + E'm' = E''.$$

Si l'on se reporte au n° **22**, on reconnaîtra que ces équations expriment la condition nécessaire et suffisante pour que les trois droites [D] et [D'],

$$[D] \quad 2Ay + Bx + D = 0, \qquad\qquad [D'] \quad 2Cx + By + E = 0,$$
$$\qquad\quad 2A'y + B'x + D' = 0, \qquad\qquad\qquad 2C'x + B'y + E' = 0,$$
$$\qquad\quad 2A''y + B''x + D'' = 0, \qquad\qquad\qquad 2C''x + B''y + E'' = 0,$$

concourent en un même point.

Or chacune des équations [D] n'est autre chose que l'équation du diamètre de chaque courbe, qui coupe en deux parties égales un système de cordes parallèles à l'axe des y, et chacune des équations [D'] le diamètre conjugué à l'axe des x; ces axes étant dirigés d'une manière quelconque, un seul système [D] ou [D'] suffit pour démontrer le théorème.

184. L'équation [4] peut représenter une parabole, et pour cela il faut qu'on ait

$$(Bm + B'm')^2 - 4(Am + A'm')(Cm + C'm') = 0.$$

Cette relation détermine le rapport $\dfrac{m}{m'}$, mais ne lui assigne que deux valeurs.

On en conclut que

Par quatre points donnés on peut faire passer deux paraboles.

185. Pour que l'équation [4] représentât un cercle, il faudrait qu'on eût

$$(Am + A'm') = Cm + C'm',$$

et
$$Bm + B'm' = 0.$$

Éliminant m et m' entre ces deux équations de condition, on trouvera

$$B(A' - C') = B'(A - C),$$

condition nécessaire et suffisante pour qu'un cercle passe par les intersections des courbes du deuxième degré [1] et [2].

186. Nous allons maintenant démontrer le théorème précédent d'une autre manière, afin d'en tirer de nouvelles propriétés.

THÉORÈME XLIII ET PROBLÈME LXIX.

Si plusieurs courbes du deuxième degré ont quatre points communs, dans quelque direction qu'on leur mène des diamètres parallèles, les conjugués de ces diamètres concourent en un même point. Déterminer ce point dans chaque cas particulier.

Soient A, B, C, D (fig. 66), les quatre points communs à ces courbes; prenant pour axes des x et des y les droites OAB, OCD, si l'on fait OA$=\alpha$, OB$=\alpha'$, OC$=\beta$, OD$=\beta'$, l'équation d'une courbe quelconque du second degré passant par les points A, B, C, D, et dont la forme générale est

$$Ay^2 + Bxy + Cx^2 + Dy + Ex + F = 0,$$

devra être telle qu'en y faisant $x = 0$, les valeurs correspondantes de y soient β et β', on aura donc

$$Ay^2 + Dy + F = A(y - \beta)(y - \beta') = Ay^2 - A(\beta + \beta') + A\beta\beta';$$

d'où
$$D = -A(\beta + \beta'),$$

$$F = A\beta\beta'.$$

Mais en y faisant $y = 0$, on doit trouver pour x les valeurs α, α' : on aura donc

$$Cx^2 + Ex + F = C(x - \alpha)(x - \alpha') = Cx^2 - C(\alpha + \alpha') + C\alpha\alpha';$$

d'où
$$E = -C(\alpha + \alpha'),$$

$$F = C\alpha\alpha',$$

ce qui exige qu'on ait

$$A\beta\beta'' = C\alpha\alpha',$$

d'où
$$C = A\frac{\beta\beta'}{\alpha\alpha'},$$

et par conséquent

$$E = -A\frac{\beta\beta'(\alpha + \alpha')}{\alpha\alpha'}.$$

L'équation générale des courbes passant par les quatre points donnés sera donc

$$Ay^2 + Bxy + A\frac{\beta\beta'}{\alpha\alpha'}x^2 - A(\beta + \beta')y - A\frac{\beta\beta'(\alpha + \alpha')}{\alpha\alpha'}x + A\beta\beta' = 0,$$

ou, divisant tous les termes par A, et faisant $\dfrac{B}{A} = m$,

$$[E] \quad y^2 + mxy + \frac{\beta\beta'}{\alpha\alpha'}x^2 - (\beta + \beta')y - \frac{\beta\beta'(\alpha + \alpha')}{\alpha\alpha'}x + \beta\beta' = 0.$$

Cette équation, renfermant encore la quantité indéterminée m, fait voir que par quatre points donnés on peut faire passer une infinité de courbes du deuxième degré. Il faut en effet généralement cinq conditions pour déterminer ces courbes, et par conséquent cette équation [E] représente toutes les courbes possibles du deuxième degré, passant par les quatre points A, B, C, D.

Soit $y = ax$ l'équation d'une droite quelconque menée par l'origine, et concevons qu'on ait mené dans chacune de ces courbes un diamètre parallèle à cette droite, d'après l'équation [D] (164), l'équation générale du diamètre conjugué sera

$$y = -\frac{2\frac{\beta\beta'}{\alpha\alpha'} + ma}{2a + m}\, x - \frac{-(\beta + 6')\,a - \frac{\beta\beta'\,(\alpha + \alpha')}{\alpha\alpha'}}{2a + m},$$

équation qu'on peut mettre sous la forme

$$m(y + ax) + 2ay + 2\frac{\beta\beta'}{\alpha\alpha'}\, x - (\beta + \beta')\,a - \frac{\beta\beta'\,(\alpha + \alpha')}{\alpha\alpha'} = 0,$$

et à laquelle on satisfera, quel que soit m, en posant

$$[1] \qquad\qquad\qquad y + ax = 0,$$

$$[2] \qquad 2ay + 2\frac{\beta\beta'}{\alpha\alpha'}\, x - (\beta + \beta')\,a - \frac{\beta\beta'\,(\alpha + \alpha')}{\alpha\alpha'} = 0.$$

Les valeurs de x et de y, qu'on tirera de ces deux équations seront les coordonnées du point de concours de tous les diamètres conjugués aux diamètres parallèles à la droite $y = ax$.

Ce théorème général s'applique évidemment au cas particulier où l'équation générale [E] représente un système de deux droites, et par conséquent les droites elles-mêmes AB, CD; AC, BD; AD, CB.

187. Si maintenant l'on conçoit que la droite $y = ax$ tourne autour du point O, le point de concours déterminé par l'ensemble des équations [1] et [2] changera de position pour chaque valeur particulière de a, et le lieu géométrique de tous ces points s'obtiendra en éliminant a entre ces équations [1] et [2], ce qui donne

$$[F] \qquad 2\beta\beta'x^2 - 2\alpha\alpha'y^2 + \alpha\alpha'\,(\beta + \beta')\,y - \beta\beta'\,(\alpha + \alpha')\,y = 0,$$

équation d'une courbe du deuxième degré.

D'après la forme de l'équation [F], on reconnaît facilement

que cette courbe passe par le point O, et que les droites OAB, OCD, sont parallèles à un de ses systèmes de diamètres conjugués; de plus, elle ne peut être une parabole, car elle a un centre, dont les coordonnées sont, d'après les formules générales du centre,

$$x_c = \frac{\alpha + \alpha'}{4}, \quad y_c = \frac{\beta + \beta'}{4}.$$

Mais comme on aurait trouvé un résultat parfaitement semblable en prenant pour axes les droites ACI, BDI; BHC, AHD, on peut en conclure que cette courbe passe par les points I et H, et que les droites ACI, BDI; BHC, AHD, sont parallèles à un de ses systèmes de diamètres conjugués; et si l'on avait fait

$$IC = a, \quad ID = b, \qquad\qquad HA = A, \quad HB = B,$$
$$IA = a', \quad IB = b', \qquad\qquad HD = A', \quad HC = B',$$

on aurait trouvé, par rapport à ces nouveaux axes, pour les coordonnées du centre

$$x'_c = \frac{a + a'}{4}, \quad y'_c = \frac{b + b'}{4},$$

$$x''_c = \frac{A + A'}{4}, \quad y_c = \frac{B + B'}{4}.$$

Ainsi, d'après le premier système, le centre se trouve sur le milieu de la droite MN, qui joint les milieux des côtés AB, CD.

D'après le deuxième système, il se trouve sur le milieu de la droite PQ, qui joint les milieux des côtés AC, BD.

Enfin, d'après le troisième système, il doit se trouver sur le milieu de la droite RS, qui joint les milieux des diagonales AD, BC.

D'où l'on peut conclure ce théorème connu de géométrie :

THÉORÈME XLIV.

Dans tout quadrilatère plan, les droites qui joignent les milieux des côtés opposés et les milieux des diagonales se coupent en leur milieu.

188. Pour une valeur donnée de a, il sera facile de détermi-

ner le point de rencontre de tous les diamètres conjugués : car en considérant les systèmes de droites OAB, OCD; ICA, IDB, chacun comme une des courbes représentées par l'équation générale [E], on mènera une transversale quelconque UVU'V', parallèle à la droite $y=ax$, et les deux droites OET, IFT, passant par O et I, et par les milieux E, F, des parties interceptées UV, U'V', détermineront le point cherché T.

189. Si les quatre points A, B, C, D (fig. 67), sont les sommets d'un parallélogramme, l'équation [E], dans laquelle on fera

$$\beta' = -\beta, \quad \alpha' = -\alpha,$$

deviendra

$$y^2 + mxy + \frac{\beta^2}{\alpha^2} x^2 - \beta^2 = 0,$$

et représentera toutes les courbes du deuxième degré circonscrites au parallélogramme ABCD, rapportées aux diagonales prises pour axes : le centre de ces courbes est donc au point d'intersection des diagonales. Dans cette même hypothèse l'équation [F] devient

$$-2\beta^2 x^2 + 2\alpha^2 y^2 = 0,$$

ou

$$\left(y - \frac{\beta}{\alpha} x\right) \left(y + \frac{\beta}{\alpha} x\right) = 0,$$

et représente deux droites, qui ne sont autre chose que les droites M'OM, N'ON, qui joignent les milieux des côtés du parallélogramme.

190. Si les points A et B, C et D, se réunissent en un seul, auquel cas $\alpha' = \alpha$, $\beta' = \beta$, l'équation [E] devient

$$y^2 + mxy + \frac{\beta^2}{\alpha^2} x^2 - 2\beta y - 2 \frac{\beta^2}{\alpha^2} \alpha x + \beta^2 = 0,$$

et représente toutes les courbes possibles du deuxième degré tangentes aux droites OAX, OCY, aux points donnés A et C (fig. 68).

L'équation [F], dans ce cas particulier, se change en

$$\beta^2 x^2 - \alpha^2 y^2 + \alpha^2 \beta y - \alpha \beta^2 x = 0,$$

et représente deux lignes droites,

$$y = \frac{\beta}{\alpha} x,$$

$$y - \beta = -\frac{\beta}{\alpha} x,$$

dont l'une est le diamètre OM, qui passe par le milieu de la droite des points de contact C, A, et l'autre, la droite AC, qui joint les points de contact.

191. Si l'on veut que la courbe tangente aux deux lignes OX, OY, aux points donnés A et C, soit une parabole, alors, à cause de la relation

$$B^2 - 4AC = 0, \quad \text{d'où} \quad B = \pm 2\sqrt{AC},$$

et par conséquent $\qquad m = \pm 2\frac{\beta}{\alpha},$

l'équation [E] se change en

$$y^2 + 2\frac{\beta}{\alpha} ay + \frac{\beta^2}{\alpha^2} x^2 - 2\beta y - 2\frac{\beta^2}{\alpha} x + \beta^2 = 0,$$

d'où l'on tire $\qquad y = \beta - \frac{\beta}{\alpha} x,$

équation de la corde qui joint les points de contact;

ou $\qquad y^2 - 2\frac{\beta}{\alpha} xy + \frac{\beta^2}{\alpha^2} x^2 - 2\beta y - 2\frac{\beta^2}{\alpha} x + \beta^2 = 0,$

équation complétement déterminée, et qui peut se mettre sous la forme symétrique

$$\frac{\sqrt{y}}{\sqrt{\beta}} + \frac{\sqrt{x}}{\sqrt{\alpha}} = 1.$$

192. Si l'on suppose, ce qui est permis, $m = \frac{\beta^2}{k^2}$, k étant une indéterminée, et, après avoir fait $\alpha = \beta$, si l'on divise tous les termes par β^2, on trouvera pour $\beta = \infty$, $xy = k^2$, équation de tou·tes les hyperboles rapportées aux mêmes droites OAX, OCY, comme asymptotes.

193. Enfin, si les quatre points A, B, C, D, se trouvaient sur une même circonférence, à cause de $\alpha\alpha' = \beta\beta'$, l'équation [E] deviendrait

$$y^2 + mxy + x^2 - (\beta + \beta') y - (\alpha + \alpha') x + \beta\beta' = 0,$$

et l'équation [F]

$$2x^2 - 2y^2 + (\beta + \beta') y - (\alpha + \alpha') x = 0,$$

qui représente une hyperbole passant par les milieux des côtés du quadrilatère inscrit dans le cercle.

Applications.

PROBLÈME LXXII.

194. *Étant donnée une portion de courbe du deuxième degré,* 1° *déterminer l'espèce;* 2° *achever ou prolonger à volonté la courbe.*

1° Soit ABC [fig. 69 (*a*), (*b*), (*c*)] la portion de courbe du deuxième degré tracée sur un plan.

Par deux points m, m', pris à volonté sur la courbe, menez des cordes parallèles mn, $m'n'$, et mp, $m'p'$; et, après avoir divisé ces cordes en deux parties égales, menez les droites des points milieux ii', hh'. Si ces droites se coupent dans l'intérieur de la courbe (*a*), la courbe sera une ellipse; si elles sont de plus perpendiculaires aux cordes, la courbe est un arc de cercle; si à l'intérieur (*b*), une branche d'hyperbole; si elles sont parallèles (*c*), la courbe sera une parabole.

195. 2° *Premier cas.* Si la courbe DAC (fig 70) est une ellipse, après avoir déterminé le centre O, décrivez du point O, avec un rayon suffisamment grand, un arc de cercle, qui coupe la courbe en deux points M et N; du point O menez OP perpendiculaire sur MN et OB sur OA.

Si la perpendiculaire OPA rencontre la courbe donnée, prenez $Oa = OA$, et Aa sera le grand axe.

Pour déterminer le petit axe, décrivez un arc de cercle avec OA pour rayon; prolongez MN jusqu'en G, joignez OG et menez MQ parallèle à OA : OQ sera le demi petit axe, qu'on portera en OB et Ob.

Deuxième manière. Mais, sans supposer aucun cas particulier, soit DC (fig. 71) l'arc d'ellipse donné, et O le centre, déterminé comme on l'a vu précédemment; joignez un point D quelconque et le point O par une droite indéfinie, sur laquelle vous prendrez $Od = OD$. Menez deux cordes supplémentaires DN, dN, et par le point O les droites AOa, BOb, parallèles à ces cordes : ces droites détermineront les directions de deux diamètres conjugués. Il sera toujours possible de s'arranger de manière que l'une de ces droites rencontre l'arc d'ellipse donné en un point A ; alors prenez $Oa = OA$, et Aa sera un de ces diamètres conjugués.

Après avoir mené l'ordonnée PM parallèle à OB, élevez sur OA, au point P, la perpendiculaire indéfinie PG, sur laquelle vous prendrez $PM' = PM$ et PG, telle que $OG = OA$; par le point M' menez M'E parallèle à OA, qui coupera OG en un point E, tel que OE = demi-diamètre inconnu OB.

On se rendra facilement compte de cette construction en se reportant au n° **78**.

Connaissant de grandeur et de direction un système de diamètres conjugués de l'ellipse, on déterminera la grandeur et la direction des axes (**180**), ensuite les foyers, et la courbe s'achèvera ou se prolongera sans difficulté.

Si l'arc DAC se confondait avec l'arc AG (fig. 70), la courbe donnée serait une circonférence.

196. *Deuxième cas.* Si DAC (fig. 72) est un arc d'hyperbole, après avoir déterminé le centre O, et la direction d'un système de diamètres conjugués A'a', B'b', ainsi qu'il a été indiqué pour l'ellipse, on déterminera la longueur d'un des diamètres transverses A'a' en prenant $Oa' = OA'$, et il ne restera plus qu'à déterminer la grandeur du second diamètre, dont on connaît la direction B'Ob'.

Pour cela on prendra un point M à volonté sur l'arc d'hyperbole donné, et l'on mènera par ce point une ordonnée MP parallèle à OB'. De l'équation de la courbe

$$A^2 y^2 - B^2 x^2 = - A^2 B^2,$$

on tire

$$B = \frac{Ay}{\sqrt{x^2 - A^2}},$$

par conséquent

$$B = \frac{OA'.MP}{\sqrt{\overline{OP^2} - \overline{OA'^2}}}.$$

Après avoir construit cette valeur, on la portera de O en B' et b', et l'on achèvera le parallélogramme B'Gb'G'. Ensuite menant OG et OG' indéfiniment prolongées, on aura les asymptotes de la courbe.

Connaissant les asymptotes, il suffira d'un seul point de la courbe pour en déterminer autant de points qu'on voudra.

D'ailleurs, en divisant les angles des asymptotes en deux parties égales, on aura la direction des axes OA, OB, et par le n° **179** (2°) on déterminera, si l'on veut, leur longueur; de là les foyers, etc.

Si l'on prévoit qu'on puisse employer une construction analogue à la première construction du n° **195**, relative à l'ellipse, on se servira de préférence de cette construction, qui détermine sur-le-champ la direction des axes et la longueur de l'axe transverse; pour avoir la longueur de l'axe non transverse, on aura recours à la valeur précédente de B.

Nous donnerons bientôt un moyen plus simple de déterminer les axes.

Remarque. Si l'ellipse était tracée entièrement, ou si l'on avait une portion suffisante de deux branches de l'hyperbole, la construction serait trop facile, d'après ce qui précède, pour que nous ayons besoin de nous y arrêter.

197. *Troisième cas.* Enfin, si l'arc NADC (fig. 73) est un arc de parabole, après avoir déterminé la direction II' des diamètres parallèles entre eux et à l'axe (**166**), par un point M, pris à volonté sur l'arc donné, on abaissera la corde MPN, perpendiculaire à II'. Par le point P, milieu de MN, on mènera l'axe APX, et par le point A, sommet de la courbe, AH perpendiculaire à APX. Maintenant, pour déterminer le foyer, on remarquera que, si dans l'équation de la parabole

$$y^2 = 2px$$

on fait $x = y$, on trouve

$$y = 2p.$$

De là vient le nom de *latus rectum*, côté de l'angle droit, que l'on donne quelquefois au paramètre.

De là aussi cette construction :

Divisez l'angle HAP en deux parties égales par la droite AD; par le point D abaissez DG perpendiculaire à APX, et prenez $AF = \frac{1}{4} AG$: le point F sera le foyer (157).

PROBLÈME LXXIII.

198. *Étant donnés cinq points sur un plan, déterminer le genre de la courbe du deuxième degré passant par ces cinq points.*

Soient A, B, C, D, E (fig. 74), les cinq points donnés. L'ensemble des droites AB, CD, peut être considéré comme une courbe du deuxième degré, ainsi que l'ensemble des droites AD, BC. Ces deux lieux géométriques du deuxième degré ayant quatre points A, B, C, D, communs avec la courbe qui doit passer par les cinq points donnés, les trois diamètres conjugués au système de cordes parallèles à DE se couperont (185) en un point P, qu'il est aisé de déterminer ainsi qu'il suit :

Par un point quelconque, A pour plus de simplicité, on mènera la transversale A*bc* parallèle à DE; et par les points *i* et *h*, milieux des parties interceptées A*b*, A*c*, on mènera les droites I*h*P, H*i*P, qui détermineront le point P cherché.

La droite qui joindra le point P et le milieu M de la corde DE se confondra avec le diamètre de la courbe conjugué au système de cordes parallèles à DE.

Par une construction semblable, on déterminera la direction du diamètre QN, conjugué à la corde AE.

Si les droites PM, QN, se rencontrent, la courbe sera une ellipse ou une hyperbole, et leur point d'intersection O en sera le centre.

Si elles sont parallèles, la courbe sera une parabole, dont l'axe est parallèle à ces droites PM, QN. La fig. 74 se rapporte au cas de l'ellipse. Nous engageons le lecteur à résoudre graphiquement le problème sur cinq points pris à volonté dans le plan.

PROBLÈME LXXIV.

199. *Étant donnés quatre points sur un plan, déterminer la di-*

rection de l'axe de la parabole assujettie à passer par ces quatre points.

Soient A, B, C, D (fig. 75), les quatre points donnés; les droites AD, BC, peuvent être considérées dans leur ensemble comme un lieu géométrique du deuxième degré, ainsi que les droites AC, BD. Les diamètres conjugués à un système quelconque de cordes parallèles appartenant à ces deux systèmes de lignes droites et à la parabole qui doit passer par les quatre points communs à ces trois lieux géométriques du deuxième degré, devront se couper en un même point (183). Or, si l'on pouvait déterminer la direction des cordes pour lesquelles les trois diamètres conjugués se coupent en un point situé à l'infini, c'est-à-dire sont parallèles, la direction de ces diamètres serait celle de l'axe de la parabole.

Soit donc proposé de mener par le point A une droite AXY rencontrant BD en X, BC en Y, telle qu'il y ait parallélisme entre les droites qui joignent les points I et H avec les milieux respectifs des cordes AX, AY.

En supposant le problème résolu, soit AXY la droite demandée; par les points N et M, milieux de AX, AY, menons les droites indéfinies ING et HMP, qui rencontre AC en P. Ces deux droites sont parallèles d'après l'énoncé. Enfin, par le point A menons parallèlement à DB la droite AE, qui rencontre IG, HP, en G et F.

D'après cette construction, AG étant parallèle à IX, et le point N étant le milieu de AX, on aura IN = NG : donc, si l'on joint GX, le quadrilatère AIXG sera un parallélogramme, et la droite ANX divise en deux parties égales toutes les parallèles à GNI comprises entre les côtés AE, AC; donc le point M est le milieu de FP, comme il l'était déjà de AY par construction, et le quadrilatère AFYP est aussi un parallélogramme.

Alors, à cause des parallèles, on aura les proportions

$$[1] \qquad \frac{FY}{PC} = \frac{HY}{HC},$$

$$[2] \qquad \frac{EF}{PY} = \frac{HE}{HY},$$

$$[3] \qquad \frac{FY}{PC} = \frac{EF}{PY};$$

et comme $FY = AP$, les deux premières proportions, en vertu de la troisième, deviendront

$$[4] \qquad \frac{AP}{PC} = \frac{HY}{HC},$$

$$[5] \qquad \frac{AP}{PC} = \frac{HE}{HY};$$

et multipliant entre elles ces deux proportions

$$[6] \qquad \frac{\overline{AP}^2}{\overline{PC}^2} = \frac{HE}{HC},$$

relation en vertu de laquelle on déterminera le point P de la manière suivante :

Sur HC comme diamètre on décrira une demi-circonférence; au point E on élèvera la demi-corde EK, perpendiculaire sur le diamètre, et l'on joindra HK : par une propriété connue on aura

$$\frac{\overline{HK}^2}{\overline{HC}^2} = \frac{HE}{HC},$$

et par suite

$$[7] \qquad \frac{AP}{PC} = \frac{HK}{HC}.$$

On cherchera donc sur la droite AC les deux points P', P, tels que le rapport de leurs distances aux points A et C soit égal au rapport de deux lignes données, et l'on aura ainsi deux directions différentes pour l'axe de la parabole demandée.

Résultat qui confirme ce qui a été dit précédemment, que par quatre points donnés on peut faire passer deux paraboles.

On a trouvé ainsi directement la position de l'axe; si l'on voulait déterminer la direction de la corde AXY conjuguée à cet axe, il suffirait de rabattre par un arc de cercle HK sur HY, ainsi qu'on peut le voir facilement par les équations [4] et [7].

PROBLÈME LXXV.

200. *Circonscrire à un parallélogramme donné une ellipse ou une hyperbole dont les diamètres conjugués, parallèles aux côtés du parallélogramme* (**189**), *soient dans un rapport donné.*

Soient
$$A y^2 \pm B^2 x^2 = \pm A^2 B^2,$$

(le signe supérieur pour l'ellipse, l'inférieur pour l'hyperbole) les équations des courbes demandées, et

$$[1] \qquad \frac{\dot{B}}{A} = \frac{m}{n}.$$

le rapport donné : en désignant par $2p$, $2q$, les côtés du parallélogramme, on aura (189)

$$[2] \qquad A^2 q^2 \pm B^2 p^2 = \pm A^2 B^2.$$

Les relations [1] et [2] serviront à déterminer les demi-diamètres conjugués parallèles aux côtés du parallélogramme; et l'on trouvera, par une élimination facile, pour l'ellipse

$$B = \sqrt{q^2 + \left(\frac{m}{n}\, p\right)^2},$$

$$A = \frac{n}{m}\, B;$$

pour l'hyperbole

$$B = \sqrt{\left(\frac{m}{n}\, p\right)^2 - q^2},$$

$$A = \frac{n}{m}\, B,$$

que l'on construira facilement à l'aide des propriétés du triangle rectangle.

PROBLÈME LXXVI.

201. *Décrire autour d'un parallélogramme donné une ellipse ou une hyperbole passant par un cinquième point donné.*

Les données étant les mêmes, et a, b, les coordonnées du point donné, on aura, pour déterminer les deux diamètres conjugués parallèles aux côtés du parallélogramme,

$$A^2 q^2 \pm B^2 p^2 = \pm A^2 B^2,$$

$$A^2 b^2 \pm B^2 a^2 = \pm A^2 B^2;$$

d'où
$$A^2(q^2 - b^2) \pm B^2(p^2 - a^2) = 0,$$

et
$$\frac{B^2}{A^2} = \pm \frac{q^2 - b^2}{p^2 - a^2}.$$

Le rapport des diamètres conjugués étant connu, le problème est ramené au précédent.

PROBLÈME LXXVII.

Décrire autour d'un parallélogramme donné une ellipse ou une hyperbole dont le rapport des axes soit donné.

A et B étant les deux axes de la courbe demandée, on aura pour déterminer le rapport des deux diamètres conjugués A', B', parallèles aux côtés du parallélogramme, les équations

$$A'^2 \pm B'^2 = A^2 \pm B^2,$$

$$A'B' \sin \theta = AB,$$

$$\frac{B}{A} = \frac{m}{n},$$

d'où l'on tirera

$$\frac{B'}{A'} = \left(\frac{\frac{m}{n} + \frac{n}{m}}{2} \right) \sin \theta \pm \sqrt{\left(\frac{\frac{m}{n} + \frac{n}{m}}{2} \right)^2 \sin^2 \theta - 1},$$

et l'on revient ainsi au problème du n° **200**.

La formule précédente se rapporte à l'ellipse; la formule relative à l'hyperbole n'en diffère que par une légère modification.

202. Nous terminerons ces applications par la démonstration d'une propriété assez remarquable des foyers et des cordes conjuguées dans l'ellipse et l'hyperbole.

THÉORÈME XLIV.

Dans toute ellipse, la somme de deux cordes conjuguées quelconques passant par le même foyer ou par les deux foyers est constante.

Dans l'hyperbole, la différence des cordes est constante.

Nous indiquerons seulement la marche du calcul et le résultat.

$A^2y^2 + B^2x^2 = A^2B^2$ [1], équation de l'ellipse rapportée à son centre et à ses axes; $y = a\,(x - c)$ [2], $y = a'\,(x - c)$ [3], droites passant par le foyer $c = \sqrt{A^2 - B^2}$, positif, a et a' étant liés par la relation des diamètres ou des cordes conjugués

$$aa' = -\frac{B^2}{A^2}\,[4].$$

On cherchera les coordonnées des deux points d'intersection de la droite [2] et de la courbe [1], et, appelant D la distance de ces points, on trouvera

$$D = \frac{2AB^2(1 + a^2)}{A^2a^2 + B^2}\,;$$

pour la deuxième droite [3] on aura de même

$$D' = \frac{2AB^2(1 + a'^2)}{A^2a'^2 + B^2}\,;$$

substituant dans cette expression la valeur de a'^2 tirée de l'équation [4], et additionnant, on trouvera, après avoir réduit,

$$D + D' = \frac{4A^2 + 4B^2}{2A}\,;$$

pour l'hyperbole, on trouvera, par un calcul semblable,

$$D - D' = \frac{4A^2 - 4B^2}{2A}.$$

DES TANGENTES DANS LES COURBES DU DEUXIÈME DEGRÉ.

203. Dans l'acception naturelle du mot, une ligne est *tangente* à une autre ligne lorsqu'elle ne fait que toucher cette ligne sans la traverser.

On ne peut définir la tangente par la seule condition que cette ligne droite n'ait qu'un point commun avec la courbe : car on sait qu'il existe dans certaines courbes du deuxième degré des droites, les diamètres de paraboles par exemple, qui n'ont qu'un point commun avec elles et qui ne sont pas des tangentes; et de plus on peut concevoir des droites tangentes et sécantes à la fois à une même courbe (fig. 76): on préférera donc la définition suivante, plus exacte et qui s'applique à toute espèce de courbe :

La tangente est la position que prend une sécante lorsque, après avoir coupé la courbe en deux ou plusieurs points, elle a tourné autour d'un de ces points d'intersection jusqu'à ce que deux de ces points se confondent en un seul.

D'après cette définition, il sera facile de trouver l'équation générale de la tangente aux courbes du deuxième degré.

Soit l'équation générale

$$Ay^2 + Bxy + Cx^2 + Dy + Ex + F = 0,$$

et

$$y - y' = \frac{y'' - y'}{x'' - x'}(x - x')$$

l'équation d'une droite quelconque passant par deux points x', y' ; x'', y'' : si ces points appartiennent à la courbe, on aura les équations

$$Ay'^2 + Bx'y' + Cx'^2 + Dy' + Ex' = 0,$$
$$Ay''^2 + Bx''y'' + Cx''^2 + Dy'' + Ex'' = 0;$$

d'où l'on tire par la soustraction

$$A(y''-y')(y''+y') + B(x''y''-x'y') + C(x''-x')(x''+x')$$
$$+ D(y''-y') + E(x''-x') = 0;$$

et si l'on observe que

$$x''y'' - x'y' = \frac{(x''-x')(y''+y') + (x''+x')(y''-y')}{2},$$

on en conclura pour l'équation de la sécante à la courbe

$$(y - y') = -\frac{\frac{1}{2}B(y''+y') + C(x''+x') + E}{A(y''+y') + \frac{1}{2}B(x''+x') + D}(x - x').$$

Si l'on fait dans cette équation $x'' = x'$, $y'' = y'$, l'équation résultante

$$[\text{T}] \qquad y - y' = -\frac{By' + 2Cx' + E}{2Ay' + Bx' + D}(x - x),$$

sera l'équation de la tangente à la courbe au point x', y'.

On retiendra facilement cette équation si l'on remarque que le coefficient de x n'est autre chose que la dérivée de l'équation

$$Ay'^2 + Bx'y' + Cx'^2 + Dy' + Ex' + F = 0,$$

par rapport à x', divisée par la dérivée de cette équation par rapport à y', le rapport étant pris en signe contraire.

Chassant les dénominateurs, et simplifiant, au lieu de l'équation [T], on aura

$$[T'] \qquad 2Ayy' + B(xy' + yx') + 2Cxx' + D(y + y')$$
$$+ E(x + x') + 2F = 0.$$

Lorsque le point x', y', sera un point donné de la courbe, cette équation sera complétement déterminée, et l'on pourra construire la droite qu'elle représente.

204. S'il s'agit de mener par un point donné α, β, une tangente à la courbe, l'équation [T'] donnera

$$[C] \qquad 2A\beta y' + B(\alpha y' + \beta x') + 2C\alpha x' + D(\beta + y')$$
$$+ E(\alpha + x') + 2F = 0,$$

et les coordonnées du point de contact x', y', seront déterminées par la combinaison de cette équation et de l'équation

$$Ay'^2 + Bx'y' + Cx'^2 + Dy' + Ex' + F = 0.$$

Or la première de ces deux équations, représentant une ligne droite, est précisément l'équation de la droite passant par les points de contact, et représente la corde de contact elle-même.

Si le point par lequel les deux tangentes doivent être menées est pris pour origine, à cause de $\alpha = 0$, $\beta = 0$, l'équation de la corde de contact devient

$$Dy' + Ex' + 2F = 0.$$

205. Reprenons le même problème, en appliquant la même méthode à l'équation générale, mais plus simple, des courbes du deuxième degré, afin de découvrir de nouvelles propriétés de ces courbes.

PROBLÈME LXXVIII.

Par un point donné sur une courbe du deuxième degré, mener une tangente à cette courbe.

Soit

$$[1] \qquad y^2 = 2px + qx^2,$$

l'équation des courbes du deuxième degré rapportée] au sommet et à deux diamètres conjugués quelconques.

En considérant la tangente comme une sécante dont les deux points de section se réunissent en un seul, l'équation de la sécante passant par deux points donnés de la courbe T'_1 $(x',\ y')$, N $(x'',\ y'')$ (fig. 77), sera de la forme

$$\beta - y' = \frac{y' - y''}{x' - x''}(\alpha - x'),$$

et l'on exprimera que les points T'_1, N; x', y'; x'', y'', appartiennent à la courbe, si, combinant entre elles les équations

$$[1] \qquad y'^2 = 2px' + qx'^2,$$
$$[2] \qquad y''^2 = 2px'' + qx''^2,$$

on en tire la valeur de $\dfrac{y' - y''}{x' - x''}$ pour la substituer dans l'équation générale de la sécante.

Or, en retranchant la seconde de la première de ces deux dernières équations, on obtient

$$y'^2 - y''^2 = 2p\,(x' - x'') + q\,(x'^2 - x''^2),$$

ou $\quad (y' - y'')\,(y' + y'') = 2p\,(x' - x'') + q\,(x' + x'')\,(x' - x''),$

et enfin $\qquad \dfrac{y' - y''}{x' - x''} = \dfrac{2p + q\,(x' + x'')}{y' + y''}.$

L'équation de la sécante SS' à la courbe deviendra donc, par la substitution de cette valeur,

$$[S] \qquad \beta - y' = \frac{2p + q\,(x' + x'')}{y' + y''}(\alpha - x').$$

Maintenant si l'on suppose que la sécante tourne autour d'un des points de section $(x',\ y')$ par exemple, le second point $(x'',\ y'')$ se rapprochera de plus en plus du premier; et enfin quand ces deux points s seront confondus en un seul, et alors on aura

$$x' = x'',\ \ y' = y'',$$

l'équation précédente, devenue, toute réduction faite,

$$[T] \qquad \beta - y' = \frac{p + qx'}{y'}(\alpha - x'),$$

sera précisément l'équation de la tangente $P_1T'_1$ au point donné $T_1 (x'\, y')$, et pourra être facilement construite.

206. La combinaison de l'équation [T] et [1] fera connaître les deux points de tangence, lorsque α, β, seront les coordonnées d'un point donné. L'équation [T] représente alors la corde $T_1T'_1$, qui joint les points de contact des deux tangentes menées à la courbe par le point $P_1 (\alpha, \beta)$.

L'équation [T], réduite au moyen de l'équation [1], prend la forme $\beta y' = (p + qx')\alpha + px'$, ou encore $\beta y' = p(\alpha + x') + q\alpha x'$. Si l'on y fait $y' = 0$, pour déterminer le point où la corde de contact rencontre l'axe des x, on aura

$$OI = x'_0 = -\frac{p\alpha}{p + q\alpha}.$$

Ce résultat, étant indépendant de β, montre que, si d'un autre point P_2 pris sur la droite LP_1P_2L', parallèle à l'axe des y, on mène deux nouvelles tangentes à la courbe, la nouvelle corde de contact passera de même par le point I.

De là, par conséquent, ce théorème général :

THÉORÈME XLV.

Si de tous les points d'une droite on mène des couples de tangentes à une courbe quelconque du deuxième degré, toutes les cordes de contact se couperont en un seul et même point situé sur le diamètre conjugué du diamètre parallèle à la droite donnée.

En effet, si le point P (fig. 78), par lequel les deux tangentes sont menées à la courbe, est pris sur l'axe des x, la corde de contact, réduite à $(p + qx')\alpha + px' = 0$, représente une droite parallèle à l'axe des y.

De plus, si, dans l'équation de la courbe $y'^2 = 2px' + qx'^2$, l'on substitue la valeur $x' = -\dfrac{p\alpha}{p + q\alpha}$, on obtiendra pour y' deux valeurs égales et de signes contraires, ce qui prouve que le diamètre OX partage en deux parties.égales la corde de contact parallèle à son conjugué.

207. On appelle *sous-tangente* la partie IP de l'axe des x, compris entre l'ordonnée du point de contact et le point où la tangente vient rencontrer l'axe ; ainsi, pour trouver cette longueur il suffira de faire $y = 0$ dans l'équation de la tangente, et la valeur résultante de $x_0 + x'$ représentera la sous-tangente. D'après l'équation générale de la tangente

$$yy' = p(x + x') + qxx',$$

on obtiendra $\quad x_0 + x' = \dfrac{y'^2}{p + qx'} = \dfrac{2px' + qx'^2}{p + qx'}.$

Si $q = 0$, la sous-tangente est égale à $2x'$. Donc

THÉORÈME XLVI.

Dans la parabole la sous-tangente est double de l'abscisse.

Ce qui fournit un moyen facile de mener la tangente à la parabole par un point de la courbe.

208. Si l'on applique le même calcul aux équations de l'ellipse et de l'hyperbole, rapportées à leur centre et à deux diamètres conjugués quelconques, dont les équations sont

$$[\text{E}] \qquad A^2 y^2 + B^2 x^2 = A^2 B^2,$$

$$[\text{H}] \qquad A^2 y^2 - B^2 x^2 = - A^2 B^2,$$

on trouvera pour les équations des tangentes

$$A^2 yy' + B^2 xx' = A^2 B^2,$$

$$A^2 yy' - B^2 xx' = - A^2 B^2.$$

Si l'on fait $y = 0$ et $x = 0$ dans ces équations, on trouvera

$$x_0 = \frac{A^2}{x'}; \quad y_0 = + \frac{B^2}{y'}, \text{ ellipse, ou } - \frac{B^2}{y'}, \text{ hyperbole.}$$

THÉORÈME XLVII.

Dans l'ellipse et dans l'hyperbole, chaque diamètre conjugué est moyen proportionnel entre la distance au centre du point où la tangente rencontre le diamètre, *et l'ordonnée ou l'abscisse du point de tangence.*

La valeur de x_0, étant indépendante de B^2 et de y', sera la même pour la tangente au cercle du rayon A en un point dont l'abscisse est la même, ce qui fournit le moyen de mener la tangente à l'ellipse par un point donné de la courbe.

On en conclut aussi une remarque analogue pour l'hyperbole équilatère.

Dans l'hyperbole, à mesure que x' augmente, la valeur de $x_0 = \dfrac{A^2}{x'}$ diminue, et tend sans cesse vers zéro, valeur correspondante à $x' = \infty$, et alors la tangente n'est autre chose que l'asymptote, que l'on peut regarder par conséquent comme la limite des tangentes à l'hyperbole; ce que l'on peut démontrer analytiquement de la manière suivante :

L'équation de la tangente à l'hyperbole donne

$$y = \frac{B^2}{A^2}\frac{x'}{y'} x - \frac{B^2}{y'};$$

et, remplaçant y' par sa valeur tirée de l'équation de la courbe, on aura

$$y = \pm \frac{B^2}{A^2} \cdot \frac{xx'}{\dfrac{B}{A}\sqrt{x'^2 - A^2}} \mp \frac{B^2}{\dfrac{B}{A}\sqrt{x'^2 - A^2}}.$$

Divisant les deux termes de chaque fraction par x', puis faisant $x' = \infty$, et réduisant, on aura

$$y = \pm \frac{B}{A} x, \text{ équations des asymptotes.}$$

209. Si l'on suppose les axes coordonnés rectangulaires, d'après les équations des tangentes aux trois courbes du deuxième degré

$$y = - \frac{B^2 x'}{A^2 y'} x + \frac{B^2}{y'}, \quad \text{ellipse;}$$

$$y = + \frac{B^2 x'}{A^2 y'} x - \frac{B}{y'}, \quad \text{hyperbole;}$$

$$y = \frac{p}{y'} x + \frac{px'}{y'}, \qquad \text{parabole;}$$

en discutant les valeurs des tangentes des angles que ces droites font avec le grand axe ou l'axe transverse, on trouvera que :

Pour l'ellipse, la tangente est perpendiculaire au grand axe aux deux sommets correspondants à cet axe, et lui est parallèle aux deux autres sommets; entre ces quatre points l'angle augmente ou diminue, tantôt obtus, tantôt aigu.

Pour l'hyperbole, la tangente est perpendiculaire à l'axe transverse aux deux sommets, toujours faisant un angle aigu ou obtus avec cet axe, pour la même branche.

Pour la parabole, la tangente est perpendiculaire à l'axe au sommet de la courbe, faisant partout ailleurs un angle aigu avec l'axe.

210. Par le centre de l'ellipse ou de l'hyperbole menons une droite au point de contact : cette droite aura pour équation

$$y = \frac{y'}{x'} \, x,$$

et l'angle T, qu'elle fait avec la tangente, sera déterminé par la valeur de sa tangente

$$\tang T = \mp \frac{A^2 B^2}{(A^2 \mp B^2)\, x'y'},$$

le signe supérieur correspondant à l'ellipse, l'inférieur à l'hyperbole.

Dans le premier cas, on reconnaît que cet angle ne peut être un angle droit que pour $x' = 0$ ou $y' = 0$, c'est-à-dire aux sommets de l'ellipse.

Si $A = B$, c'est-à-dire dans le cas du cercle, le rayon est toujours perpendiculaire à la tangente.

Dans le cas de l'hyperbole, le rayon n'est perpendiculaire à la tangente qu'au sommet de la courbe; et, à mesure que le point de tangence s'éloigne indéfiniment sur la branche correspondante aux abscisses et aux ordonnées positives, l'angle du rayon du centre et de la tangente diminue, et tend sans cesse vers zéro, valeur qu'il n'atteint que lorsque la tangente se confond avec l'asymptote.

211. En multipliant entre eux les coefficients de x dans les équations du rayon et de la tangente, on trouve pour produit

$$\mp \frac{B}{A^2},$$

condition des diamètres conjugués (**171**); d'où l'on conclut ce théorème :

THÉORÈME XLVIII.

Dans l'ellipse et dans l'hyperbole, la tangente en un point quelconque est parallèle au diamètre conjugué de celui qui passe par le point de contact.

On peut le démontrer généralement de la manière suivante :

On a trouvé pour l'équation de la tangente en un point quelconque (x', y') de la courbe

$$[1] \qquad y = \frac{p + qx'}{y'}\, x + p\, \frac{x'}{y'}.$$

Si par le centre de la courbe, dont les coordonnées sont $x'' = -\dfrac{p}{q}$, $y'' = 0$, on mène une droite au point de contact, l'équation de ce diamètre sera

$$[2] \qquad y = \frac{y'}{x' + \dfrac{p}{q}}\left(x + \frac{p}{q}\right).$$

Multipliant entre eux les coefficients de x dans les équations [1] et [2], on obtient entre les rapports des sinus des angles que font avec les axes la tangente et le diamètre passant par le point de contact

$$DT = \frac{p + qx'}{y'} \cdot \frac{qy'}{p + qx'} = q,$$

relation indépendante des coordonnées du point de contact.

Si $q = -1$, $DT + 1 = 0$, et si les axes auxquels la courbe est rapportée sont rectangulaires, D et T représentent les tangentes des angles que la tangente et le diamètre font avec l'axe des x. Ces droites se coupent donc à angle droit, ce qu'on pouvait prévoir, puisque dans cette double hypothèse la courbe est une circonférence.

212. Quant à la sous-tangente à l'ellipse et à l'hyperbole, dont les équations rapportées à leur centre et à deux diamètres conjugués quelconques sont

$$A^2 y^2 \pm B^2 x^2 = \pm A^2 B^2,$$

on a pour l'ellipse $\qquad x_0 - x_1 = \dfrac{A^2 - x'^2}{x'},$

pour l'hyperbole $\qquad x' - x_0 = \dfrac{x'^2 - A^2}{x'}.$

213. Soit proposé maintenant de mener une tangente à l'ellipse par un point donné (α, β).

On aura pour déterminer le point de tangence (x, y) les deux équations

[1] $\qquad\qquad A^2 y^2 + B^2 x^2 = A^2 B^2,$

[2] $\qquad\qquad A^2 \beta y + B^2 \alpha x = A^2 B^2,$

d'où l'on tire, par soustraction, et en complétant les carrés dans l'équation résultante,

$$A^2 \left(y - \frac{\beta}{2}\right)^2 + B^2 \left(x - \frac{\alpha}{2}\right)^2 = \frac{A^2 \beta^2 + B^2 \alpha^2}{4},$$

et enfin

[3] $\qquad \dfrac{\left(y - \frac{\beta}{2}\right)^2}{\left(\dfrac{A^2 \beta^2 + B^2 \alpha^2}{4 A^2}\right)} + \dfrac{\left(x - \frac{\alpha}{2}\right)^2}{\left(\dfrac{A^2 \beta^2 + B^2 \alpha^2}{4 B^2}\right)} = 1,$

équation d'une ellipse ayant son centre au milieu de la distance du point donné au centre de l'ellipse proposée, et dont les demi-diamètres conjugués, parallèles aux diamètres conjugués de l'ellipse proposée, sont

$$\frac{\sqrt{A^2 \beta^2 + B^2 \alpha^2}}{2A}, \qquad \frac{\sqrt{A^2 \beta^2 + B^2 \alpha^2}}{2B},$$

Si la courbe est rapportée à ses axes, ces valeurs exprimeront les demi-axes de l'ellipse [3].

Dans cette même hypothèse, si la courbe primitive est un

cercle, $A = B$, l'équation [3] devient, toute réduction faite,

$$\left[y - \frac{\beta}{2}\right]^2 + \left[x - \frac{\alpha}{2}\right]^2 = \frac{\alpha^2 + \beta^2}{4},$$

équation d'un cercle dont le diamètre est égal à $\sqrt{\alpha^2 + \beta^2}$, c'est-à-dire à la distance des centres.

D'où l'on conclut la construction indiquée dans les éléments de géométrie.

En général, les points de tangence seront déterminés par l'intersection des courbes [1] et [3].

On trouverait pour l'hyperbole un résultat analogue; nous laissons au lecteur le soin de le chercher.

214. Au surplus, en combinant directement les équations [1] et [2], on trouvera pour les coordonnées des points de tangence

$$x = A^2 \left(\frac{B^2\alpha \pm \beta \sqrt{A^2\beta^2 + B^2\alpha^2 - A^2B^2}}{A^2\beta^2 + B^2\alpha^2}\right),$$

$$y = B^2 \left(\frac{A^2\beta \mp \alpha \sqrt{A^2\beta^2 + B^2\alpha^2 - A^2B^2}}{A^2\beta^2 + B^2\alpha^2}\right).$$

Quand le point donné (α, β) est en dehors de l'ellipse, la quantité $A^2\beta^2 + B^2\alpha^2 - A^2B^2$ est positive, et ces valeurs sont réelles et inégales : il y a donc deux tangentes.

Quand le point est donné sur la courbe, $A^2\beta^2 + B^2\alpha^2 - A^2B^2 = 0$, et l'on n'a plus qu'une tangente.

Enfin, si le point est intérieur, $A^2\beta^2 + B^2\alpha^2 - A^2B^2 < 0$, et ces valeurs sont imaginaires. On ne peut donc dans ce cas mener une tangente à l'ellipse.

215. Nous allons maintenant chercher l'équation de la tangente par une autre méthode et par un calcul différent, ce qui nous permettra de conclure de nouvelles propriétés des courbes du deuxième degré.

Soit toujours l'équation générale des courbes rapportée à deux diamètres conjugués quelconques

[1] $$y^2 = 2px + qx^2;$$

et

[2] $$y - \beta = A(x - \alpha)$$

l'équation d'une droite quelconque passant par le point dont les coordonnées sont (α, β).

Si l'on élimine entre ces deux équations, pour trouver les coordonnées des points communs de la sécante et de la courbe, en substituant la valeur de y tirée de l'équation [2] dans l'équation [1], on trouvera

$$[\beta + A (x - \alpha)]^2 = 2px + qx^2 ;$$

développant et ordonnant par rapport à x, on obtient, toute réduction faite,

$$[3] \quad (A^2 - q) x^2 - 2 [A (A\alpha - \beta) + p] x + (A\alpha - \beta)^2 = 0.$$

Cette équation donnerait pour x deux valeurs, qui seraient les abscisses des deux points de section de la droite et de la courbe.

Mais si l'on veut que ces deux points se confondent en un seul, il faut nécessairement que le premier membre de l'équation [3] soit un carré parfait, c'est-à-dire qu'il faut que l'on ait entre les coefficients de ce polynôme la relation

$$2\{[A (A\alpha - \beta) + p]\}^2 - 4(A^2 - q) (A\alpha - \beta)^2 = 0.$$

Développant cette équation de condition, et ordonnant par rapport à A, on trouvera

$$[4] \quad A^2 (2p\alpha + q\alpha^2) - 2\beta (p + q\alpha) A + p^2 + q\beta^2 = 0.$$

Les axes étant quelconques, A exprime le rapport des sinus des angles que la tangente doit faire avec les deux axes, et comme la valeur de A dépend d'une équation du deuxième degré, il s'ensuit qu'il y a généralement deux tangentes menées par le point (α, β) à une courbe quelconque du deuxième degré.

Au surplus, la résolution de l'équation [4] fait reconnaître dans quel cas le problème est possible ou impossible, et admet une ou deux solutions : on obtient en effet, en résolvant et effectuant les réductions sous le radical,

$$[5] \quad A = \frac{\beta (p + q\alpha) \pm p \sqrt{\beta^2 - 2p\alpha - q\alpha^2}}{2p\alpha + q\alpha^2}.$$

Si donc le point (α, β) est extérieur à la courbe, auquel cas $\beta^2 - 2p\alpha - q\alpha^2 > 0$, il y aura deux tangentes; une seule si

$\beta^2 - 2p\alpha - q\alpha^2 = 0$, auquel cas le point est sur la courbe ; et, enfin, le problème est impossible si le point est intérieur, puisque dans ce cas le radical serait imaginaire, à cause de la relation

$$\beta^2 - 2p\alpha - q\alpha^2 < 0.$$

Avant de tirer d'autres conséquences de l'équation [4], examinons le cas où le point est donné sur la courbe. Alors

$$\beta^2 - 2p\alpha - q\alpha^2 = 0,$$

et la valeur unique de A devient, à cause de cette relation même,

$$A = \frac{p + q\alpha}{\beta},$$

valeur obtenue précédemment par une autre méthode (**205**).

216. Si la courbe est rapportée à ses axes principaux, A représente la tangente de l'angle que la tangente à la courbe doit faire avec l'axe de x, et à cause de la double valeur de A, dans le cas où le point (α, β) est extérieur, le produit des tangentes des angles que les deux tangentes à la courbe font avec l'axe des x sera exprimé par le terme indépendant de A dans l'équation [4]. Si donc l'on veut établir que les deux tangentes sont perpendiculaires entre elles, on aura la relation

$$1 + A'A'' = 0;$$

et par conséquent

$$1 + \frac{p^2 + q\beta^2}{2p\alpha + q\alpha^2} = 0,$$

équation qui prend la forme

$$(\beta^2 + \alpha^2)\, q + 2p\alpha + p^2 = 0,$$

ou, si q n'est pas nul,

$$\beta^2 + \left(\alpha + \frac{p}{q}\right)^2 - \frac{p^2}{q^2}(1 - q) = 0,$$

équation d'un cercle concentrique à la courbe proposée.

Si $q = 0$, $\alpha = -\dfrac{p}{2}$ représente une ligne droite, qui n'est autre chose que la directrice.

On conclut de cette analyse ce théorème général :

THÉORÈME XLIX.

Le lieu géométrique des points de rencontre des tangentes perpendiculaires entre elles est, pour l'ellipse et pour l'hyperbole, une circonférence concentrique; et, pour la parabole, la directrice.

217. On peut se proposer ce problème plus général :

PROBLÈME LXXIX.

Déterminer le lieu géométrique des points tels, que les couples de tangentes menées de chacun d'eux à une courbe quelconque du deuxième degré fassent constamment un même angle donné.

En désignant la tangente de l'angle donné par $\tang a$, on aura à satisfaire à la relation

$$\frac{A' - A}{1 + AA'} = \tang a \,;$$

or, d'après l'équation [4] et la valeur générale [5], on a

$$AA' = \frac{p^2 + q\beta^2}{2p\alpha + q\alpha^2} \quad \text{et} \quad A' - A = \frac{2p\sqrt{\beta^2 - 2p\alpha - q\alpha^2}}{2p\alpha + q\alpha^2}\,;$$

et par conséquent l'équation de condition deviendra, toute réduction faite,

$$2p\sqrt{\beta^2 - 2p\alpha - q\alpha^2} = (p^2 + 2p\alpha + q\alpha^2 + q\beta^2)\,\tang a,$$

équation du quatrième degré, généralement.

Faisant pour abréger

$$\sqrt{\beta^2 - 2p\alpha - q\alpha^2} = k, \quad \text{d'où} \quad 2p\alpha + q\alpha^2 = \beta^2 - k^2,$$

et par conséquent $2pk - [\beta^2(1 + q) + p^2 - k^2]\,\tang a = 0$, on obtient

$$k^2 + \frac{2p}{\tang a}\,k = \beta^2(1 + q) + p^2,$$

et

$$[6] \qquad k = -\frac{p}{\tang a} \pm \sqrt{\left(\frac{p}{\sin a}\right)^2 + \beta^2(1 + q)}.$$

218. Cas particuliers.

Si a est un angle droit, l'équation [6], à cause de $\tan a = \infty$, $\sin a = 1$, se réduit à

$$k = \pm \sqrt{p^2 + \beta^2 (1 + q)}.$$

Élevant au carré, remplaçant k par sa valeur, et réduisant, on retrouve l'équation

$$(\beta^2 + \alpha^2)\, q + 2p\alpha + p^2 = 0.$$

219. Lorsque $q = -1$, auquel cas l'équation $y^2 = 2px - x^2$ représente une circonférence dont le rayon est p, l'équation [6] donne

$$\sqrt{\beta^2 + \alpha^2 - 2p\alpha} = -p\left(\frac{1}{\tan a} \pm \frac{1}{\sin a}\right) = -\frac{p}{\sin a}(\cos a \pm 1),$$

et par conséquent

$$\sqrt{\beta^2 + \alpha^2 - 2p\alpha} = \frac{p}{\sin a}(1 \mp \cos a),$$

et à cause de

$$\frac{1 \pm \cos a}{\sin a} = \frac{1}{\tan \frac{1}{2} a} \quad \text{ou} \quad = \tan \frac{1}{2} a,$$

selon que l'on prend le signe supérieur ou le signe inférieur,

$$\beta^2 + \alpha^2 - 2p\alpha = p^2 \tan^2 \frac{1}{2} a \quad \text{ou} \quad \beta^2 + \alpha^2 - 2p\alpha = \frac{p^2}{\tan^2 \frac{1}{2} a},$$

équation d'une circonférence concentrique à la circonférence proposée, et dont le rayon est facile à déterminer.

220. Si $q = 0$, c'est-à-dire si la courbe proposée est une parabole, l'équation générale devient, toute réduction faite,

$$\frac{2}{\tan a} \sqrt{\beta^2 - 2p\alpha} = p + 2\alpha,$$

d'où

$$\beta^2 - 2p\alpha = \left(\alpha + \frac{p}{2}\right)^2 \tan^2 a,$$

équation d'une courbe du deuxième degré, dont il s'agit de déterminer le genre et les éléments.

On la mettra d'abord sous la forme

$$\beta^2 - \alpha^2 \operatorname{tang}^2 a - p (\operatorname{tang}^2 a + 2) \alpha - \frac{p^2}{4} \operatorname{tang}^2 a = 0 ;$$

et, complétant le carré du binôme en α, on trouvera, toute réduction faite,

$$\beta^2 - \operatorname{tang}^2 a \left[\alpha + p \left(\frac{1}{2} + \frac{1}{\operatorname{tang}^2 a} \right) \right]^2 + p^2 \left(\frac{1 + \operatorname{tang}^2 a}{\operatorname{tang}^2 a} \right) = 0 ,$$

équation d'une hyperbole, dont le centre est sur l'axe de la parabole, à une distance du sommet exprimée par

$$D = - \left(\frac{p}{2} + \frac{p}{\operatorname{tang}^2 a} \right) ,$$

et dont les axes sont

$$A = \frac{p}{\sin a \operatorname{tang} a}, \quad B = \frac{p}{\sin a} ,$$

l'axe transverse de l'hyperbole coïncidant avec l'axe de la parabole.

On reconnaîtra sans peine que l'angle des asymptotes est double de l'angle donné.

221. Voici maintenant quelques propriétés remarquables des foyers relativement à la tangente.

PROBLÈME LXXX.

Déterminer l'angle que fait la tangente avec le rayon vecteur mené des foyers dans les courbes du deuxième degré.

L'équation générale de ces courbes rapportée au sommet et à leurs axes principaux étant $y^2 = 2px + qx^2$, la tangente en un point quelconque (x', y') aura pour équation

$$y - y' = \frac{p + qx'}{y'} (x - x');$$

et en désignant par $(a, 0)$ les coordonnées d'un foyer, l'équation du rayon vecteur passant par le point de tangence sera

$$y - y' = \frac{y'}{x' - a} (x - x') ,$$

et par conséquent la tangente de l'angle que les deux droites font entre elles sera, d'après la relation connue

$$\tan g\, v = \frac{A' - A}{1 + AA'};$$

en substituant pour A et A' leurs valeurs, et en réduisant

$$\tan g\, v = -\frac{(p + qx')\,a + px'}{y'\,[(p - a) + x'\,(1 + q)]}.$$

Si l'on substitue dans cette expression la valeur générale de l'abscisse du foyer

$$a = -\frac{p}{q}\left(1 \mp \sqrt{1 + q}\right),$$

on trouvera

$$\tan g\, v = -\frac{p}{y'\,\sqrt{1 + q}}\left[\frac{-p \pm (p + qx')\sqrt{1 + q}}{(p + qx')\sqrt{1 + q} \mp p}\right],$$

et, selon que l'on prendra les signes supérieurs ou les signes inférieurs,

$$\tan g\, v_1 = -\frac{p}{y'\,\sqrt{1 + q}}, \quad \tan g\, v_2 = +\frac{p}{y'\,\sqrt{1 + q}}.$$

Les angles que les deux rayons vecteurs des foyers font avec la tangente au point de contact sont donc suppléments l'un de l'autre, et par conséquent :

THÉORÈME L.

Dans l'ellipse et dans l'hyperbole, la tangente divise en deux parties égales l'angle formé par l'un des rayons vecteurs et le prolongement de l'autre.

Dans la parabole, l'une des deux valeurs générales se présente sous la forme $\frac{0}{0}$, et l'autre, $\tan g\, v = \frac{p}{y}$, qui est précisément la tangente de l'angle que la tangente à la courbe fait avec l'axe, et par conséquent :

THÉORÈME LI.

Dans la parabole, la tangente fait avec le rayon vecteur du foyer le même angle qu'avec le diamètre passant par le point de contact.

On conclut de là le moyen de mener une tangente à une courbe du deuxième degré par un point de la courbe ou par un point extérieur.

222. Pour la parabole, si l'on transporte l'origine en un point quelconque O' de la courbe, en prenant pour axes le diamètre O'X' et la tangente O'Y' en ce point, on aura à substituer dans l'équation $y^2 = 2px$ les formules

$$y = x' \sin \alpha + y' \sin \alpha' + b, \quad x = x' \cos \alpha + y' \cos \alpha' + a,$$

a et b étant les coordonnées du point O.

Or on a $\sin \alpha = 0$, $\cos \alpha = 1$, puisque le nouvel axe des x est parallèle à l'ancien, et

$$\sin \alpha' = \frac{\tan \alpha'}{\sqrt{1 + \tan^2 \alpha'}} = \frac{p}{\sqrt{p^2 + b^2}},$$

à cause de

$$\tan \alpha' = \frac{p}{b}, \quad \cos \alpha' = \frac{1}{\sqrt{1 + \tan^2 \alpha'}} = \frac{b}{\sqrt{p^2 + b^2}} :$$

les formules de transformation seront donc

$$y = \frac{py'}{\sqrt{p^2 + b^2}} + b, \quad x = x' + \frac{by'}{\sqrt{p^2 + b^2}} + a;$$

et, les substituant dans l'équation de la parabole, on obtiendra, toute réduction faite,

$$y'^2 = \frac{2(p^2 + b^2)}{p} x',$$

et, à cause de la relation $b^2 = 2pa$,

$$y'^2 = 4\left(a + \frac{p}{2}\right) x'.$$

Or, la distance du foyer au point O'

$$O'F = a + \frac{p}{2} :$$

donc le coefficient de x' dans la nouvelle équation de la parabole est égal à quatre fois la distance du foyer à l'extrémité du diamètre auquel la courbe est rapportée. Donc

THÉORÈME LII.

Dans toute parabole, le paramètre d'un diamètre quelconque est égal à quatre fois la distance du foyer à l'extrémité de ce diamètre.

Ce qui servira à déterminer le foyer lorsqu'on connaîtra un système d'axes conjugués de la parabole et le paramètre à ce système, et réciproquement le paramètre d'un diamètre quelconque quand on connaîtra le foyer.

Remarque. Si l'on observe que, l'ordonnée du foyer de la parabole étant égal à p, la valeur de tang v devient égal à 1 , on en conclura ce théorème :

THÉORÈME LIII.

Dans toute parabole, la tangente fait un angle de 50 degrés à l'extrémité de l'ordonnée qui passe par le foyer.

PROBLÈME LXXXI.

223. *D'un point donné dans le plan d'une courbe du deuxième degré on mène des perpendiculaires à toutes les tangentes à la courbe : déterminer le lieu géométrique des pieds des perpendiculaires, 1° dans le cas général, 2° lorsque le point donné est un foyer de la courbe.*

Soient a, b, les coordonnées du point donné, et

$$[1] \qquad y^2 = 2px + qx^2$$

l'équation générale des courbes du deuxième degré, rapportée au sommet et à leur axe principal.

L'équation de la tangente en un point quelconque (x, y) sera

$$[2] \qquad \beta - y = \frac{p + qx}{y}(\alpha - x),$$

et la perpendiculaire abaissée du point (a, b) sur cette tangente aura pour équation

$$[3] \qquad \beta - b = - \frac{y}{p + qx}(\alpha - a).$$

Il suffira donc d'éliminer x et y entre les équations [1], [2] et [3], et l'équation finale sera le lieu géométrique des points demandés.

L'équation [2], en vertu de l'équation [1], donne

$$\beta y = (p + qx)\alpha + y^2 - px - qx^2 = (p + qx)\alpha + px,$$

d'où
$$y = \frac{p\alpha + (p + q\alpha)x}{\beta},$$

et
$$\beta - y = \frac{(\beta^2 - p\alpha) - (p + q\alpha)x}{\beta}.$$

En multipliant entre elles les équations [2] et [3], il vient

$$(\beta - y)(\beta - b) = -(\alpha - x)(\alpha - a),$$

d'où
$$\alpha - x = -\frac{\beta - b}{\alpha - a}(\beta - y) = -\left(\frac{\beta - b}{\alpha - a}\right)\left[\frac{(\beta^2 - p\alpha) - (p + q\alpha)x}{\beta}\right],$$

et, toute réduction faite,

$$x = \frac{\alpha\beta(\alpha - a) + (\beta - b)(\beta^2 - p\alpha)}{(\beta - b)(p + q\alpha) + \beta(\alpha - a)}.$$

Substituant cette valeur dans celle de y, effectuant les calculs et réduisant, on obtiendra

$$y = \frac{\beta(p + q\alpha)(\beta - b) + (\alpha - a)(2p\alpha + q\alpha^2)}{(\beta - b)(p + q\alpha) + \beta(\alpha - a)}.$$

On a donc les deux valeurs de x et de y; il ne resterait plus qu'à substituer ces valeurs dans l'équation [1], et l'équation finale en α, β, représenterait la courbe, lieu géométrique demandé.

224. Mais sans résoudre le problème dans le cas le plus général, ce qui donnerait une équation finale d'un degré très-élevé, supposons que le point donné soit un des foyers de la courbe, condition qui donne pour a et b les relations $b = 0$, $p^2 - 2ap - qa^2 = 0$, et les valeurs de x et y deviendront

$$x = \alpha + \frac{\beta^2 - 2p\alpha - q\alpha^2}{(\alpha - a) + (p + q\alpha)},$$

$$y = \beta - \frac{(\beta^2 - 2p\alpha - q\alpha^2)(\alpha - a)}{\beta[(p + q\alpha) + (\alpha - a)]}.$$

Substituant ces valeurs dans [1], et faisant, pour abréger, $\beta^2 - 2p\alpha - q\alpha = k$, on trouvera, après réduction faite,

$$[E] \quad k(k\,[(\alpha - a)^2 - q\beta^2] - \beta^2\,[(p + q\alpha) + (\alpha - a)]^2) = 0.$$

Afin de ne pas compliquer les calculs, nous laisserons à part le facteur k, que nous reproduirons dans l'équation finale, et nous ne considérerons que l'équation

$$k\,[(\alpha - a)^2 - q\beta^2] - \beta^2\,[(p + q\alpha) + (\alpha - a)]^2 = 0.$$

Substituant au lieu de k sa valeur, on trouvera, en effectuant les calculs et ordonnant

$$q\beta^4 + (p^2 - 2ap + 2\alpha p + 2q\alpha^2 - 2aq\alpha)\,\beta^2 + (\alpha - a)^2\,(2p\alpha + q\alpha^2) = 0 ;$$

et à cause de $p^2 - 2ap = a^2 q$, a étant l'abscisse du foyer,

$$q\beta^4 + [q\,(\alpha - a)^2 + (2p\alpha + q\alpha^2)]\,\beta^2 + (\alpha - a)^2\,(2p\alpha + q\alpha^2) = 0 ,$$

équation dont le premier membre est le produit de deux facteurs,

$$(q\beta^2 + 2p\alpha + q\alpha^2)\,[\beta^2 + (\alpha - a)^2] = 0.$$

Et enfin, l'équation finale sera

$$[F] \quad (\beta^2 - 2p\alpha - q\alpha^2)\,[\beta^2 + (\alpha - a)^2]\,(q\beta^2 + 2p\alpha + q\alpha^2) = 0.$$

L'équation finale est donc le produit des facteurs dont le premier, $\beta^2 - 2p\alpha - q\alpha^2 = 0$, représente la courbe elle-même; le second, $\beta^2 + (\alpha - a)^2 = 0$, les coordonnées du foyer, car l'équation ne peut être satisfaite que par $\beta = 0$, $\alpha = a$; et enfin le troisième

$$[C] \qquad q\beta^2 + 2p\alpha + q\alpha^2 = 0.$$

Si la courbe donnée est une ellipse dont les axes principaux sont A et B, on a

$$p = \frac{B^2}{A}, \quad q = -\frac{B^2}{A^2},$$

l'équation [C] devient

$$\beta^2 - 2A\alpha + \alpha^2 = 0.$$

Le lieu géométrique est la circonférence décrite sur le grand axe comme diamètre.

Pour l'hyperbole, comme on a

$$p = \frac{B^2}{A}, \quad q = \frac{B^2}{A^2},$$

l'équation du lieu géométrique est

$$\beta^2 + 2A\alpha + \alpha^2 = 0,$$

équation de la circonférence décrite sur l'axe transverse comme diamètre.

Enfin, si $q = 0$, l'équation [C] donne $\alpha = 0$, et représente l'axe des y ou la tangente au sommet de la courbe.

Cette propriété remarquable servira à déterminer les foyers quand on connaîtra le centre, deux tangentes et la longueur du grand axe de l'ellipse, ou de l'axe transverse de l'hyperbole.

225. *Autre manière.* En prenant l'équation de l'ellipse rapportée au centre et à ses axes $A^2 y^2 + B^2 x^2 = A^2 B^2$, dont la tangente en un point (x', y') est $A^2 yy' + B^2 xx' = A^2 B^2$, la perpendiculaire abaissée sur la tangente du foyer positif dont c est l'abscisse, aura pour équation

$$y = \frac{A^2 y'}{B^2 x'}(x - c),$$

et l'on trouvera par le calcul d'élimination, pour les coordonnées du pied de la perpendiculaire,

$$x = \frac{A^4 y'^2 c + A^2 B^4 x'}{A^4 y'^2 + B^4 x'^2}, \quad y = \frac{A^2 B^2 y' (A^2 - cx')}{A^4 y'^2 + B^4 x'^2}.$$

Élevant au carré et ajoutant, puis remplaçant c^2 par sa valeur $A^2 - B^2$, on trouvera, toute réduction faite,

$$x^2 + y^2 = A^2,$$

résultat indépendant à la fois de x', y', de B^2 et du signe de c, et qui, par conséquent, démontre à la fois le théorème pour une tangente quelconque à l'ellipse et à l'hyperbole, quel que soit le foyer d'où l'on a abaissé la perpendiculaire.

226. D'après la formule de la distance d'un point donné à une droite donnée (28), la perpendiculaire abaissée du foyer positif sur la tangente aura pour expression de sa longueur

$$P = \frac{A^2B^2 - B^2cx'}{\sqrt{A^4y'^2 + B^4x'^2}},$$

et celle du foyer négatif

$$P' = \frac{A^2B^2 + B^2cx'}{\sqrt{A^4y'^2 + B^4x'^2}}.$$

Multipliant membre à membre, on aura $PP' = B^2$, pour l'ellipse; et pour l'hyperbole, $PP' = -B^2$.

De là le théorème suivant :

THÉORÈME LIV.

Dans toute ellipse ou hyperbole, le petit axe ou l'axe non transverse est moyen proportionnel entre les distances des foyers à chacune des tangentes qu'on peut mener à la courbe.

Ce dernier théorème résulte encore du problème général qui suit :

PROBLÈME LXXXII.

De deux points donnés sur l'axe principal transverse d'une courbe du deuxième degré, on a mené deux perpendiculaires à une tangente quelconque : déterminer le produit de ces deux perpendiculaires, 1° dans le cas général, 2° lorsque ces deux points sont les foyers de l'ellipse ou de l'hyperbole.

Soit $y^2 = 2px + qx^2$ [1] l'équation générale des courbes du deuxième degré, rapportée au sommet et à leur axe principal.

Soient encore $(0, \alpha)$, $(0, \alpha')$, les coordonnées des points donnés. L'équation de la tangente en un point quelconque (x', y') sera

$$[2] \qquad y - y' = \frac{p + qx'}{y'}(x - x'),$$

équation qui se met sous la forme

$$y = \frac{p + qx'}{y'}x + \frac{px'}{y'}.$$

On sait que l'équation d'une droite étant $y = ax + b$, la longueur de la perpendiculaire abaissée du point (α, β) sur cette droite a pour expression

$$\pm \frac{\beta - a\alpha - b}{\sqrt{1 + a^2}}$$

et, par conséquent, la distance du point $(0, \alpha)$ à la tangente sera, abstraction faite du signe,

$$D = \frac{(p + qx')\alpha + px'}{\sqrt{y'^2 + (p + qx')^2}} :$$

la distance du point $(0, \alpha')$ à la même tangente sera donc de même

$$D' = \frac{(p + qx')\alpha' + px'}{\sqrt{y'^2 + (p + qx')^2}},$$

et, par conséquent, le produit de ces distances

$$DD' = \frac{(p + qx')^2 \alpha\alpha' + px'(p + qx')(\alpha + \alpha') + p^2 x'^2}{y'^2 + (p + qx')^2}.$$

Si α, α', sont les abscisses des foyers, il faut que ces valeurs satisfassent à l'équation $p^2 - 2pa - qa^2 = 0$. Donc

$$\alpha + \alpha' = -\frac{2p}{q}, \quad \alpha\alpha' = -\frac{p^2}{q}.$$

Substituant, il vient, après réduction,

$$DD' = -\frac{p^2}{q};$$

et, à cause de $p = \frac{B^2}{A}$, $q = \mp \frac{B^2}{A^2}$, pour l'ellipse ou l'hyperbole, on a $DD' = B^2$, ellipse; $DD' = -B^2$, hyperbole.

THÉORÈME LV.

227. *Si d'un point quelconque de l'ellipse ou de l'hyperbole on mène une tangente à la courbe, le produit des distances du point de contact aux points où cette tangente rencontre deux diamètres con-*

jugués quelconques est égal au carré du demi-diamètre conjugué de celui qui passe par le point de contact.

Soient l'équation $y^2 = 2px + qx^2$, rapportée à un diamètre quelconque et à la tangente à la courbe à l'extrémité de ce diamètre ;

$$y = a \left(x + \frac{p}{q} \right), \quad \text{et} \quad y = a' \left(x + \frac{p}{q} \right),$$

deux droites quelconques passant par le centre : ces droites rencontreront la tangente, axe des y, en deux points, dont les distances à l'origine seront exprimées par

$$d = a\frac{p}{q}, \quad d' = a'\,\frac{p}{q},$$

et le produit de ces distances

$$dd' = aa'\,\frac{p^2}{q^2};$$

et si ces droites sont conjuguées, à cause de la relation $aa' = q$, on aura, en observant que a doit être pris négativement,

$$dd' = -\frac{p^2}{q}.$$

THÉORÈME LVI.

228. *Dans toute courbe du deuxième degré ayant un centre, une tangente quelconque qui coupe deux autres tangentes parallèles, détermine sur elles à partir du point de contact deux segments tels, que leur produit est constant et égal au carré du demi-diamètre parallèle aux deux tangentes, ou autrement dit au carré du demi-diamètre conjugué de celui qui joint les deux points de contact.*

Soit $y^2 = 2px + qx^2$ l'équation générale de la courbe, rapportée au diamètre AA′ passant par les points de contact pris pour axe des abscisses, l'une des deux tangentes, AR par exemple (fig. 80), étant prise pour axe des ordonnées. L'équation d'une tangente quelconque, telle que RTS, sera

$$y - y' = \frac{p + qx'}{y'} (x - x').$$

Si l'on fait $x = 0$ dans cette équation, on aura

$$y_0 = \mathrm{AR} = y' - \frac{p + qx'}{y'}\,x' = \frac{px'}{y'}.$$

L'équation de la tangente A'S étant

$$x = -\frac{2p}{q},$$

la valeur du segment A'S s'obtiendra en substituant cette valeur de x dans l'équation de la tangente, ce qui donne

$$y = \mathrm{A'S} = y' - \frac{2p}{q}\left(\frac{p+qx'}{y'}\right) - \left(\frac{p+qx'}{y'}\right)x' = -\frac{p}{q}\left(\frac{2p+qx'}{y'}\right) :$$

et par conséquent

$$\mathrm{AR.\,A'S} = -\frac{p}{q}\left(\frac{2p+qx'}{y'}\right) \cdot \frac{px'}{y'} = -\frac{p^2}{q}\left(\frac{2px'+qx'^2}{y'^2}\right) = -\frac{p^2}{q},$$

ce qu'il fallait démontrer.

CorollaiRE. Pour une autre tangente, telle que UT'V, on aurait de même

$$\mathrm{AU.\,A'V} = -\frac{p^2}{q}; \quad \text{d'où} \quad \mathrm{AR.\,A'S} = \mathrm{AU.\,A'V}, \quad \text{et} \quad \frac{\mathrm{AR}}{\mathrm{AU}} = \frac{\mathrm{A'V}}{\mathrm{A'S}} :$$

par conséquent les droites RV, US, concourent en un point I du diamètre AA', qui passe par les points de contact.

De plus, si l'on divise en deux parties égales, aux points M et N, les longueurs US, RV, des côtés non parallèles du trapèze RUSV, la droite MN étant parallèle à UR, SV divisera en deux parties égales le diamètre AA', et passera par conséquent par le centre O de la courbe.

THÉORÈME LVII.

229. 1° *Les diagonales d'un parallélogramme dont les quatre côtés sont tangents à l'ellipse ou à l'hyperbole se coupent au centre de la courbe.*

2° *Les diamètres dirigés suivant ces diagonales forment un système de diamètres conjugués.*

1° Soit $A^2y^2 + B^2x^2 = A^2B^2$ l'équation de l'ellipse rapportée à son centre et à deux diamètres conjugués quelconques.

Si par le centre de la courbe on mène deux nouveaux diamètres quelconques MOM', NON' (fig. 81), et par les points d'intersection M, M', N, N', des tangentes à la courbe, ces tangentes parallèles, suffisamment prolongées, détermineront un parallélogramme circonscrit ABCD.

Soient donc $y = ax$, $y = a'x$, les équations des diamètres MOM', NON'.

En combinant chacune de ces équations avec l'équation de la courbe, on trouvera facilement pour coordonnées des points de rencontre,

$$M \qquad x = \frac{AB}{\sqrt{Aa^2 + B^2}}, \qquad\qquad M' \qquad x = -\frac{AB}{\sqrt{A^2a^2 + B^2}},$$

$$y = \frac{ABa}{\sqrt{Aa^2 + B^2}}; \qquad\qquad y = -\frac{ABa}{\sqrt{A^2a^2 + B^2}};$$

$$N \qquad x = \frac{AB}{\sqrt{A^2a'^2 + B^2}}, \qquad\qquad N' \qquad x = -\frac{AB}{\sqrt{A^2a'^2 + B^2}},$$

$$y = \frac{ABa'}{\sqrt{A^2a'^2 + B^2}}; \qquad\qquad y = -\frac{ABa'}{\sqrt{A^2a'^2 + B^2}};$$

et pour les équations des tangentes

$$[1] \qquad AD \qquad y = -\frac{B^2}{A^2a}x + \frac{AB}{A^2a}\sqrt{A^2a^2 + B^2},$$

$$[2] \qquad BC \qquad y = -\frac{B^2}{A^2a}x - \frac{AB}{A^2a}\sqrt{A^2a^2 + B^2},$$

$$[3] \qquad AB \qquad y = -\frac{B^2}{A^2a'}x + \frac{AB}{A^2a'}\sqrt{A^2a'^2 + B^2},$$

$$[4] \qquad CD \qquad y = -\frac{B^2}{A^2a'}x - \frac{AB}{A^2a'}\sqrt{A^2a'^2 + B^2}.$$

Ensuite, combinant entre elles les équations des droites [1] et

[2], [3] et [4], pour avoir les coordonnées de leurs points d'intersection, on trouvera

$$x_{A} = -\frac{A}{B}\left(\frac{a\sqrt{A^2a'^2+B^2}-a'\sqrt{A^2a^2+B^2}}{a'-a}\right),$$

$$y_{A} = \frac{B}{A}\left(\frac{\sqrt{A^2a'^2+B^2}-\sqrt{A^2a^2+B^2}}{a'-a}\right),$$

$$x_{C} = \frac{A}{B}\left(\frac{a\sqrt{A^2a'^2+B^2}-a'\sqrt{A^2a^2+B^2}}{a'-a}\right),$$

$$y_{C} = -\frac{B}{A}\left(\frac{\sqrt{A^2a'^2+B^2}-\sqrt{A^2a^2+B^2}}{a'-a}\right).$$

Ces valeurs étant égales et de signes contraires, la droite AC passe nécessairement par l'origine, qui est au centre de la courbe.

2° Enfin combinant entre elles les équations [1] et [4], on obtient pour les coordonnées du point D,

$$x_{D} = \frac{A}{B}\left(\frac{a\sqrt{A^2a'^2+B^2}+a'\sqrt{A^2a^2+B^2}}{a'-a}\right),$$

$$y_{D} = -\frac{B}{A}\left(\frac{\sqrt{A^2a'^2+B^2}+\sqrt{A^2a^2+B^2}}{a'-a}\right):$$

par conséquent les équations des droites OA, OD, seront

$$y = \frac{y_{A}}{x_{A}}x = -\frac{B^2}{A^2}\left\{\frac{\sqrt{A^2a'^2+B^2}-\sqrt{A^2a^2+B^2}}{a\sqrt{A^2a'^2+B^2}-a'\sqrt{A^2a^2+B^2}}\right\}x,$$

$$y = \frac{y_{D}}{x_{D}}x = -\frac{B^2}{A^2}\left\{\frac{\sqrt{A^2a'^2+B^2}+\sqrt{A^2a^2+B^2}}{a\sqrt{A^2a'^2+B^2}+a'\sqrt{A^2a^2+B^2}}\right\}x.$$

Multipliant entre eux les coefficients de x, on aura, toute réduction faite, pour produit de ces facteurs,

$$F.F' = -\frac{B^2}{A^2},$$

qui est la relation connue des diamètres conjugués.

Le calcul serait exactement le même pour l'hyperbole, et conduira au résultat connu

$$f \cdot f' = \frac{\mathrm{B}^2}{\mathrm{A}^2}.$$

Ces deux propriétés pourront être appliquées utilement à la résolution de quelques problèmes sur les courbes du deuxième. degré, inscrites dans les parallélogrammes.

Applications.

PROBLÈME LXXXIII.

230. *Par un point donné sur l'ellipse, mener une tangente à la courbe.*

Première manière. Soit M le point donné (fig. 82) sur l'ellipse. Décrivez sur le grand axe AA' une demi-circonférence, et abaissez l'ordonnée MP du point M, laquelle rencontre la demi-circonférence en N. Au point N menez la tangente au cercle NI, qui rencontre l'axe en un point I : IM sera la tangente (**208**).

Deuxième manière. Menez le diamètre MOM' passant par le point donné. Par l'extrémité A' du grand axe ou d'un diamètre quelconque menez une corde A'C parallèle au diamètre MOM', et joignez AC ; par le point M menez MI parallèle à AC : ce sera la tangente demandée (**211**).

PROBLÈME LXXXIV.

231. *Mener à une ellipse donnée une tangente parallèle à une droite donnée.*

Menez une corde DE parallèle à la droite donnée RS (fig. 82). Par le milieu H de cette corde menez le diamètre MOM', et par les deux extrémités M et M' de ce diamètre, les deux droites MI, M'I', parallèles à RS. Le problème a deux solutions.

232. On résoudra facilement d'une manière analogue les problèmes suivants.

PROBLÈME LXXXV.

Mener une tangente à l'hyperbole 1° par un point donné sur la courbe, 2° parallèlement à une droite donnée.

PROBLÈME LXXXVI.

233. *Mener une tangente à la parabole 1° par un point donné sur la courbe, 2° parallèlement à une droite donnée.*

1° Soit M le point donné (fig. 83), menez l'axe AX de la parabole, et abaissez l'ordonnée MP; prenez AI = AP, et joignez IM, qui sera la tangente demandée (**207**).

Si l'on avait un système d'axes conjugués de la parabole, c'est-à-dire un diamètre et la tangente à l'extrémité de ce diamètre , il faudrait mener par le point donné une parallèle à cette tangente, et prendre au dehors de la courbe sur le diamètre une longueur égale à l'abscisse du point donné.

2° Soit RS la droite donnée : menez une corde DE parallèle à cette droite; par le milieu H de la corde, MH parallèle à l'axe de la parabole; et par l'extrémité M de ce diamètre, MI parallèle à RS ou à DE.

234. Quelques-uns de ces problèmes ne sont que des cas particuliers du problème général qui suit.

PROBLÈME LXXXVII.

Par un point donné mener une tangente à l'ellipse.

1° En supposant le problème résolu, soit PM la tangente demandée (fig. 84), menée par le point donné P, que nous prendrons pour plus de généralité en dehors de la courbe. Si l'on détermine les foyers F et F', et que l'on mène les rayons vecteurs FM, F'M, au point de contact, l'angle FMP sera égal à GMP (**221**). Si donc du point F on mène FIG perpendiculaire à la tangente, on aura IF = IG, et par conséquent PG = PF, et MG = MF; de plus, d'après la propriété des foyers, FM + F'M = AA' : donc F'G = AA'. Le point G se trouve donc à l'intersection de deux circonférences, dont l'une décrite du point P comme centre, et d'un rayon égal à PF, et l'autre du point F' avec AA' pour rayon.

Ayant déterminé le point G, on joindra GF ; et, par le point P, on mènera PM, perpendiculairement à GF : la droite PIM sera la tangente demandée.

Le problème a deux solutions, car les deux circonférences se coupent nécessairement en un second point G' : en effet, ces deux circonférences n'auraient qu'un point commun, si F'G — PF = PF', ce qui place les trois points F', P, G, en ligne droite ; or F'G = F'N + NF, et la relation précédente se réduit à NF' — PF' = PN ; ce qui est absurde.

.Remarque I. Si l'on joint le point O, milieu de FF', avec le point I, milieu de GF, la droite OI sera parallèle à F'G et égale à sa moitié : donc OI = A, ainsi qu'il a été démontré généralement (**224** et **225**).

Remarque II. Le diamètre Dd parallèle à la tangente IM est conjugué au diamètre Mm, qui passe par le point de contact : donc MH = OI.

THÉORÈME LVIII.

La partie d'un rayon vecteur comprise entre la tangente et le diamètre conjugué de celui qui passe par le point de contact est égale au demi grand axe.

Si l'on mène F'I' perpendiculaire à la tangente IM, et, par les points F et O, FK, OL, parallèles à IM, on aura

$$FI = I'K = I'L - LF',$$

$$F'I' = I'L + LF';$$

d'où
$$FI.F'I' = \overline{I'L}^2 - \overline{LF'}^2.$$

Joignant OI', et observant que OI = A et OF' = c = $\sqrt{A^2 - B^2}$, on trouvera, par les triangles rectangles OI'L, OLF',

$$\overline{I'L}^2 = A^2 - \overline{OL}^2,$$

$$\overline{LF'}^2 = c^2 - \overline{OL}^2 ;$$

d'où
$$FI.F'I' = A^2 - c^2 = B^2,$$

comme il a été trouvé précédemment (**226**).

Lorsque le point donné est sur la courbe, le point M par exemple, il suffit de mener les rayons vecteurs FM, F'M, et de diviser l'angle GMF en deux parties égales : la droite MI qui opère cette division est la tangente demandée.

PROBLÈME LXXXVIII.

Par un point donné mener une tangente à l'hyperbole, 1° le point donné étant extérieur, 2° le point donné étant sur la courbe.

Construction analogue à la précédente (fig. 85). Nous laisserons au lecteur le soin de l'effectuer, et de trouver l'application des propriétés qui font l'objet des remarques précédentes.

PROBLÈME LXXXIX.

235. *Par un point donné mener une tangente à la parabole.*

1° Si le point donné P est extérieur (fig. 86), de ce point comme centre, et d'un rayon égal à PF, décrivez une circonférence qui coupera la directrice DD' en deux points G et G' ; joignez GF et G'F, et du point P abaissez sur ces droites les perpendiculaires PM, PM', qui seront les deux tangentes cherchées (**224**).

On remarquera que le point I, pied de la perpendiculaire abaissée du foyer sur la tangente, étant le milieu de GF, et le point A le milieu de DF, le point I se trouve sur la perpendiculaire AH élevée sur l'axe par le sommet de la courbe (**224**).

2° Si le point donné est sur la courbe, en M par exemple, menez le diamètre MG, et divisez l'angle FMG en deux parties égales par la droite MI, qui sera la tangente demandée.

PROBLÈME XC.

236. *Étant donné un système de diamètres conjugués de l'ellipse, déterminer les axes et construire la courbe.*

Soient D*d*, E*e* (fig. 87), les diamètres conjugués donnés.

Par l'extrémité D du diamètre OD menez parallèlement à E*e* la droite HDH', qui sera une tangente à l'ellipse. Par le même point élevez DN perpendiculairement à HH', et prenez DN = OE ; puis, par les points O et N faites passer un cercle dont le centre soit sur HH', et qui rencontre cette même droite aux points H, H'. D'après une propriété connue, $DH . DH' = \overline{DN}^2 = \overline{OE}^2$, et de plus, l'angle HOH' étant droit, les axes seront dirigés suivant les droites OH, OH' (227).

Afin de déterminer leur longueur, sur OH décrivez une demi-circonférence, et par le point D abaissez la perpendiculaire indéfinie MDP ; OM, moyen proportionnel, d'après cette construction, entre OP et OH, sera égal au demi grand axe (208).

Enfin, menant DG parallèle à OH, OG sera le demi petit axe (75).

Les axes étant connus de grandeur et de direction, on déterminera les foyers et l'on construira la courbe.

Au surplus, on peut déterminer les foyers directement ainsi qu'il suit :

Par le point I, où l'arc AM, décrit du point O comme centre, et d'un rayon égal au demi grand axe OM, coupe la tangente HH', élevez à HH' une perpendiculaire IF, qui rencontrera le grand axe OH au foyer F ; ensuite il suffira de porter OF en OF', et tous les éléments nécessaires pour la construction de la courbe seront connus.

PROBLÈME XCI.

237. *Étant donnés un parallélogramme et une droite, trouver par une construction graphique le point d'intersection de la droite et de l'ellipse inscrite au parallélogramme et tangente aux milieux des côtés, sans construire la courbe.*

Les droites menées par les milieux des côtés opposés forment un système de diamètres conjugués, et se coupent au centre de l'ellipse inscrite. D'après le problème précédent, déterminez le grand axe et les foyers, puis la directrice, et cherchez, par le problème du n° 151, le point d'intersection de la droite et de l'ellipse, sans construire la courbe.

PROBLÈME XCII.

238. *Décrire une courbe du deuxième degré tangente à trois droites données, et ayant pour foyer un point donné.*

D, D', D", étant les trois droites données et F le point donné, abaissez du point F la perpendiculaire sur chacune de ces droites. Soient P, P', P" les pieds de ces perpendiculaires.

1° Si les points P, P', P", ne sont pas en ligne droite, cherchez le centre C du cercle passant par ces trois points ; le point C sera le centre de la courbe, qui pourra être une ellipse ou une hyperbole.

Joignez CF, et prenez sur cette droite indéfinie, de part et d'autre du point C, $CA = CB = CP$: AB est le grand axe de l'ellipse ou l'axe transverse de l'hyperbole.

2° Si les points P, P', P'', sont en ligne droite, cette droite est la perpendiculaire au sommet de la parabole ; alors, du point F, abaissez FS perpendiculaire sur la droite PP'P'' : S sera le sommet de la parabole ; la directrice sera une parallèle à FS, à une distance $SD = SF$, et tous les éléments de la parabole seront connus.

D'après cela on résoudra facilement le problème suivant :

PROBLÈME XCIII.

Décrire une parabole tangente à deux droites données, et ayant pour foyer un point donné.

PROBLÈME XCIV.

239. *Inscrire dans un triangle donné une ellipse qui touche les trois côtés en leurs milieux.*

Soit MNP la courbe demandée (fig. 88). La droite MN, qui joint les points de contact, étant parallèle à la tangente BC, et la droite AP passant par le point de contact P de cette tangente, les droites AP, MN, sont conjuguées entre elles.

Soit O le centre inconnu de la courbe, et les demi-diamètres conjugués $OD = A$, $OE = B$, qu'il s'agit de déterminer.

Faisons pour abréger,

$$AP = m, \quad BC = b ; \quad \text{d'où} \quad AH = \frac{1}{2}m, \quad MH = \frac{1}{4}b ;$$

et enfin $\qquad OH = \alpha, \quad MH = \beta ;$

l'équation de la courbe sera

$$A^2 y^2 + B^2 x^2 = A^2 B^2,$$

et pour le point M on aura

$$A^2 \beta^2 + B^2 \alpha^2 = A^2 B^2.$$

D'après le n° **208** on a $OH.OA = A^2$, et, par la substitution des valeurs précédentes,

$$OH = \alpha = HP - OP = \frac{1}{2}m - A, \quad OA = AP - OP = m - A.$$

Les deux équations de condition seront donc

$$A^2 = (m - A)\left(\frac{1}{2}m - A\right), \quad A^2\frac{b}{16} + B^2\left(\frac{1}{2}m - A\right)^2 = A^2B^2;$$

d'où l'on tire, toute réduction faite,

$$A = \frac{m}{3}, \quad B = \frac{1}{2\sqrt{3}}b.$$

De là cette construction : joignez CM, et le centre de la courbe sera à l'intersection O des droites AP, CM, c'est-à-dire au centre de gravité du triangle ; le demi-diamètre A dirigé suivant AP sera OP, et le demi-diamètre conjugué OE sera la moitié du rayon du cercle circonscrit au triangle équilatéral construit sur la base BC ; connaissant un système de diamètres conjugués de grandeur et de position, la solution s'achèvera sans difficulté.

Si le triangle est équilatéral, les diamètres seront perpendiculaires, et l'on a, à cause de $m - \frac{\sqrt{3}}{2}b$, $A = B$, c'est-à-dire que l'ellipse se change en circonférence, résultat qu'il était facile de prévoir *a priori*.

<h3 style="text-align:center">PROBLÈME XCV.</h3>

240. *Inscrire dans un parallélogramme donné une ellipse dont le rapport des axes est donné.*

Soit ABCD (fig. 89) le parallélogramme donné. Connaissant le rapport des axes, on déterminera le rapport des deux diamètres conjugués faisant entre eux un angle donné (**201**).

Or, les diagonales AC, BD, forment un système de diamètres conjugués, et se coupent au centre de la courbe (**229**); en désignant par A et B les demi-diamètres conjugués suivant ces diagonales, on pourra regarder le rapport $\frac{B}{A}$ comme connu, et le problème est ramené à trouver la longueur de chacun de ces demi-diamètres.

Pour cela, soit M un des points de contact de l'ellipse cherchée. Faisons $OP = \alpha$, $MP = \beta$; $OA = a$, $OB = b$: on aura d'abord la relation

[1] $$A^2\beta^2 + B^2\alpha^2 = A^2 B^2,$$

et, d'après le n° **208**,

[2] $$a\alpha = A^2 ;$$

d'ailleurs, le point M se trouvant sur la droite AB, dont l'équation est

$$\frac{y}{b} + \frac{x}{\alpha} = 1,$$

on aura pour troisième condition

[3] $$\frac{\beta}{b} + \frac{\alpha}{a} = 1,$$

et enfin, d'après l'énoncé,

[4] $$\frac{B}{A} = \frac{m}{n},$$

rapport donné. Les équations sont donc en nombre suffisant pour déterminer les inconnues α, β, A et B.

Éliminant α et β entre les équations [1], [2], [3], on trouvera

$$A^2 b^2 + B^2 a^2 - a^2 b^2 = 0,$$

ou

[5] $$\frac{A^2}{a^2} + \frac{B^2}{b^2} = 1 ;$$

équation d'une ellipse dont les demi-diamètres sont a et b. Les valeurs de A et B sont donc les coordonnées du point d'intersection de l'ellipse [5] et de la droite [4].

De là cette construction : construisez sur OA, OB, comme demi-diamètres, l'ellipse circonscrite au parallélogramme donné. Prenez, sur $OA = a$, $OI = n$; par le point I menez IH parallèle à OB, et prenez $IH = m$; la droite OH prolongée rencontrera l'ellipse circonscrite en un point N, que l'on déterminera d'après le problème du n° **237**, et dont les ordonnées NQ, OQ, seront les demi-diamètres cherchés **A** et **B**, dirigés suivant les diagonales : dès lors la construction de l'ellipse inscrite se fera sans difficulté.

Remarque. Le problème a deux solutions, chacun des diamètres pouvant être dirigé suivant l'une ou l'autre des diagonales.

PROBLÈME XCVI.

Inscrire dans un parallélogramme une ellipse assujettie à passer par un point donné,

Ou plus généralement :

Décrire une ellipse ou une hyperbole tangente aux quatre côtés d'un parallélogramme donné, et passant par un point donné.

Soient a et b les demi-diagonales du parallélogramme suivant lesquelles seront dirigés deux diamètres conjugués de l'ellipse. Soient 2A, 2B, ces diamètres inconnus ; et enfin p, q, les coordonnées du point donné rapportées à ce système d'axes conjugués.

Les équations du problème seront

[1] $$A^2 q^2 + B^2 p^2 = A^2 B^2,$$

[2] $$A^2 = ap;$$

d'où l'on tirera sans difficulté

[3] $$B^2 = \frac{aq^2}{a - p}.$$

On construira facilement ces valeurs, et par suite la courbe demandée.

On voit par la valeur [3] que la courbe peut être une hyperbole.

Dans le premier cas, il faut pour que le problème soit possible que $a > p$, c'est-à-dire que le point donné soit intérieur au parallélogramme ; dans le second cas, que $a < p$, c'est-à-dire que le point soit extérieur. Dans ce cas chacune des branches de l'hyperbole est tangente à deux côtés contigus du parallélogramme.

Deux solutions dans l'un et l'autre cas, d'après la remarque du problème précédent.

PROBLÈME XCVII.

Décrire une ellipse ou une hyperbole tangente aux quatre côtés d'un parallélogramme donné, et assujettie de plus à être tangente à une droite donnée.

Le calcul suivant ne s'applique qu'à l'ellipse ; le lecteur y suppléera pour l'hyperbole.

a et b étant les demi-diagonales du parallélogramme ; 2A, 2B, les diamètres conjugués dirigés suivant ces diagonales ; p, q, les distances des points où la droite donnée rencontre les diagonales au point d'intersection de ces diagonales, centre de la courbe cherchée ; et enfin x, y, les coordonnées inconnues du point de contact de a droite et de la courbe, on aura les équations de condition

$$[1] \qquad \frac{y^2}{B^2} + \frac{x^2}{A^2} = 1,$$

$$[2] \qquad \frac{y}{q} + \frac{x}{p} = 1,$$

$$[3] \qquad A^2 = px,$$

$$[4] \qquad \frac{A^2}{a^2} + \frac{B^2}{b^2} = 1.$$

Les trois premières équations donnent par l'élimination de x et de y

$$[5] \qquad \frac{A^2}{p^2} + \frac{B^2}{q^2} = 1.$$

Les demi-diamètres de la courbe demandée seront par conséquent les coordonnées du point d'intersection des ellipses [4] et [5].

Nous laisserons au lecteur le soin de faire cette construction ; on peut d'ailleurs déterminer directement les diamètres conjugués, dont les valeurs tirées des équations [4] et [5] sont

$$A = \frac{ap\sqrt{q^2 - b^2}}{\sqrt{a^2 q^2 - b^2 p^2}}, \quad B = \frac{bq\sqrt{a^2 - p^2}}{\sqrt{a^2 q^2 - b^2 p^2}}.$$

DES PÔLES ET DES POLAIRES DANS LES COURBES DU DEUXIÈME DEGRÉ.

241. On a trouvé précédemment (**204**)

[C] $$Dy' + Ex' + 2F = 0,$$

pour équation de la corde qui joint les points de contact des tangentes menées par un point donné, pris pour origine des axes, à une courbe du deuxième degré représentée par l'équation

$$Ay^2 + Bxy + Cx^2 + Dy + Ex + F = 0.$$

Si par un autre point de l'axe des x on mène les deux tangentes à la courbe, à cause de $\beta = 0$, l'équation de la corde de contact sera

$$B\alpha y' + 2C\alpha x' + Dy' + E(\alpha + x') + 2F = 0,$$

équation qui se met sous la forme

[C'] $$(By' + 2Cx' + E)\alpha + (Dy' + Ex' + 2F) = 0.$$

En combinant entre elles les équations des cordes de contact [C] et [C'], on trouvera pour les coordonnées du point d'intersection de ces cordes

$$x' = \frac{2BF - DE}{2CD - BE}, \quad y' = \frac{E^2 - 4CF}{2CD - BE},$$

valeurs indépendantes de α; et comme rien dans cette analyse ne particularise la position de l'axe des x, on en conclut le théorème général du n° **206**, dont nous rappellerons l'énoncé :

THÉORÈME LIX.

Si de tous les points d'une droite donnée on mène à une courbe du deuxième degré des couples de tangentes, toutes les cordes de contact se couperont en un seul et même point (fig. 77).

Ce point est désigné sous le nom de *pôle*, parce que les cordes de contact semblent *tourner* autour de lui, à mesure que les points d'où sont menées les couples de tangentes s'éloignent de plus en plus sur la droite donnée.

Cette droite est nommée à son tour la *polaire* du point, comme le point est le pôle de la droite.

242. Mais ce théorème remarquable n'est qu'un cas particulier d'une proposition plus générale à laquelle conduit le problème suivant :

PROBLÈME XCVIII.

D'un point quelconque O (fig. 90), *pris dans le plan d'une courbe du deuxième degré , on mène à la courbe deux sécantes quelconques* OAB, OCD, *et l'on joint directement et réciproquement deux à deux les points de rencontre des sécantes avec la courbe par les droites* ACM, BDM, AND, CNB ; *il s'agit de trouver le lieu géométrique des points d'intersection* M *et* N *de ces droites.*

Si l'on prend pour origine le point O , et pour axes deux sécantes quelconques OAB , OCD, l'équation de la courbe sera de la forme

$$Ay^2 + Bxy + Cx^2 + Dy + Ex + F = 0.$$

Les quantités A, B, C, D, E, F, varieront quand on passera à un autre système de deux autres sécantes.

Soit fait $OA = x'$, $OB = x''$, $OC = y'$, $OD = y''$; x', x'', étant les racines de l'équation $Cx^2 + Ex + F = 0$ [1], et y', y'', les racines de l'équation $Ay^2 + Dy + F = 0$ [2],

Les droites AC, BD, rencontrant les axes aux points dont les coordonnées sont $(x', 0)$, $(0, y')$, $(x'', 0)$, $(0, y'')$, auront pour équations

$$\frac{y}{y'} + \frac{x}{x'} = 1, \quad \frac{y}{y''} + \frac{x}{x''} = 1,$$

entre lesquelles il faut éliminer x', x'', y', y''. Ajoutant membre à membre ces deux équations, on obtiendra

$$[3] \qquad \left(\frac{y' + y''}{y'y''}\right) y + \left(\frac{x' + x''}{x'x''}\right) x = 2.$$

Mais y' et y'' étant les racines de l'équation [2], et x' et x'' celles de l'équation [1], on a, d'après la théorie des équations,

$$\frac{y' + y''}{y'y''} = -\frac{D}{F}, \quad \frac{x' + x''}{x'x''} = -\frac{E}{F}.$$

16

Substituant ces valeurs dans l'équation [3], on obtient, toute réduction faite,

[P] $$Dy + Ex + 2F = 0.$$

Or, quel que soit le système de deux sécantes que l'on prenne pour axes, les quantités **D**, **E**, **F**, ne sont point des fonctions de x et de y : on peut donc conclure que

Le lieu géométrique des points d'intersection M *est une ligne droite.*

Les droites de jonction réciproque AD, CB, auraient évidemment pour équations

$$\frac{y}{y''} + \frac{x}{x'} = 1, \quad \frac{y}{y'} + \frac{x}{x''} = 1;$$

et, par un calcul exactement semblable, on trouverait que

Le lieu géométrique des points d'intersection N *est la même droite que la précédente.*

245. Maintenant si l'on suppose que, la sécante OCD (fig. 91) restant fixe, la sécante OAB, mobile autour du point de rotation O, se rapproche d'elle, les droites de jonction directe et réciproque se couperont toujours sur la même droite, et il en sera de même lorsque les sécantes se réuniront en une seule OCD ; alors les droites de jonction directe deviennent les tangentes aux points C et D, et les cordes de jonction réciproque se confondent avec la sécante OCD elle-même.

THÉORÈME LX.

Si d'un point quelconque pris dans le plan d'une courbe du deuxième degré on mène des sécantes, et par les points d'intersection des tangentes à la courbe, toutes ces couples de tangentes se couperont sur la même ligne droite, qui sera la polaire du point fixe.

Si le point est extérieur, la polaire n'est autre chose que la corde de contact, qu'on reconnaît aisément dans l'équation [P], laquelle est exactement la même que l'équation [C] du n° (**241**).

Si le point est sur la courbe, la polaire se confond avec la tangente, et le pôle est le point de contact.

Enfin, si le point est intérieur, la polaire passe en dehors de la courbe.

Dans tous les cas, la polaire est conjuguée au diamètre qui passe par le pôle (**206**).

244. On remarque de plus que, si les sécantes, au lieu de concourir en un même point du plan, sont parallèles à une même direction, le point fixe (fig. 92) étant situé à l'infini, les droites de jonction réciproque et directe se coupent suivant le diamètre qui partage en deux parties égales toutes les cordes parallèles (**206**). Donc

THÉORÈME LXI.

Lorsque le pôle est situé à l'infini, la polaire est un diamètre de la courbe.

245. On a vu précédemment que l'équation générale peut représenter l'ensemble de deux lignes droites : il résulte donc de l'analyse précédente les théorèmes suivants, démontrés d'une manière différente dans la première partie :

THÉORÈME LXII.

Étant données deux droites, si d'un point quelconque de leur plan on tire deux sécantes transversales quelconques, les droites de jonction réciproque des points d'intersection, autrement dit les diagonales des quadrilatères interceptés, se coupent suivant une même droite, qui passe par le point de concours des deux premières droites données.

Ce qu'on reconnaît facilement d'après la remarque du n° **242**. Et comme cas particulier :

THÉORÈME LXIII.

Le lieu géométrique des points d'intersection des droites qui joignent réciproquement les points de rencontre de deux couples quelconques de droites parallèles à la base d'un triangle est la droite qui joint le sommet au milieu de la base.

Le problème général, dont on a tiré toutes ces conséquences, pourra servir à résoudre les problèmes suivants :

PROBLÈME XCIX.

Étant donnés cinq points d'une courbe du deuxième degré, trouver autant de points de la courbe qu'on voudra.

PROBLÈME C.

Par un point donné mener une tangente à une courbe donnée du deuxième degré.

PROBLÈME CI.

Par un point donné, mener une droite qui aille concourir au même point que deux autres droites données, sans qu'il soit nécessaire de prolonger ces droites jusqu'à leur point de concours.

On n'aura pas besoin pour résoudre ces problèmes d'autre instrument que la règle.

246. On peut étendre encore ces conséquences, en s'appuyant sur ce qui a été démontré précédemment, et regarder comme démontrés les théorèmes suivants.

THÉORÈME LXIV.

Lorsque deux ou plusieurs pôles sont sur une même droite, toutes les polaires correspondantes passent par un même point.

Et par conséquent :

THÉORÈME LXV.

Si de tous les points d'une droite donnée on mène des sécantes quelconques à une courbe du deuxième degré, et par les points de rencontre avec la courbe des tangentes à cette même courbe, ces tangentes, prises deux à deux, se couperont sur des droites qui concourront toutes en un même point, pôle de la droite donnée.

Même résultat si, au lieu de considérer une seule sécante, on considérait des couples de sécantes et les droites de jonction directe et réciproque.

De là, enfin, le théorème suivant :

THÉORÈME LXVI.

Dans tout quadrilatère ABCD (fig. 93) inscrit dans une courbe du deuxième degré, les intersections des côtés opposés déterminent une droite OLM, qui est la polaire du point d'intersection des diagonales, et les tangentes menées à la courbe par les quatre sommets se coupent deux à deux sur cette même polaire.

247. Reprenons maintenant l'équation de la polaire de l'origine des axes, dont l'équation est (**241**)

$$Dy + Ex + 2F = 0.$$

Cette droite rencontre l'axe des x en un point dont la distance à l'origine est exprimée par

$$x_0 = -\frac{2F}{E}.$$

Mais si cet axe rencontre la courbe, les abscisses des points d'intersection seront données par l'équation (**242**)

$$Cx^2 + Ex + F = 0.$$

Désignant ces abscisses par x', x'', d'après la théorie des équations on aura

$$x_0 = \frac{2x'x''}{x'+x''},$$

et par conséquent (fig. 94)

$$AM = \frac{2AB.AC}{AB+AC};$$

d'où l'on déduira sans difficulté

$$AC.BM = AB.MC:$$

donc la sécante ABC est divisée harmoniquement au point M (**46**).

Et l'axe des x étant pris arbitrairement, on en peut conclure ce théorème général :

THÉORÈME LXVII.

La polaire d'un point quelconque pris dans le plan d'une courbe du deuxième degré divise harmoniquement toutes les sécantes issues de ce point fixe.

248. Au surplus on peut arriver directement au même résultat par le problème suivant :

PROBLÈME CII.

Par un point donné A (fig. 94) on mène à une courbe du deuxième degré des sécantes en nombre quelconque, telles que ADE, sur chacune desquelles on prend un point I tel, que le produit de la sécante entière AE par le segment moyen DI soit constamment égal au produit des segments extrêmes AD, IE :

Quel est le lieu géométrique des points I ?

Soient le point donné A pris pour origine des axes quelconques, et l'équation la plus générale des courbes du second degré

$$Ay^2 + Bxy + Cx^2 + Dy + Ex + F = 0.$$

L'équation d'une sécante quelconque ADE issue du point A sera $y = ax$; et, si l'on désigne par (α, β) les coordonnées du point I tel que $AE.DI = AD.IE$, d'où l'on tire sans peine

$$AI = 2\, \frac{AD.AE}{AD + AE},$$

et par x', x'', les abscisses des points D et E, où la sécante rencontre la courbe, on aura, à cause de

$$\frac{AI}{\alpha} = \frac{AD}{x'} = \frac{AE}{x''} = k,$$

rapport constant,

$$\alpha = \frac{2x'x''}{x' + x''}.$$

Or, si l'on combine entre elles les équations de la courbe et de la sécante, afin d'obtenir les abscisses des points d'intersection, on obtiendra, par l'élimination de y,

$$(Aa^2 + Ba + C)\, x^2 + (Da + E)\, x + F = 0 ;$$

d'où $\quad x' + x'' = -\dfrac{Da + E}{Aa^2 + Ba + C},\quad$ et $\quad x'x'' = \dfrac{F}{Aa^2 + Ba + C},$

et par conséquent,

$$\alpha = \frac{2x'x''}{x'+x''} = -\frac{2F}{Da+E}.$$

Et, comme le point (α, β) appartient à la droite $y = ax$, on aura $\beta = a\alpha$; d'où $a = \frac{\beta}{\alpha}$; et enfin $D\beta + E\alpha + 2F = 0$, équation d'une ligne droite qui n'est autre chose que la corde de contact des tangentes menées à la courbe par le point A, ou autrement dit la polaire du point A.

PROBLÈME CIII.

249. *D'un point donné on mène deux tangentes à une courbe du deuxième degré, et par le même point une perpendiculaire sur la corde de contact : déterminer généralement la direction de cette perpendiculaire.*

Soit $y^2 = 2px + qx^2$ l'équation des courbes rapportées à leur axe principal transverse, l'origine au sommet : l'équation de la corde de contact sera, comme on l'a vu précédemment (**206**), α, β, étant les coordonnées du point donné,

[1] $$\beta y = p(x + \alpha) + q\alpha x;$$

et la perpendiculaire abaissée du même point (α, β) sur la corde de contact aura pour équation

[2] $$y - \beta = -\frac{\beta}{p + q\alpha}(x - \alpha).$$

Faisant dans cette équation $y = 0$ pour déterminer le point où la perpendiculaire rencontre l'axe des x, on aura

$$x_0 = p + \alpha(1 + q).$$

Si le point (α, β) est un point de la directrice, auquel cas (**147**)

$$\alpha = -\frac{a}{\sqrt{1+q}} = \left(\frac{p}{q} - \frac{p}{q}\sqrt{1+q}\right)\frac{1}{\sqrt{1+q}},$$

a étant l'abscisse du foyer correspondant, on aura

$$x_0 = p + \left(\frac{p}{q} - \frac{p}{q}\sqrt{1+q}\right)\sqrt{1+q},$$

et, toute réduction faite,

$$x_0 = -\frac{p}{q} + \frac{p}{q}\sqrt{1+q},$$

qui n'est autre chose que l'abscisse du foyer. Donc :

THÉORÈME LXVIII.

Si de tous les points de la directrice d'une courbe du deuxième degré on mène des couples de tangentes à la courbe, et de ces mêmes points des perpendiculaires sur les cordes de contact, toutes ces perpendiculaires iront concourir au foyer correspondant.

En outre, si l'on fait $y = 0$ dans l'équation [1], il en résulte

$$x_0 = -\frac{p\alpha}{p+q\alpha};$$

et, si l'on suppose que le point donné soit sur la directrice, en posant

$$\alpha = -\frac{a}{\sqrt{1+q}} \quad \text{et} \quad a = -\frac{p}{q} + \frac{p}{q}\sqrt{1+q},$$

on trouvera, après avoir fait les réductions convenables,

$$x_0 = -\frac{p}{q} + \frac{p}{q}\sqrt{1+q}.$$

Donc :

THÉORÈME LXIX.

La directrice est la polaire du foyer correspondant, et réciproquement le foyer est le pôle de la directrice correspondante.

Il suit de là que toute sécante passant par le foyer est divisée harmoniquement au foyer par la directrice et par la courbe (**248**).

THÉORÈME LXX.

250. *Quatre droites* GM, MN, NP, PQ (fig. 95), *étant tangentes à une courbe du deuxième degré, si l'on joint les points* P *et* M, H *et* I, *où se coupent deux à deux ces tangentes, la droite* LK *menée par les milieux de* HI *et* MP *passe par le centre si la courbe est* *pourvue d'un centre, ou bien est un diamètre si la courbe n'a pas de centre.*

Si l'on prend pour axes des x le diamètre CFOA qui passe par le point d'intersection F des cordes de contact, ou autrement dit par le pôle de la droite HI, auquel cas l'autre axe conjugué OY doit être nécessairement parallèle à cette droite, l'équation de la courbe sera

$$y^2 = 2px + qx^2;$$

et, si l'on désigne par α, β, les coordonnées du point I, par α, β', celles du point H, les équations des tangentes issues des points I et H seront de la forme

$$y - \beta = A(x - \alpha), \quad y - \beta' = A'(x - \alpha),$$

dans lesquelles

$$A = \frac{\beta(p + q\alpha) \pm p\sqrt{\beta^2 - 2p\alpha - q\alpha^2}}{2p\alpha + q\alpha^2},$$

$$A' = \frac{\beta'(p + q\alpha) \pm p\sqrt{\beta'^2 - 2p\alpha - q\alpha^2}}{2p\alpha + q\alpha^2}.$$

de sorte que les équations des quatre tangentes sont, en faisant pour abréger,

$$\sqrt{\beta^2 - 2p\alpha - q\alpha^2} = \sqrt{K^2} \quad \text{et} \quad \sqrt{\beta'^2 - 2p\alpha - q\alpha^2} = \sqrt{K'^2},$$

$$\text{INP} \qquad (y - \beta) = \left[\frac{\beta(p + q\alpha) + p\sqrt{K^2}}{2p\alpha + q\alpha^2}\right](x - \alpha),$$

$$\text{IMG} \qquad (y - \beta) = \left[\frac{\beta(p + q\alpha) - p\sqrt{K^2}}{2p\alpha + q\alpha^2}\right](x - \alpha),$$

$$\text{HPQ} \qquad (y - \beta') = \left[\frac{\beta'(p + q\alpha) + p\sqrt{K'^2}}{2p\alpha + q\alpha^2}\right](x - \alpha),$$

$$\text{HNM} \qquad (y - \beta') = \left[\frac{\beta'(p + q\alpha) - p\sqrt{K'^2}}{2p\alpha + q\alpha^2}\right](x - \alpha);$$

et, donnant à ces équations la forme ordinaire,

$$y = ax + b,$$

[1] INP $$y = \frac{\beta(p+q\alpha)+p\sqrt{\mathrm{K}^2}}{2p\alpha+q\alpha^2}\, x + \frac{\alpha p\,(\beta-\sqrt{\mathrm{K}^2})}{2p\alpha+q\alpha^2},$$

[2] IMG $$y = \frac{\beta(p+q\alpha)-p\sqrt{\mathrm{K}^2}}{2p\alpha+q\alpha^2}\, x + \frac{\alpha p\,(\beta+\sqrt{\mathrm{K}^2})}{2p\alpha+q\alpha^2},$$

[3] HPQ $$y = \frac{\beta'(p+q\alpha)+p\sqrt{\mathrm{K'}^2}}{2p\alpha+q\alpha^2}\, x + \frac{\alpha p\,(\beta'-\sqrt{\mathrm{K'}^2})}{2p\alpha+q\alpha^2},$$

[4] HNM $$y = \frac{\beta'(p+q\alpha)-p\sqrt{\mathrm{K'}^2}}{2p\alpha+q\alpha^2}\, x + \frac{\alpha p\,(\beta'+\sqrt{\mathrm{K'}^2})}{2p\alpha+q\alpha^2}.$$

Or une simple élimination entre les équations de deux droites,

$$y = ax + b, \quad y = a'x + b',$$

donne pour coordonnées de leurs points d'intersection

$$x = -\frac{b'-b}{a'-a}, \quad y = -\frac{ab'-a'b}{a'-a}.$$

Si donc on représente par x_1, y_1, les coordonnées du point P, intersection des droites [1] et [3], on trouvera sans difficulté

$$x_1 = \alpha p\, \frac{-(\beta'-\beta)+(\sqrt{\mathrm{K'}^2}-\sqrt{\mathrm{K}^2})}{(\beta'-\beta)(p+q\alpha)+p(\sqrt{\mathrm{K'}^2}-\sqrt{\mathrm{K}^2})}.$$

Quant à la valeur de y_1, on trouve, en effectuant les calculs et réduisant,

$$y_1 = -p\, \frac{\beta'\sqrt{\mathrm{K}^2}-\beta\sqrt{\mathrm{K'}^2}}{(\beta'-\beta)(p+q\alpha)+p(\sqrt{\mathrm{K'}^2}-\sqrt{\mathrm{K}^2})}.$$

En combinant entre elles les équations [2] et [4], et désignant par x_2, y_2, les coordonnées du point d'intersection M des droites qu'elles représentent, on parviendra aux valeurs suivantes :

$$x_2 = -\alpha p\, \frac{(\beta'-\beta)+(\sqrt{\mathrm{K'}^2}-\sqrt{\mathrm{K}^2})}{(\beta'-\beta)(p+q\alpha)-p(\sqrt{\mathrm{K'}^2}-\sqrt{\mathrm{K}^2})},$$

$$y_2 = -p\, \frac{\beta\sqrt{\mathrm{K'}^2}-\beta'\sqrt{\mathrm{K}^2}}{(\beta'-\beta)(p+q\alpha)-p(\sqrt{\mathrm{K'}^2}-\sqrt{\mathrm{K}^2})}.$$

Maintenant, si l'on représente par X', Y', les coordonnées du point L, milieu de IH, on aura

$$X' = \alpha, \quad Y' = \frac{\beta' + \beta}{2} ;$$

et si X'', Y'', représentent les coordonnées du point K, milieu de PM, on aura

$$X'' = \frac{1}{2}(x_1 + x_2), \quad Y'' = \frac{1}{2}(y_1 + y_2).$$

Substituant dans ces dernières expressions les valeurs de x_1, y_1, et x_2, y_2, trouvées précédemment, et faisant, pour abréger,

$$\sqrt{K'^2} - \sqrt{K^2} = G,$$

on obtiendra, toute réduction faite,

$$X'' = \alpha p \left[\frac{p\,G^2 + (\beta' - \beta)^2 (p + q\alpha)}{p^2 G^2 - (\beta' - \beta)^2 (p + q\alpha)^2} \right],$$

$$Y'' = p^2 G \left[\frac{\beta\,\sqrt{K'^2} - \beta'\,\sqrt{K^2}}{p^2 G^2 - (\beta' - \beta)^2 (p + q\alpha)^2} \right].$$

Or l'équation de la droite passant par les points L et K serait

$$(y - Y') = \frac{Y'' - Y'}{X'' - X'}(x - X').$$

Faisant $y = 0$, pour avoir l'abscisse du point où cette droite rencontre l'axe des x, on en tire

$$x_0 = \frac{X'Y'' - Y'X''}{Y'' - Y'}.$$

Substituant dans cette expression les valeurs de X', Y'', et de X'', Y'', on obtient

$$x_0 = \alpha p \,\frac{2pG(\beta\sqrt{K'^2} - \beta'\sqrt{K^2}) - (\beta' + \beta)[pG^2 + (\beta' - \beta)^2(p + q\alpha)]}{2p^2 G(\beta\sqrt{K'^2} - \beta'\sqrt{K^2}) - (\beta' + \beta)[p^2 G^2 - (\beta' - \beta)^2(p + q\alpha)]}.$$

Or

$$\beta\sqrt{K'^2} - \beta'\sqrt{K^2} = \frac{1}{2}\left[(\beta' + \beta)(\sqrt{K'^2} - \sqrt{K^2}) - (\beta' - \beta)(\sqrt{K'^2} + \sqrt{K^2})\right] :$$

on trouvera donc, après simplification,

$$x_0 = -\frac{p}{q},$$

résultat indépendant de α, β et β'.

Donc la droite LK passe par le centre de la courbe; et, si $q = 0$, LK est un diamètre.

Ce théorème renferme une partie du théorème du n° 229.

D'après ce théorème on trouvera sans difficulté le centre d'une courbe du deuxième degré assujettie à être tangente à quatre droites, ou la direction de l'axe de la parabole, si la courbe doit être une parabole.

251. Nous terminerons cette analyse par la démonstration d'une propriété très-remarquable des courbes du deuxième degré, et qui consiste dans les théorèmes qui suivent :

THÉORÈME LXXI.

1° *Un hexagone étant inscrit dans une courbe du deuxième degré, si l'on désigne les côtés par les six premiers nombres 1, 2, 3, 4, 5, 6, en allant dans le sens du périmètre, les trois points d'intersection des côtés 1, 4; 2, 5; 3, 6, sont sur une même droite.*

2° *Un hexagone étant circonscrit à une courbe du deuxième degré, et les nombres* I, II, III, IV, V, VI, *indiquant les sommets en allant dans le sens du périmètre, les diagonales qui joignent les sommets* I, IV; II, V; III, VI, *se coupent en un même point.*

1° Soit *abcdef* (fig. 96) un hexagone inscrit dans une courbe du deuxième degré. Prenons pour axes des coordonnées les côtés *ab*, *de* (1, 4), l'origine étant à leur point d'intersection O; faisons $Oe = \alpha$, $Od = \alpha'$, $Oa = \beta$, $Ob = \beta'$; et désignons par p, q, et p', q' les coordonnées des points f et c.

L'équation générale des courbes du deuxième degré passant par les quatre points a, b, e, d (**186**) est

$$[C] \quad y^2 + mxy + \frac{\beta\beta'}{\alpha\alpha'}x^2 - (\beta + \beta')\,y - \frac{\beta\beta'}{\alpha\alpha'}(\alpha + \alpha')\,x + \beta\beta' = 0 ;$$

et la courbe devant passer par les points f et c, on aura de plus les relations

$$[D] \quad q^2 + mpq + \frac{\beta\beta'}{\alpha\alpha'}p^2 - (\beta + \beta')\,q - \frac{\beta\beta'}{\alpha\alpha'}(\alpha + \alpha')\,p + \beta\beta' = 0 ,$$

$$[E] \quad q'^2 + mp'q' + \frac{\beta\beta'}{\alpha\alpha'}p'^2 - (\beta + \beta')\,q' - \frac{\beta\beta'}{\alpha\alpha'}(\alpha + \alpha')\,p' + \beta\beta' = 0 ,$$

dont une seule suffirait pour déterminer m, et par conséquent l'espèce de la courbe représentée par l'équation [C], dans laquelle on substituerait la valeur de m.

Cela posé, les équations des droites af, bc, et fe, cd, chacune passant par deux points dont les coordonnées sont connues, seront

$$[2] \qquad bc \qquad y - \beta' = \frac{q' - \beta'}{p'}\, x,$$

$$[5] \qquad fe \qquad y = \frac{q}{p - \alpha}\, (x - \alpha),$$

$$[3] \qquad cd \qquad y = \frac{q'}{p' - \alpha'}\, (x - \alpha'),$$

$$[6] \qquad af \qquad y - \beta = \frac{q - \beta}{p}\, x.$$

Combinant entre elles ces équations pour trouver les coordonnées des points d'intersection de ces droites, et désignant par x_2, y_2, et x_1, y_1, les coordonnées du point d'intersection des droites [2], [5], et [3], [6], on trouvera sans difficulté

$$[H] \qquad x_1 = -\frac{p(p' - \alpha')\beta + pq'\alpha'}{(p' - \alpha')(q - \beta) - pq'},$$

$$y_1 = -\frac{pq'\beta + q'\alpha'(q - \beta)}{(p' - \alpha')(q - \beta) - pq'};$$

$$[I] \qquad x_2 = -\frac{p'(p - \alpha)\beta' + p'q\alpha}{(p - \alpha)(q' - \beta') - p'q},$$

$$y_2 = -\frac{p'q\beta' + q\alpha(q' - \beta')}{(p - \alpha)(q' - \beta') - p'q};$$

d'où l'on tire

$$\frac{y_1}{x_1} = \frac{pq'\dfrac{\beta}{\alpha} + q'(q - \beta)}{pp'\dfrac{\beta}{\alpha} + p(q' - \beta)},$$

$$\frac{y_2}{x_2} = \frac{p'q\dfrac{\beta'}{\alpha} + q(q' - \beta')}{pp'\dfrac{\beta'}{\alpha} + p'(q - \beta')}.$$

Or, si l'on élimine m entre les équations [D] et [E], on obtiendra

$$qq'\,(p'q-pq')-pp\,(p'q-pq')\,\frac{\beta\beta'}{\alpha\alpha'}-qq'\,(p'-p)\,(\beta+\beta')$$

$$[\mathrm{L}]\qquad -pp'\,(q'-q)\,\frac{\beta\beta'}{\alpha\alpha'}\,(\alpha+\alpha')+\beta\beta'\,(p'q'-pq)=0,$$

équation qui peut se mettre sous la forme

$$\left(pq'\,\frac{\beta}{\alpha'}+q'\,(q-\beta)\right)\left(pp'\,\frac{\beta'}{\alpha}+p'\,(q-\beta')\right)$$

$$-\left(p'q\,\frac{\beta'}{\alpha}+q\,(q'-\beta')\right)\left(pp'\,\frac{\beta}{\alpha'}+p\,(q'-\beta')\right)=0,$$

et d'où l'on tire

$$\frac{pq'\,\frac{\beta}{\alpha'}+q'\,(q-\beta)}{pp'\,\frac{\beta}{\alpha'}+p\,(q'-\beta)}=\frac{p'q\,\frac{\beta'}{\alpha}+q\,(q'-\beta')}{pp'\,\frac{\beta'}{\alpha}+p'\,(q-\beta')}:$$

donc
$$\frac{y_1}{x_1}=\frac{y_2}{x_2};$$

la droite qui joint les points I et H passe donc par l'origine, et par conséquent les trois points O, I, H, sont en ligne droite.

2° Quant à la seconde proposition, elle se démontre facilement sans le secours du calcul.

En effet, soit ABCDEF (fig. 97) un hexagone circonscrit à une courbe du deuxième degré dont les côtés touchent la courbe aux points a, b, c, d, e, f. Le point A [ı] est le pôle de la corde de contact ab, le point D (ıv) celui de la corde de contact ed : donc la diagonale AD, qui joint les sommets ı et ıv, est la polaire du point d'intersection O des deux polaires ab, ed.

De même la diagonale qui joint les sommets B et E (ıı et v) est la polaire du point d'intersection I des polaires correspondantes ef, bc.

Et, enfin, la diagonale CF, qui joint les sommets ııı et vı, est la polaire du point d'intersection H des polaires correspondantes fa, cd.

Mais d'après la première proposition les trois pôles O, I, H, sont en ligne droite : donc les trois polaires se coupent en un seul et même point P, qui est le pôle de la droite des points d'intersection des côtés 1, 4; 2, 5; 3, 6, de l'hexagone inscrit, dont les sommets touchent la courbe aux points de contact.

252. Corollaire I. Étant donnés cinq points d'une courbe du deuxième degré, on trouvera facilement, par une construction graphique, le point d'intersection avec la courbe d'une droite quelconque menée par un des points donnés, et par conséquent on pourra construire ainsi la courbe par des points.

253. Corollaire II. Si l'un des côtés de l'hexagone inscrit devient nul, c'est-à-dire si deux des six sommets e, f (fig. 98) se réunissent en un seul, le sixième côté devient une tangente à la courbe, et il en résulte que 1, 2, 3, 4, 5 désignent les côtés du pentagone inscrit $abcd$ (e, f), 1, 4; 3, 5; 2 et la tangente au point (e, f), se coupant sur une même droite. On pourra donc, étant donnés cinq points d'une courbe du deuxième degré, mener une tangente par un de ces points.

254. Corollaire III. Étant donnés cinq points 1, 2, 3, 4, 5, d'une courbe du deuxième degré, on pourra déterminer le centre. En effet, par un des points, (1) par exemple, on mènera la tangente; par un autre quelconque (2) des autres points, une sécante parallèle à la tangente, dont on cherchera le point d'intersection (6) avec la courbe; et l'on prendra le milieu de la corde (2, 6). Joignant le point (1) avec ce point milieu, on cherchera le point d'intersection (7) de cette nouvelle sécante avec la courbe, et le point milieu de cette corde sera le centre cherché.

Remarque I. Si le point (7) était situé à l'infini, la courbe serait une parabole, et la dernière sécante trouvée serait un diamètre.

Remarque II. Si le centre trouvé tombe dans l'intérieur du polygone convexe formé par la jonction deux à deux des cinq points donnés, la courbe est une ellipse.

S'il tombe à l'extérieur, une hyperbole, et les cinq points sont sur une même branche de la courbe.

Remarque III. S'il n'est pas possible de former un pentagone convexe avec les cinq points donnés, la courbe est une hyperbole, et les points donnés sont distribués sur les deux branches.

Remarque IV. Si trois points sont en ligne droite, le lieu
géométrique est l'ensemble des deux droites convergentes ou
parallèles.

Enfin les cinq points peuvent être sur une même droite.

255. Corollaire IV. Si l'hexagone inscrit se change en quadrilatère (fig. 99), les points e et f, c et d, étant confondus en un
seul, les côtés (3) et (5) de l'hexagone deviennent les tangentes
aux points (cd), (ef), et les points d'intersection des côtés et des
tangentes sont sur une même droite.

256. Corollaire V. Enfin, lorsque les points a et b, c et d, e et f
sont réunis, l'hexagone est remplacé par deux triangles, dont
l'un inscrit et l'autre circonscrit (fig 100).

THÉORÈME LXXII.

257. *Dans tout hexagone inscrit dans une courbe du deuxième
degré, dont les côtés sont désignés par* 1, 2, 3, 4, 5, 6, *les points
d'intersection des côtés* 1 *et* 4, *et des diagonales qui interceptent les
côtés* 2 *et* 5, 3 *et* 6, *se coupent sur une même ligne droite.*

En effet, les côtés ab et ed [1] et [4] (fig. 101) étant pris pour
axes comme au n° **251**, et les notations étant les mêmes, les
diagonales bf, ce, et ac, fd, auront pour équations

$$bf \qquad\qquad y - \beta' = \frac{q - \beta'}{p}\, x,$$

$$ce \qquad\qquad y = \frac{q'}{p' - \alpha}\,(x - \alpha);$$

$$ac \qquad\qquad y - \beta = \frac{q' - \beta}{p'}\, x,$$

$$fd \qquad\qquad y = \frac{q}{p - \alpha'}\,(x - \alpha').$$

Et désignant par x_3, y_3, et x_4, y_4, les coordonnées des points d'intersection I', H', de *bf* et *ce*, *ac* et *fd*, on trouvera

$$x_3 = - \frac{p\left[(p'-\alpha)\beta' + q'\alpha\right]}{(p'-\alpha)(q-\beta') - pq'},$$

$$y_3 = - \frac{q'\left[p\beta' + (q-\beta')\alpha\right]}{(p'-\alpha)(q-\beta') - pq'};$$

$$x_4 = - \frac{p'\left[(p-\alpha')\beta + q\alpha'\right]}{(p-\alpha')(q'-\beta) - p'q},$$

$$y_4 = - \frac{q\left[p'\beta + (q'-\beta)\alpha'\right]}{(p-\alpha')(q'-\beta) - p'q};$$

d'où l'on tire

$$\frac{y_3}{x_3} = \frac{q'\left[p\dfrac{\beta'}{\alpha} + (q-\beta')\right]}{p\left[p'\dfrac{\beta'}{\alpha} + (q'-\beta')\right]},$$

$$\frac{y_4}{x_4} = \frac{q\left[p'\dfrac{\beta}{\alpha'} + (q'-\beta)\right]}{p'\left[p\dfrac{\beta}{\alpha'} + (q-\beta)\right]}.$$

En égalant les seconds membres de ces équations, on trouve pour résultat l'équation $L = 0$ (**251**) : donc $\dfrac{y_3}{x_3} = \dfrac{y_4}{x_4}$, et les trois points O, I', H', sont en ligne droite.

Corollaire I. Comme l'on peut choisir pour axes deux des côtés quelconques pris dans le même ordre indiqué précédemment, il s'ensuit que les points O, I, H; O, I', H'; O', I', H; O', I, H', sont trois à trois sur une même ligne droite.

Corollaire II. Il s'ensuit encore que les polaires correspondantes aux points O, I, H, O', I', H', se coupent trois à trois en un même point P, Q, R, S; la polaire de chacun des points O, I, H, O', I', H', passe par l'intersection des couples de droites qui n'aboutissent pas à ce même point; ainsi la polaire O passe par O', celle de I par I', celle de H par H', et réciproquement.

De plus, le point d'intersection *i* des polaires de I et I' est le pôle de II', *h* le pôle de HH', *o* de OO', donc le point d'intersection G des droites HH', OO', est le pôle de la droite *oh*, laquelle se confond avec la diagonale *ad* (**242**); de même *oi* ou *be* a pour pôle le point d'intersection E des droites OO', II', et *ih* ou *cf*, le point d'intersection F des droites II', HH'.

On déduit facilement de cette analyse la solution du problème suivant :

<h3 style="text-align:center">PROBLÈME CIV.</h3>

258. *Inscrire dans une courbe donnée du deuxième degré un triangle dont chacun des côtés soit assujetti à passer par un point donné.*

Soient O, I, H' (fig. 102), les trois points donnés par lesquels les côtés du triangle inscrit doivent passer.

Le problème proposé revient évidemment à mener par deux points O et I deux sécantes à un même point inconnu *b* de la courbe, telles que la corde d'intersection *ac* passe par un troisième point H'.

On joindra OI, et le point d'intersection H de OI et de la polaire du point H' sera déterminé; on joindra de même OH', et le point d'intersection I' de OH' et de la polaire du point I sera pareillement déterminé.

On mènera ensuite les droites H'IO', I'HO', ce qui déterminera le point O', puis, en joignant OO', HH', on connaîtra le point G, qui est le pôle de la droite *ad*.

Du point G, on mènera donc les deux tangentes à la courbe G*a*, G*d*; et enfin les sécantes O*ab*, I*cb*, ou bien O*ed*, I*ef*, qui offrent les deux solutions du problème, *abc* et *edf*.

On peut encore trouver directement les deux points de la courbe, *b*, *e*, où les sécantes doivent se rencontrer. Pour cela on cherchera le point d'intersection E des droites II', OO', qui doivent se couper au pôle de la droite *be* qui joint les deux points demandés.

Cette solution peut s'étendre à un polygone quelconque.

Applications.'

PROBLÈME CV.

259. *Par cinq points donnés faire passer une courbe du deuxième degré.*

Déterminez d'abord le genre de la courbe (**198**), et le centre si la courbe doit avoir un centre, ou la direction des diamètres de la parabole si la courbe cherchée doit être une parabole.

Premier cas. Si la courbe cherchée doit avoir un centre, voici comment on pourra déterminer ses éléments par un procédé purement graphique, et pour cela trois points de la courbe suffiront lorsque le centre sera déterminé.

Soient O (fig. 103) le centre, déterminé ainsi qu'il a été dit précédemment (**198**); A, C, D, trois quelconques des points donnés. Menez indéfiniment AO, et prenez $Oa = OA$. Aa sera un diamètre. Menez ensuite CD, qui rencontre Aa en P; puis joignez directement et réciproquement les points A, C, D, a par les droites AC, aD, qui se rencontrent en H, et aC, AD, qui se rencontrent en I; la droite HIK passant par ces deux points est la polaire du point P (**241** et **243**), et de plus elle est parallèle au diamètre conjugué à Aa (**206**). Menant, par le centre O, OB parallèle à HI, on aura la direction de ce diamètre conjugué.

Pour savoir si la courbe doit être une ellipse ou une hyperbole, par le point C ou D, à volonté, on mènera une droite parallèle à HI, et si cette droite rencontre le diamètre Aa entre les points A et a, la courbe sera une ellipse; dans le cas contraire, une hyperbole.

1° La figure 103 a rapport au cas de l'ellipse. Alors, connaissant le centre, la direction des diamètres conjugués et la grandeur de l'un d'eux, on déterminera la longueur de l'autre par la méthode du n° **195**.

On construira la courbe sur ces deux diamètres conjugués par l'une des méthodes connues : ou, si l'on veut, on déterminera les axes (**180**), puis les foyers, la directrice, etc.

2° Si la courbe demandée doit être une hyperbole, après s'en être assuré en menant par le point C ou D (fig. 104) une parallèle à HIK, on mènera OB parallèle aussi à HIK, qui indiquera la direction du diamètre conjugué à Aa.

Connaissant un diamètre, la direction de son conjugué et un point de la courbe, on déterminera la longueur de ce second diamètre (81), et l'on construira la courbe sur ces deux diamètres conjugués, connus de grandeur et de direction.

On pourra, si l'on veut, déterminer les asymptotes de la manière suivante :

Soient, en supposant le problème résolu, OS, OS' (fig. 104 *bis*), les asymptotes demandées; par le point A, on mènera parallèlement à OB la droite indéfinie AS, qui sera tangente à la courbe au point A, et rencontrera les asymptotes aux points S, S'. C étant un point de la courbe, et la corde AC prolongée jusqu'en N et N' sur les asymptotes, le point milieu M de la corde AC, d'après la propriété des sécantes entre les asymptotes, sera tel que MN $=$ MN' : par conséquent si l'on mène S'R parallèle à NN', la droite OM partagera en deux parties égales la droite S'R au point U. Donc AU sera parallèle à OS, et UN parallèle et égale à AS, et l'on aura les proportions

$$\frac{MA}{MN} = \frac{MU}{MO}, \quad \frac{MA}{MN} = \frac{MV}{MU};$$

et, multipliant entre elles ces égalités,

$$\frac{\overline{MA}^2}{\overline{MN}^2} = \frac{MV}{MO} :$$

MN sera donc déterminé, et par conséquent l'asymptote ONS; prenant CN' $=$ AN, on aura l'autre asymptote OS'N'.

Deuxième cas. Si la courbe demandée doit être une parabole, on déterminera la direction de ses diamètres (198), et trois points de la courbe suffiront pour la déterminer, ainsi qu'il suit :

Par le point A (fig. 105) menez AX parallèle à la direction des diamètres, trouvée comme il a été indiqué ci-dessus : il s'agit de trouver la direction de la tangente à la courbe au point A, c'est-à-dire de l'axe conjugué au diamètre AX. Pour cela, soient B et C les deux autres points connus de la parabole; joignez BC, qui rencontre AX en P. Afin de déterminer la polaire de ce point, on joindra AC, et par le point B, on mènera BH parallèle à AX ; on mènera de même AB, et, par le point C, CI parallèle à AX, et la polaire IH sera déterminée ; enfin, par le point A, menant AT parallèle à HIK, on aura la direction de la tangente à l'extrémité du diamètre.

Connaissant un système d'axes conjugués de la parabole , il suffira de connaître un point de la courbe pour déterminer le paramètre du diamètre (86), et la construction de la parabole se fera sans difficulté (86).

On peut encore déterminer le foyer, lorsqu'on a trouvé le paramètre du diamètre AX, en menant AFG telle, que l'angle T'AG = TAX, et prenant sur AFG une longueur AF, égale au quart du paramètre (222).

Mais on peut aussi déterminer le foyer sans être obligé de déterminer le paramètre; pour cela il suffira de connaître la direction de la tangente en un second point B de la courbe, ce qui peut se faire de plusieurs manières. La plus simple consiste à mener BM parallèle à AT, et à prendre AN = AM (207); la tangente NBN' sera déterminée. Alors, menant BFL telle, que l'angle NBL = N'BH, la rencontre des droites AFG, BFL, déterminera le foyer.

Le foyer étant déterminé, on mènera, parallèlement au diamètre AX, SFY, qui sera l'axe de la parabole et rencontrera la tangente TAT' au point T'; puis, abaissant AQ perpendiculaire sur l'axe, le point S, milieu de T'Q, sera le sommet; enfin, prenant sur le prolongement de l'axe SD = SF, et élevant une perpendiculaire à SFY, DD' sera la directrice.

260. *Deuxième manière.* Étant donnés les cinq points (fig. 96) *a*, *b*, *c*, *d*, *e*, joignez les points par les droites *ab* [1], *bc* [2], *cd* [3], *de* [4], et par le point *a* menez une droite quelconque *af*H [6]. Joignez le point d'intersection O de [1] et [4] avec le point d'intersection H de [3] et [6], et par le point d'intersection I de OH et de [2] menez I*ef*, qui déterminera un sixième point *f* (**251**). On se servira de ce moyen pour déterminer autant de points qu'on voudra.

261. *Troisième manière.* Étant donnés les cinq points *a*, *b*, *c*, *d*, *e* (fig. 98), appelez les côtés du pentagone [1], [2], [3], [4], [5]; prolongez [1] et [4] jusqu'à leur point de rencontre O [3] et [5],

jusqu'en H ; joignez OH, et par le point de concours I des droites
OH et *bc* [2] menez I*e*, qui sera tangente à la courbe (**253**).
Par un des points donnés *b* menez une corde *bb'* parallèle à la
tangente I*e*, et déterminez le point d'intersection *b'* avec la
courbe (**260**) ; menez par le milieu *m* de cette corde la droite
eCm, et cherchez de même le point de rencontre A de la
courbe et de la sécante : *e*A sera un diamètre ; C, milieu de *e*A,
le centre ; et enfin *c*B, parallèle à *bb'*, la direction du conjugué
de *e*A.

On déterminera la longueur de ce diamètre par une des méthodes indiquées précédemment, parmi lesquelles nous rappellerons la suivante : par le point *b* menez une tangente R*b*S,
ainsi qu'il a été indiqué pour la tangente au point *e*, et cherchez
une moyenne proportionnelle à *e*R et AS : cette moyenne proportionnelle sera la longueur du demi – diamètre conjugué
à *e*A (**228**).

Dans chaque cas particulier on aura égard aux remarques qui
terminent le n° **254**.

PROBLÈME CVI.

262. *Par quatre points donnés faire passer une parabole.*

Déterminez la direction des diamètres (**199**), et le problème
s'achèvera d'après ce qui a été dit au problème général du
n° **259**, pour le cas de la parabole.

PROBLÈME CVII.

263. *Décrire une ellipse ou une hyperbole tangente à cinq droites données.*

On cherchera le centre d'après la propriété du n° **250**. Connaissant le centre, il suffira de considérer trois des tangentes
données pour achever la construction. Soient O le centre, et AB,
MN, MQ, trois tangentes (fig. 106) ; menez, à égale distance du
centre, NP et PQ parallèles à MN et MQ : ces nouvelles droites
seront tangentes à la courbe, et l'on déterminera sans difficulté
la courbe tangente aux quatre côtés du parallélogramme et
assujettie à toucher une cinquième droite AB, problème déjà
résolu (**240**).

PROBLEME CVIII.

264. *Décrire une ellipse inscrite dans un quadrilatère donné, et passant par un point donné.*

Déterminez le centre; construisez le parallélogramme circonscrit, et décrivez l'ellipse tangente aux quatre côtés du parallélogramme, et passant par un point donné.

DE LA NORMALE DANS LES COURBES DU DEUXIÈME DEGRÉ.

265. On appelle en général *normale* à une courbe *la perpendiculaire à la tangente au point de contact ;* si donc l'on considère la tangente comme une ligne droite qui a un élément commun avec la courbe, on pourra dire que la normale est aussi perpendiculaire à la courbe au point où elle la traverse.

D'après cette définition, il sera très-facile de déterminer l'équation de la normale en un point donné d'une courbe quelconque du deuxième degré.

Soit, en effet, $y^2 = 2px + qx^2$ l'équation générale, les axes conjugués faisant entre eux un angle quelconque θ. L'équation de la tangente MT au point M $(x'y')$ étant **(205)**

$$[1] \qquad y - y' = \frac{p + qx'}{y'} (x - x'),$$

dans laquelle $\dfrac{p + qx'}{y'} = a$ exprime le rapport des sinus des angles que la tangente fait avec les deux axes, l'équation de la normale au même point M (fig. 107) sera de la forme

$$[2] \qquad y - y' = a' (x - x') ;$$

et il doit exister entre a et a' la relation connue **(24)**

$$1 + aa' + (a + a') \cos \theta = 0,$$

puisque les droites [1] et [2] sont perpendiculaires l'une à l'autre.

On tire de cette équation de condition

$$a' = - \frac{1 + a \cos \theta}{a + \cos \theta} :$$

par conséquent l'équation générale de la normale sera

$$[3] \qquad y - y' = - \frac{y' + (p + qx') \cos \theta}{(p + qx') + y' \cos \theta} (x - x').$$

Si la courbe est rapportée à ses axes principaux, $\theta = 100°$, $\cos \theta = 0$, et l'équation de la normale devient

$$[N] \qquad y = y' = - \frac{y'}{p + qx'} (x - x').$$

266. On nomme *sous-normale* la portion de l'axe comprise entre le point où la normale rencontre cet axe et le pied de l'ordonnée du point de contact : ainsi PN (fig. 108) est la sous-normale à la courbe au point M. On trouvera sa valeur en faisant $y = 0$ dans l'équation de la normale ; et, tirant de cette équation, ainsi modifiée, la valeur de $x_0 - x'$, on obtiendra $x_0 - x' = p + qx'$. Si $q = 0$, la sous-normale $x_0 - x' = p$. On en conclut le théorème suivant :

THÉORÈME LXXIII.

Dans toute parabole la sous-normale est constante et égale au demi-paramètre.

267. Si l'on désigne par a_1, a_2, les abscisses des foyers F, F' (fig. 109), on aura

$$FN = x_0 - a_1 = (p - a_1) + (1 + q)x'$$

et

$$F'N = a_2 - x_0 = (a_2 - p) - (1 + q)x' ;$$

et, d'après l'équation de condition qui sert à déterminer les abscisses du foyer (**135**),

$$p - a_1 = a_1 \sqrt{1 + q}, \quad p - a_2 = - a_2 \sqrt{1 + q},$$

et par conséquent

$$FN = \sqrt{1 + q}\,(a_1 + x'\sqrt{1 + q}), \quad F'N = \sqrt{1 + q}\,(a_2 - x'\sqrt{1 + q}) ;$$

d'où

$$\frac{FN}{F'N} = \frac{a_1 + x'\sqrt{1 + q}}{a_2 - x'\sqrt{1 + q}}.$$

Mais FM et F'M ont aussi pour valeurs, d'après l'expression générale du rayon vecteur $\rho = a \pm x' \sqrt{1+q}$,

$$FM = \rho_1 = a_1 + x' \sqrt{1+q}, \quad F'M = \rho_2 = a_2 - x' \sqrt{1+q} :$$

donc
$$\frac{FM}{F'M} = \frac{FN}{F'N} ;$$

et par conséquent la normale MN en un point quelconque de la courbe divise en deux parties égales l'angle des rayons vecteurs en ce point.

D'où l'on conclut encore que la tangente partage en deux parties égales l'angle formé par l'un des rayons vecteurs et le prolongement de l'autre.

268. Lorsque la courbe est une parabole, l'un des rayons vecteurs F'M devenant parallèle à l'axe (fig. 110), on a

$$NMF' = MNF = NMF,$$

et le triangle MNF est isocèle; et la droite FQ, parallèle à la tangente TM, partage en deux parties égales et coupe perpendiculairement la normale MN.

De plus, on sait (**224**) que, si du foyer F on mène une perpendiculaire FP à la tangente MT, le pied P de cette perpendiculaire se trouve sur la perpendiculaire OY élevée sur l'axe par le sommet de la parabole : donc le point P est le milieu de MT, car l'angle MTF = FMT.

De là ce théorème :

THÉORÈME LXXIV.

Si par tous les points du plan d'une parabole on mène à la courbe des tangentes, telles que MT, *le point milieu* P *de la partie de de chaque tangente comprise entre l'axe et la courbe se trouve sur la perpendiculaire élevée sur l'axe par le sommet de la parabole.*

La figure PFOM étant un rectangle, et la droite PF étant égale et parallèle à QN, la droite PQ est parallèle à l'axe.

Il est facile de reconnaître en même temps que le point F est le milieu de TN.

Donc :

THÉORÈME LXXV.

Dans toute parabole la tangente et la normale en un même point de la courbe rencontrent l'axe principal en deux points à égale distance du foyer.

On peut déjà conclure de là que

La longueur de la normale au sommet de la parabole est égale à la moitié du paramètre.

Ce qui est également vrai pour l'ellipse et pour l'hyperbole : car la distance ON étant généralement exprimée par

$$x_0' = p + (1 + q) x',$$

au sommet de la courbe on a $x' = 0$, et par conséquent $x_0 = p$.

269. D'après un principe de physique confirmé à chaque instant par l'expérience, lorsqu'un corps élastique en mouvement vient frapper une surface dans une certaine direction, ce corps se réfléchit de l'autre côté de la perpendiculaire élevée à la surface au point de contact, en restant dans le même plan perpendiculaire, et faisant, de chaque côté de cette normale, des angles égaux, qu'on appelle *angle d'incidence, angle de réflexion.*

Si donc un point matériel, en mouvement direct, se dirige d'un foyer d'une ellipse vers un point quelconque de la courbe, la direction du mouvement réfléchi sera telle, que le point matériel ira passer constamment par l'autre foyer (**267**), et si l'on conçoit au point F (fig. 109) un foyer de chaleur, un boulet chauffé au rouge, par exemple, et au point F' un corps inflammable, de l'amadou, ce corps s'enflammera comme s'il était placé au foyer F. Les différents points de l'intérieur de la courbe se ressentiront sans doute du rayonnement de la chaleur; mais le point F' sera le seul où viendront se concentrer tous les rayons émanés du point F. Il en serait de même des rayons sonores, etc.

Dans l'hyperbole, les rayons émanés d'un foyer sont réfléchis, dans l'intérieur de la courbe, suivant la direction de droites, qui, prolongées en sens contraire, iraient concourir à l'autre foyer.

Pour la parabole, tous les rayons parallèles à l'axe vont se réfléchir au foyer.

PROBLÈME CIX.

270. *Par un point donné mener une normale à une courbe du deuxième degré.*

Soit $y^2 = 2px + qx^2$ [1] l'équation de la courbe rapportée à ses axes principaux : l'équation de la normale menée par le point α, β, sera

$$[2] \qquad \beta - y = - \frac{y}{p + qx}(\alpha - x),$$

et les points d'intersection de la normale et de la courbe seront déterminés par les valeurs de x et de y résultant de l'élimination entre les équations [1] et [2].

L'équation [2] peut se mettre sous la forme

$$[3] \qquad xy(1+q) + (p - \alpha)y - \beta qx - \beta p = 0.$$

On y reconnaît une hyperbole équilatère dont les asymptotes, parallèles aux axes principaux, ont pour équations

$$y = \frac{\beta q}{1 + q}, \quad x = \frac{\alpha - p}{1 + q}.$$

L'équation [3] étant satisfaite par $x = \alpha$, $y = \beta$, l'hyperbole passe par le point donné. On connaît les asymptotes et un point de la courbe, on pourra donc la construire, et par conséquent déterminer les points d'intersection de la normale et de la courbe donnée.

271. *Cas particuliers.* Si le point donné est sur l'axe principal transverse, $\beta = 0$, et l'équation [3], réduite à

$$y\,[x(1+q) + (p - \alpha)] = 0,$$

est satisfaite par $y = 0$, axe transverse de la courbe, et par

$$x(1+q) + (p - \alpha) = 0,$$

équation d'une droite perpendiculaire à cet axe ; ce qu'on pouvait prévoir d'avance à cause de la symétrie de la courbe.

272. Si la courbe donnée est une parabole, les équations des asymptotes deviennent $y = 0$, $x = \alpha - p$, et le problème n'a que trois solutions; ce qu'on reconnaîtra plus facilement en éliminant directement entre les équations [1] et [2].

L'équation [2] donne

$$y = \frac{\beta q x + \beta p}{(1+q)x + p - \alpha} ;$$

et substituant cette valeur dans l'équation [1], on obtient, toute réduction faite,

$$[\mathrm{G}] \left\{ \begin{array}{l} q(1+q)^2 x^4 + 2q(1+q)(p-\alpha) \big| x^3 \quad\quad + q(p-\alpha)^2 \big| x^2 + 2p(p-\alpha)^2 \big| x - \beta^2 p^2 \\ \quad\quad\quad + 2p(1+q)^2 \big| \quad\quad + 4p(1+q)(p-\alpha) \big| \quad\quad - 2\beta^2 pq \big| \\ \quad\quad\quad\quad\quad\quad\quad\quad\quad\quad\quad - \beta^2 q^2 \big| \end{array} \right\} = 0.$$

Cette équation du quatrième degré se réduit à une équation du troisième dans le cas de la parabole, c'est-à-dire si $q = 0$.

273. On peut encore observer que toutes les normales à la circonférence passent par le centre. En effet, dans ce cas particulier $q = -1$, et l'équation [3], réduite à

$$(p-\alpha)y + \beta(x-p) = 0,$$

est satisfaite par $x = p$, $y = 0$, quels que soient α et β.

274. En général le problème de mener une normale à une courbe du deuxième degré conduit à la résolution d'une équation du quatrième degré, telle que [G], laquelle aura toujours au moins deux racines réelles, puisque le dernier terme de l'équation [G] est essentiellement négatif $(q > 0)$.

Au surplus, on peut toujours ramener la difficulté à la résolution d'une équation du troisième degré, au moyen de l'artifice de calcul suivant.

Les points d'intersection de la normale cherchée et de la courbe appartiennent à la fois aux deux courbes

$$[1] \quad\quad\quad\quad y^2 = 2px + qx^2,$$

$$[2] \quad\quad xy(1+q) + (p-\alpha)y - \beta qx - \beta p = 0.$$

Multiplions la première par un coefficient constant indéterminé m, et ajoutons au produit la deuxième équation : il viendra

$$[\mathrm{M}] \quad my^2 + xy(1+q) - mqx^2 + (p-\alpha)y - (\beta q + 2mp)x - \beta p = 0,$$

équation du deuxième degré, qui pourra représenter toute autre ligne de ce degré passant par les mêmes points d'intersection.

Si l'on veut que cette équation représente l'ensemble de deux lignes droites, il faut et il suffit que les coefficients satisfassent à la relation $L = 0$, ou

$$[74] \qquad AE^2 + CD^2 - BDE + F(B^2 - 4AC) = 0;$$

substituant dans cette équation les valeurs $A = m$, $B = (1 + q)$, $C = -mq$, $D = (p - \alpha)$, $E = -(\beta q + 2mp)$, $F = -\beta p$, on trouvera, toute réduction faite,

$$4pm^3 + \{\beta^2 q^2 + (p - \alpha)[(p + \alpha)q + 2p]\} m - \beta(1 + q)(p + q\alpha) = 0,$$

équation du troisième degré, débarrassée de son second terme. Si donc on peut résoudre cette équation, on ramènera l'équation [M] au système de deux droites, que l'on construira sans difficulté : les points d'intersection de ces droites et de la courbe proposée seront les points où la normale demandée doit rencontrer la courbe.

275. L'équation précédente [G] aura, ainsi qu'il a été dit précédemment, au moins deux valeurs réelles : par conséquent, le problème admet toujours au moins deux solutions, et il peut en avoir trois, et le plus généralement quatre. On peut se demander de déterminer *sur quelle ligne doit se trouver le point donné, pour que le problème n'admette que trois ou deux solutions*, conditions qui exigent que des quatre racines de l'équation [G] deux soient réelles et inégales, et les deux autres réelles et égales, ou deux imaginaires et deux réelles et inégales. Enfin le problème n'aurait réellement qu'une solution si les deux racines réelles de ce dernier cas étaient égales entre elles; ce qui ne peut convenir qu'au sommet de la parabole.

276. Mais, sans analyser ce problème particulier, nous simplifierons encore la question en cherchant pour quelle position particulière du point donné on ne peut mener que deux normales à la parabole.

Dans ce cas particulier l'équation [G], dans laquelle on fait $q = 0$, devient, après réduction,

$$x[x + (p - \alpha)]^2 - \frac{\beta^2 p}{2} = 0,$$

ou $\qquad x^3 + 2(p - a)x^2 + (p - \alpha)^2 x - \dfrac{\beta^2 p}{2} = 0.$

Or on sait qu'une équation du troisième degré

$$x^3 + Px^2 + Qx + R = 0$$

à deux de ses racines égales lorsque la relation

$$3\,(PQ - 9R)^2 - 2P\,(PQ - 9R)\,(2P^2 - 6Q) + Q\,(2P^2 - 6Q)^2 = 0$$

est satisfaite. Substituant dans cette relation à P, Q, R, les valeurs

$$P = 2\,(p - \alpha), \quad Q = (p - \alpha)^2, \quad R = -\frac{\beta^2 p}{2},$$

on trouve, après avoir réduit,

$$\beta^2\,[8\,(p - \alpha)^3 + 27 p \beta^2] = 0,$$

équation qui est satisfaite soit par $\beta = 0$, soit par

[D] $$\qquad 8\,(\alpha - p)^3 - 27 p \beta^2 = 0.$$

La première est l'équation de l'axe de la parabole; la deuxième, une courbe du troisième degré que nous retrouverons bientôt. Le problème n'aura donc que deux solutions lorsque le point donné se trouvera sur l'axe, ce qu'on savait déjà, ou sur la courbe [D].

COURBURE DES LIGNES, CENTRES DE COURBURE, RAYONS DE COURBURE, DÉVELOPPÉES ET DÉVELOPPANTES DES COURBES DU DEUXIÈME DEGRÉ.

277. Lorsqu'une droite AB (fig. 111) est tangente à deux ou plusieurs courbes en un même point M, ces courbes sont tangentes entre elles, intérieurement ou extérieurement, selon que ces courbes, dans les environs du point de contact, tournent leurs concavités dans le même sens ou en sens contraire : ainsi les courbes CMD, EMF, se touchent intérieurement, et les courbes CMD, C'M'D', extérieurement.

Il est évident alors que toutes ces courbes qui ont même tangente au point M n'ont aussi en ce même point qu'une seule et même normale NMN'.

278. Mais deux lignes courbes peuvent avoir entre elles un contact plus ou moins intime, selon la nature de ces courbes; et l'on dit qu'il y a *osculation* entre ces courbes lorsque le contact est aussi intime qu'il peut l'être, d'après la nature de ces courbes et la forme de leurs équations. Soient, pour fixer les idées, B, A, C (fig. 112), trois points très-rapprochés d'une courbe : comme par ces trois points on ne peut faire passer qu'une seule circonférence, il s'ensuit qu'une circonférence osculatrice ne peut avoir avec la courbe plus de trois points communs, ou, pour nous servir de l'expression reçue, que deux éléments communs, AB, AC. De plus, comme par trois points on ne peut faire passer qu'une seule circonférence, on en conclut que deux circonférences ne peuvent avoir qu'un élément commun, ou un simple contact, et enfin qu'on pourrra juger de la courbure d'une ligne, en un point donné A, par la courbure du cercle qui aurait avec la courbe en ce point le contact le plus intime, et que, pour cette raison, on nomme le *cercle osculateur.*

279. Pour déterminer le centre de ce cercle, il suffirait de prendre à droite et à gauche du point A deux points B et C aussi rapprochés que possible; puis, par le milieu des cordes AB, AC, d'élever les perpendiculaires MO, NO : le point de concours O serait le centre de courbure, et OA le rayon de courbure.

Si l'on conçoit plusieurs cercles tangents à la même droite, au même point, celui qui s'écartera le moins de la tangente aux environs du point de contact aura la courbure la moins grande : les courbures de ces cercles sont inversement proportionnelles à leurs rayons, et l'on peut dire que la ligne droite est une circonférence d'un rayon infiniment grand, comme un point est une circonférence d'un rayon nul.

280. Soient toujours B, A, C, trois points très-rapprochés d'une courbe, au point que les lignes BA, AC, se confondent avec les tangentes aux points B et A. L'angle TAT' se nomme *angle de contingence* ou *angle de courbure.* On conçoit en effet que, si le point C est situé en C' au-dessus ou au-dessous de AC, l'angle TAT' diminue ou augmente; et cet angle est égal à l'angle mOn, ainsi qu'il est facile de s'en convaincre dans le quadrilatère $mAnO$, dans lequel les angles en m et en n sont droits. Or, comme les points B, A, C, sont supposés très-rapprochés, les perpendiculaires mO, nO, se confondent avec les normales correspondantes aux éléments BA, AC, et l'on peut dire que le centre de courbure en un point A est le point de rencontre de la normale en ce point, et de la normale consécutive la plus rapprochée. Le rayon de courbure n'est autre chose que la longueur de la normale elle-même comprise entre le point A et le point d'intersection des deux normales, et l'angle de courbure, l'angle des normales elles-mêmes.

281. On conçoit que pour chaque point A, A', A'',... (fig. 113), de la courbe MN, le centre O de courbure change; tous ces points O, O', O'', se trouvent sur une nouvelle courbe PQ, et ces courbes sont telles, que tous les rayons de courbure sont à la fois des normales à MN et des tangentes à PQ.

De plus, si l'on conçoit un fil enroulé le long de la courbe PQ, l'extrémité de ce fil en se déroulant tracera la courbe MN.

La courbe PQ s'appelle, pour cette raison, la *développée* de MN, qui prend le nom de *développante*.

Un exemple bien simple fera concevoir mieux cette définition.

Soit un quadrilatère ABCD (fig. 114) enveloppé d'un fil, dont les deux bouts se réunissent en A.

Supposons qu'un bout restant fixe, l'autre se déroule dans le plan de la figure : l'extrémité A décrira d'abord l'arc AI, dont le centre est en B, et qui a pour rayon le côté BA; lorsque le fil arrive en I, sur la direction du côté BC, le centre du mouvement change et vient en C; alors l'extrémité du fil décrit l'arc IH, et le rayon est égal à $BA + BC$; au point H, le centre se déplace de nouveau et vient en D, et l'arc HK est décrit avec un rayon égal à $DC + CB + BA$, et ainsi de suite jusqu'à l'entier déroulement du fil.

La courbe AIHKL, formée par la réunion de quatre arcs de cercle de rayons différents, est la développante du quadrilatère ABCD. Les points B, C, D, A, sont les centres de courbure; BA, $CB + BA$, $DC + CB + BA$, etc., les rayons de courbure.

Au lieu d'un polygone on peut concevoir pour développée une courbe quelconque (fig. 115) ABC, une circonférence par exemple, que l'on supposera divisée en un nombre assez grand de parties égales pour que les cordes puissent sans erreur sensible être prises pour les arcs, et par un développement semblable au précédent on arriverait à la développante AIHK.

282. Ainsi lorsque la développée est donnée, il est facile de décrire la développante par un mouvement continu à l'aide du déroulement d'un fil : si donc on pouvait trouver la développée d'une courbe donnée, il serait facile de la construire par ce moyen. La recherche de la développée d'une courbe quelconque par la méthode générale sortirait des bornes de cet ouvrage: il nous suffira pour le moment d'appliquer cette théorie aux courbes du deuxième degré, pour chacune desquelles nous déterminerons successivement la développée en considérant cette courbe comme le lieu géométrique des points d'intersection des normales les plus rapprochées entre elles.

283. *Développée et rayon de courbure de l'ellipse.* Soit l'équation de l'ellipse rapportée à son centre et à ses axes

$$A^2 y^2 + B^2 x^2 = A^2 B^2.$$

On trouvera facilement, d'après ce qui précède (**265**), pour les équations des normales,

$$\text{au point } (x', y'), \quad \beta - y' = \frac{A^2 y'}{B^2 x'} (\alpha - x');$$

$$\text{au point } (x'', y''), \quad \beta - y'' = \frac{A^2 y''}{B^2 x''} (\alpha - x'').$$

Ces équations des normales prennent la forme

$$\beta = \frac{A^2 y'}{B^2 x'} \alpha - \left(\frac{A^2 - B^2}{B^2} \right) y',$$

$$\beta = \frac{A^2 y''}{B^2 x''} \alpha - \left(\frac{A^2 - B^2}{B^2} \right) y''.$$

Cherchant les coordonnées de leur point d'intersection, d'après les formules connues on trouvera

$$\alpha = \frac{(A^2 - B^2)}{A^2} \left[\frac{(y'' - y') \, x' x''}{y'' x' - y' x''} \right];$$

et, à cause de

$$y'' x' - y' x'' = \frac{1}{2} [(y'' - y')(x'' + x') - (y'' + y')(x'' - x')],$$

en divisant le numérateur et le dénominateur par $(x'' - x')$, on obtiendra

$$\alpha = + \left(\frac{A^2 - B^2}{A^2}\right) \left\{ \frac{\dfrac{y'' - y'}{x'' - x'} x' x''}{\dfrac{1}{2}\left[\dfrac{y'' - y'}{x'' - x'}(x'' + x') - (y'' + y')\right]} \right\}.$$

Mais (x', y'), (x'', y''), étant deux points de la courbe, on a les relations $A^2 y''^2 + B^2 x''^2 = A^2 B^2$, $A^2 y'^2 + B^2 x'^2 = A^2 B^2$; d'où l'on tire, par soustraction,

$$A^2 (y'' + y')(y'' - y') + B^2 (x'' + x')(x'' - x') = 0,$$

et

$$\frac{y'' - y'}{x'' - x'} = - \frac{B^2 (x'' + x')}{A^2 (y'' + y')}.$$

et par conséquent

$$\alpha = + \left(\frac{A^2 - B^2}{A^2}\right) \left\{ \frac{B^2 (x'' + x') x' x''}{\dfrac{1}{2}[A^2 (y'' + y')^2 + B^2 (x'' + x')^2]} \right\}.$$

Telle est la valeur de l'abscisse du point de rencontre de deux normales quelconques, valeur qui, à la limite, c'est-à-dire pour $x'' = x'$, $y'' = y'$, devient

$$\alpha = \left(\frac{A^2 - B^2}{A^4}\right) x'^3,$$

et représente l'abscisse du point de rencontre de la normale au point (x', y') avec la normale la plus voisine.

On aura de même pour l'ordonnée

$$\beta = \frac{A^2 - B^2}{B^2} \left\{ \frac{y' y'' (x'' - x')}{\dfrac{1}{2}[(y'' - y')(x'' + x') - (y'' + y')(x'' - x')]} \right\},$$

$$\beta = - \left(\frac{A^2 - B^2}{B^2}\right) \left\{ \frac{A^2 y' y'' (y'' + y')}{\dfrac{1}{2}[B^2 (x'' + x')^2 + A^2 (y'' + y')^2]} \right\},$$

et, à la limite,

$$\beta = - \frac{A^2 - B^2}{B^2} \frac{A^2 y'^3}{A^2 B^2} = - \left(\frac{A^2 - B^2}{B^4}\right) y'^3.$$

Des valeurs précédentes de α et β on tire

$$x' = + \left(\frac{A^4}{A^2-B^2}\right)^{\frac{1}{3}} \alpha^{\frac{1}{3}},$$

$$y' = + \left(\frac{B^4}{A^2-B^2}\right)^{\frac{1}{3}} \beta^{\frac{1}{3}};$$

substituant ces valeurs dans l'équation de l'ellipse

$$A^2 y'^2 + B^2 x'^2 = A^2 B^2,$$

on aura

$$[D] \qquad B^2 \left(\frac{A^4}{A^2-B^2}\right)^{\frac{2}{3}} \alpha^{\frac{2}{3}} + A^2 \left(\frac{B^4}{A^2-B^2}\right)^{\frac{2}{3}} \beta^{\frac{2}{3}} = A^2 B^2,$$

d'où

$$(A\alpha)^{\frac{2}{3}} + (B\beta)^{\frac{2}{3}} = (c^2)^{\frac{2}{3}},$$

lieu géométrique des points de rencontre des normales consécutives ou de la développée de l'ellipse. Cette courbe a à peu près la forme symétrique *abcd* (fig. 109).

284. Si l'on veut obtenir le rayon de courbure, c'est-à-dire la distance entre le point (x', y') et le point de rencontre de la normale en ce point et de la normale voisine, en appelant ρ cette distance, on aura la relation connue

$$\rho^2 = (x' - \alpha)^2 + (y' - \beta)^2;$$

et substituant les valeurs de α et β, on obtiendra

$$x' - \alpha = x' - \frac{A^2 - B^2}{A^4} x'^3 = x' \left[\frac{A^4 - (A^2 - B^2) x'^2}{A^4}\right],$$

$$y' - \beta = y' + \frac{A^2 - B^2}{B^4} y'^3 = y' \left[\frac{B^4 + (A^2 - B^2) y'^2}{B^4}\right].$$

Or, de l'équation de la normale

$$\beta - y' = \frac{A^2 y'}{B^2 x'}(\alpha - x'),$$

en faisant $\beta = 0$, on tire

$$x' - \alpha_0 = \frac{B^2 x'}{A^2},$$

et pour le carré de la longueur de la normale

$$N^2 = (x' - \alpha_0)^2 + y'^2 = \frac{B^4 x'^2 + A^4 y'^2}{A^4},$$

et, à cause de

$$B^4 x'^2 = B^2 . B^2 x'^2 = B^2 (A^2 B^2 - A^2 y'^2),$$

$$N^2 = \frac{B^4 + c^2 y'^2}{A^2},$$

en faisant

$$A^2 - B^2 = c^2;$$

enfin, à cause de

$$A^4 y'^2 = A^2 (A^2 B^2 - B^2 x'^2),$$

on trouvera pour l'expression de la normale en fonction de x',

$$N^2 = \frac{B^2}{A^2} \left(\frac{A^4 - c^2 x'^2}{A^2} \right).$$

En substituant dans les valeurs de $x' - \alpha$ et $y' - \beta$ ci-dessus, pour les coefficients de x' et y', leurs valeurs en fonction de la normale, on aura

$$(x' - \alpha) = \frac{N^2}{B^2} x',$$

$$(y' - \beta) = \frac{A^2}{B^4} N^2 y';$$

d'où

$$\rho^2 = (x' - \alpha)^2 + (y' - \beta)^2 = \frac{N^4}{B^4} \left[x'^2 + \frac{A^4}{B^4} y'^2 \right] = \frac{N^4}{B^8} (B^4 x'^2 + A^4 y'^2) = \frac{N^6 A^4}{B^8},$$

d'où

[R]
$$\rho = \frac{N^3}{\left[\dfrac{B^2}{A} \right]^2}.$$

Donc :

THÉORÈME LXXVI.

Le rayon de courbure en un point quelconque de l'ellipse est égal au cube de la normale divisé par le carré du demi-paramètre.

285. L'expression de ρ peut se mettre sous la forme

$$\rho = \frac{\left(\dfrac{A^4 y'^2 + B^4 x'^2}{A^2 B^2} \right)}{\dfrac{A^2 B^2}{\sqrt{A^4 y'^2 + B^4 x'^2}}}.$$

Le numérateur représente le carré du demi-diamètre conjugué au diamètre du point donné de la courbe, et le dénominateur la distance de ce même point à ce même diamètre.

Donc on peut dire aussi :

Le rayon de courbure en un point quelconque de l'ellipse est égal au carré du demi-diamètre conjugué, divisé par la distance de ce point à ce même diamètre.

Enfin, si l'on applique la formule connue

$$\sin l = \frac{a - a'}{\sqrt{1 + a^2}\ \sqrt{1 + a'^2}}$$

aux équations

$$y = \frac{y'}{x'}\, x, \quad y = -\frac{B^2}{A^2}\frac{x'}{y'}\, x$$

des diamètres conjugués relatifs au point donné, on aura

$$\sin I = \frac{A^2 B^2}{\sqrt{x'^2 + y'^2}\ \sqrt{A^4 y'^2 + B^4 x'^2}},$$

et la valeur de ρ, mise sous la forme

$$[R']\qquad\qquad \rho = \frac{\left(\dfrac{B'^2}{A'}\right)}{\sin I},$$

fournit cet autre énoncé :

Le rayon de courbure en un point quelconque de l'ellipse est égal au demi-paramètre relatif à ce point, divisé par le sinus de l'angle des diamètres conjugués.

Aux sommets de l'ellipse, on a évidemment

$$\rho_1 = \frac{B^2}{A}, \quad \rho_2 = \frac{A^2}{B}.$$

L'expression du rayon de courbure prend encore les formes suivantes :

$$\rho^2 = \frac{(A^4 y'^2 + B^4 x'^2)}{A^6 B^6} = \frac{\left(A + \dfrac{cx'}{A}\right)^3 \left(A - \dfrac{cx'}{A}\right)^3}{A^6 B^6},$$

et comme $A + \dfrac{cx'}{A}$, $A - \dfrac{cx'}{A}$ représentent les rayons vecteurs menés des foyers au point x', y' de la courbe, on aura

$$\rho^2 = \frac{r^3 r'^3}{A^3 B^3},$$

et si l'on fait $\quad rr' = M^2, \quad \rho = \dfrac{M^3}{AB}.$

Enfin désignant par d la distance du centre de l'ellipse à la tangente au point x', y', on trouvera facilement

$$d = \frac{AB}{\sqrt{rr'}},$$

d'où $\qquad\qquad\qquad \rho = \dfrac{rr'}{d}.$

Donc : *le rayon de courbure en un point quelconque de l'ellipse est une quatrième proportionnelle entre la distance du centre à la tangente et les rayons vecteurs menés des foyers à ce point.*

286. *Développée et rayon de courbure de l'hyperbole.* Il suffit de substituer $- B^2$ à B^2 dans les équations [D], [R] et [R'], et l'on obtiendra pour développée

$$(A\alpha)^{\frac{2}{3}} - (B\beta)^{\frac{2}{3}} = (c^2)^{\frac{2}{3}}.$$

Les relations [R] et [R'] ne changeant pas, on en conclut les mêmes théorèmes pour l'hyperbole.

287. *Développée et rayon de courbure de la parabole.* L'équation de la parabole rapportée à son axe principal, l'origine au sommet de la courbe, étant

$$y^2 = 2px,$$

les équations des normales sont

au point $(x',\ y')$ $\qquad \beta - y' = -\dfrac{y'}{p}(\alpha - x'),$

au point $(x'',\ y'')$ $\qquad \beta - y'' = -\dfrac{y''}{p}(\alpha - x''),$

ou
$$\beta = -\frac{y'}{p}\,\alpha + (p + x')\,\frac{y'}{p},$$

$$\beta = -\frac{y''}{p}\,\alpha + (p + x'')\,\frac{y''}{p}.$$

On trouvera, par un calcul semblable au précédent,

$$\alpha = \frac{p(y'' - y') + (x''y'' - x'y')}{y'' - y'},$$

et à cause de

$$y''x'' - y'x' = \frac{1}{2}\left[(y'' + y')(x'' - x') + (y'' - y')(x'' + x')\right],$$

$$\alpha = p + \frac{1}{2}\left[(y'' + y')\frac{(x'' - x')}{(y'' - y')} + (x'' + x')\right].$$

Mais des équations $y''^2 = 2px''$, $y'^2 = 2px'$, on tire

$$(y'' + y')(y'' - y') = 2p\,(x'' - x'),$$

et de là
$$\frac{x'' - x'}{y'' - y'} = \frac{y'' + y'}{2p},$$

et par conséquent

$$\alpha = p + \frac{1}{4p}\left[(y'' + y')^2 + 2p\,(x'' + x')\right].$$

A la limite, c'est-à-dire pour $x'' = x'$, $y'' = y'$,

$$\alpha = p + \frac{y'^2 + px'}{p} = \frac{p^2 + y'^2}{p} + x';$$

d'où l'on tire

$$\alpha = \frac{p^2 + 3px'}{p} = p + 3x', \quad \text{et} \quad x' = \frac{\alpha - p}{3};$$

$$x' - \alpha = -\left(\alpha - \frac{\alpha - p}{3}\right) = -\frac{2\alpha + p}{3}, \quad \alpha - x' = \frac{2\alpha + p}{3}.$$

Substituant la valeur de $\alpha - x'$ dans l'équation de la normale

$$\beta - y' = -\frac{y'}{p}\,(\alpha - x'),$$

on obtient

$$\beta = \frac{3py' - 2\alpha y' - py'}{3p} = \frac{2(p - \alpha)y'}{3p} \, ;$$

d'où
$$y' = -\frac{3p\beta}{2(\alpha - p)},$$

Substituant ces valeurs de x' et y' dans l'équation de la parabole $y'^2 = 2px'$, on trouve

$$\frac{9p^2\beta^2}{4(\alpha - p)^2} = 2p \cdot \frac{\alpha - p}{3}.$$

$$\beta^2 = \frac{8p}{27p^2}(\alpha - p)^3,$$

et enfin l'équation de la développée

$$\beta^2 = \frac{8}{27p}(\alpha - p)^3,$$

équation déjà trouvée (**276**). Cette courbe a à peu près la forme abc (fig. 110).

288. Quant au rayon de courbure, à cause de $\alpha = p + 3x'$, on a

$$\alpha - x' = p + 3x' - x' = p + 2x',$$

$$\beta - y' = -\frac{y'}{p}\left(\frac{2p + 6x' + p}{3}\right) = -\frac{y'}{p}\left(\frac{3p + 6x'}{3}\right) = -\frac{y'}{p}(p + 2x'),$$

et par conséquent la valeur du rayon de courbure

$$\rho^2 = (\alpha - x')^2 + (\beta - y')^2 = \frac{(p^2 + y'^2)}{p^2}(p + 2x')^2 = \frac{(p + 2x')^3}{p},$$

d'où
$$\rho = \frac{(p + 2x')^{\frac{3}{2}}}{p^{\frac{1}{2}}}.$$

Si dans l'équation

$$\beta - y' = -\frac{y'}{p}(\alpha - x'),$$

on fait $\beta = 0$, on tire $\alpha_0 - x' = p$, et par conséquent la longueur de la normale

$$N^2 = (\alpha_0 - x')^2 + y'^2 = p^2 + y'^2 = p^2 + 2px' = p(p + 2x'),$$

et de là

$$(p + 2x') = \frac{N^2}{p},$$

$$(p + 2x')^{\frac{3}{2}} = \frac{N^3}{p^{\frac{3}{2}}},$$

et enfin

$$\frac{(p + 2x')^{\frac{3}{2}}}{p^{\frac{1}{2}}} = \frac{N^3}{p^{\frac{3}{2}+\frac{1}{2}}} = \frac{N^3}{p^2}.$$

Donc :

THÉORÈME LXXVII.

Le rayon de courbure de la parabole en un point quelconque est égal au cube de la normale divisé par le carré du demi-paramètre.

289. Les coordonnées du centre de courbure sont

$$\alpha = p + 3x', \quad \beta = -\frac{2x'y'}{p};$$

substituant ces valeurs dans

$$\rho^2 = (x' - \alpha)^2 + (y' - \beta)^2,$$

on obtient

$$\rho = \frac{2\left(\dfrac{p}{2} + x'\right)}{\dfrac{\left(\dfrac{p}{y'}\right)}{\sqrt{1 + \left(\dfrac{p}{y'}\right)^2}}}.$$

Or, d'après une propriété connue, $\dfrac{p}{2} + x'$ exprime la distance du foyer au point x' et $2\left(\dfrac{p}{2} + x'\right)$ représente la moitié du paramètre du diamètre qui passe par ce point. D'un autre côté

$$\frac{\dfrac{p}{y'}}{\sqrt{1 + \left(\dfrac{p}{y'}\right)^2}},$$

exprime le sinus de l'angle que la tangente, au point (x', y'), fait avec l'axe de la parabole.

Donc : *le rayon de courbure en un point quelconque de la parabole est égal au demi-paramètre du diamètre passant par ce point, divisé par le sinus de l'angle que la tangente fait avec ce diamètre.*

290. On démontrera assez aisément les formules suivantes :

A et B les demi-axes d'une ellipse,

A′ et B′ les demi-diamètres conjugués du point x', y',

N la normale au point x', y', c'est-à-dire la longueur de la normale comprise entre la courbe et l'axe principal,

d la distance du centre à la tangente au point x', y',

$$d = \frac{AB}{A'}, \quad N = \frac{BA'}{A},$$

d'où
$$N d = B^2.$$

291. Si de chacun des foyers on abaisse une perpendiculaire sur la tangente en un point quelconque de l'ellipse, et si l'on désigne par p et p' ces perpendiculaires, et par ω l'angle que chacune d'elles fait avec le rayon vecteur correspondant r, r', angle qui est égal à la moitié de l'angle des rayons vecteurs, on aura $p = r \cos \omega$, $p' = r' \cos \omega$, d'où $pp' = rr' \cos^2 \omega$, et à cause de $pp' = B^2$, on obtient $rr' \cos^2 \omega = B^2$, et par conséquent,

$$N \cdot d = rr' \cos^2 \omega.$$

Mais
$$d = \frac{p + p'}{2} = \left(\frac{r + r'}{2} \right) \cos \omega = A \cos \omega,$$

donc
$$N = \frac{rr'}{A} \cos \omega.$$

On a trouvé, n° 285, pour l'expression du rayon de courbure

$$\rho = \frac{rr'}{d},$$

on a par conséquent,

$$\rho = \frac{rr'}{A \cos \omega}, \quad \text{d'où} \quad \rho \cos \omega = \frac{rr'}{A},$$

et enfin
$$\rho \cos \omega = \frac{N}{\cos \omega},$$

ce qui donne une construction très-simple du rayon de courbure.

PROPRIÉTÉ DES SEGMENTS.

THÉORÈME LXXVIII.

292. *Dans toute courbe du deuxième degré le produit des ordonnées correspondantes à une abscisse quelconque est dans un rapport constant avec le produit des distances du pied de cette ordonnée aux points de rencontre de la courbe avec l'axe des abscisses.*

En effet, soit l'équation générale des courbes du deuxième degré rapportée à des axes quelconques, l'origine étant en un point quelconque du plan,

$$Ay^2 + Bxy + Cx^2 + Dy + Ex + F = 0,$$

ou, ordonnant par rapport à y,

$$Ay^2 + (Bx + D)\,y + Cx^2 + Ex + F = 0.$$

Le produit P des ordonnées correspondantes à une abscisse quelconque x sera

$$P = \frac{Cx^2 + Ex + F}{A} = \frac{C}{A}\left(x^2 + \frac{E}{C}\,x + \frac{F}{C}\right);$$

et désignant par x', x'', les abscisses relatives à $y = 0$, c'est-à-dire les racines de l'équation

$$x^2 + \frac{E}{C}\,x + \frac{F}{C} = 0,$$

on aura

$$P = \frac{C}{A}\,(x - x')\,(x - x'').$$

Or, $x - x'$, $x - x''$, abstraction faite du signe, représentent les distances du pied de l'ordonnée aux points où l'axe des x rencontre la courbe, et, C et A étant des quantités constantes, on a

$$\frac{P}{(x - x')\,(x - x'')} = \frac{C}{A}, \text{ rapport constant.}$$

On aura donc (fig. 116)

$$\frac{PM \cdot PN}{PA \cdot PB} = \frac{P'M' \cdot P'N'}{P'A \cdot P'B} = \frac{P''M'' \cdot P''N''}{P''A \cdot P''B}.$$

293. On conclut de là cet autre théorème :

THÉORÈME LXXIX.

Si des couples de sécantes parallèles coupent une courbe du second degré, le rapport des produits des segments correspondants à chaque couple de sécantes est constant.

En effet, le théorème précédent étant démontré, quelle que soit la direction des axes, si l'on prend AE (fig. 117) pour axe des x, et AC, A'C', pour les ordonnées parallèles à l'axe des y,

$$\frac{AB \cdot AC}{AD \cdot AE} = \frac{IB' \cdot IC'}{ID \cdot IE}.$$

Mais en considérant IC' comme axe des x, et IE et A'E' comme les ordonnées parallèles à l'axe des y, on aura aussi

$$\frac{IB' \cdot IC'}{ID \cdot IE} = \frac{A'B' \cdot A'C'}{A'D' \cdot A'E'},$$

et par conséquent, à cause du rapport commun,

$$\frac{AB \cdot AC}{AD \cdot AE} = \frac{A'B' \cdot A'C'}{A'D' \cdot A'E'}.$$

294. Corollaire I. Si l'une des sécantes OABX est un diamètre, à cause de PM = PN, etc., on aura, en vertu du théorème LXXVIII (fig. 118),

$$\frac{\overline{PM}^2}{\overline{PA} \cdot \overline{PB}} = \frac{\overline{P'M'}^2}{\overline{P'A} \cdot \overline{P'B}} = \frac{\overline{P''M''}^2}{\overline{P''A} \cdot \overline{P''B}} = \text{etc.}$$

295. Corollaire II. Si la sécante OA devient tangente à la courbe, on aura (fig. 119)

$$\frac{PM \cdot PN}{\overline{PA}^2} = \frac{P'M' \cdot P'N'}{\overline{P'A}^2} = \text{etc.}$$

Si donc on prend $\overline{PL}^2 = PM \cdot PN$, $\overline{P'L'}^2 = P'M' \cdot P'N'$, les points

L, L', etc., seront tous sur une même droite passant par le point de contact A.

296. CoROLLAIRE III. D'après le théorème LXXIX, si la courbe a un centre, et que l'une des couples de sécantes passe par ce point, on aura (fig. 120)

$$\frac{PM \cdot PN}{PD \cdot PE} = \frac{CA \cdot CA'}{CB \cdot CB'} = \frac{\overline{CA}^2}{\overline{CB}^2},$$

et le rapport constant sera égal au rapport des carrés des diamètres parallèles aux sécantes.

297. CoROLLAIRE IV. Enfin, si les sécantes d'une couple devenaient tangentes à la courbe, on aurait (fig. 121)

$$\frac{AB \cdot AC}{AD \cdot AE} = \frac{\overline{OG}^2}{\overline{OF}^2}.$$

Applications.

PROBLÈME CX.

298. *Par cinq points donnés faire passer une courbe du deuxième degré.*

Soient A, B, C, D, E, les cinq points donnés (fig. 122). Joignez AC et EB, qui se rencontrent en H; par le point D menez parallèlement à BE la droite DI, qui rencontre AC en I, et soit F le point inconnu où cette parallèle rencontre la courbe. D'après un théorème précédent (**293**), on aura

$$\frac{AH \cdot HC}{BH \cdot HE} = \frac{AI \cdot IC}{DI \cdot IF};$$

donc le point F sera déterminé.

Par le point E menez de même parallèlement à AC la droite EKG, qui rencontre la droite DF en K et la courbe en un point inconnu G; on aura de même, à cause du parallélisme des sécantes AC, EG,

$$\frac{AH \cdot HC}{BH \cdot HE} = \frac{EK \cdot KG}{FK \cdot KD}.$$

Le point F étant déterminé, KG le sera aussi, et par conséquent le point G.

Maintenant par les milieux M et *m*, N et *n*, des cordes parallèles AC et EG, EB et DF, menant les droites M*m*, N*n*, le centre O de la courbe sera déterminé, à moins que ces droites ne soient parallèles, auquel cas la courbe est une parabole, dont la direction de l'axe sera connue.

Si la courbe a un centre, en prenant ONX pour diamètre, son conjugué sera OY parallèle à EB, et il suffira de deux points de la courbe pour déterminer la grandeur de ces diamètres conjugués. Le problème s'achèvera sans difficulté.

Remarque. Pour la solution graphique du problème précédent, et en général des problèmes qui ont rapport aux courbes de deuxième degré, il est quelquefois plus avantageux d'avoir d'abord recours à la solution numérique, en rapportant les points et les droites donnés à deux axes choisis convenablement.

PROBLÈME CXI.

299. *Par quatre points donnés faire passer une courbe du deuxième degré tangente à une droite donnée.*

Soient B, C, D, E, et HI, les points et la droite donnés (fig. 123). Joignez BC et DE, qui concourent au point K, et rencontrent la droite donnée aux points H et I. Si par le point I on mène parallèlement à BC la droite IFG, F et G étant les points d'intersection de cette parallèle avec la courbe, on aura (**295**), A étant le point de tangence inconnu,

$$\frac{\overline{IA}^2}{\overline{IF} \cdot \overline{IG}} = \frac{\overline{HA}^2}{\overline{HB} \cdot \overline{HC}}.$$

Or, à cause du parallélisme des sécantes HK et IG, on a

$$\frac{\overline{IF} \cdot \overline{IG}}{\overline{KC} \cdot \overline{KB}} = \frac{\overline{IE} \cdot \overline{ID}}{\overline{KD} \cdot \overline{KE}},$$

et, par conséquent,

$$\frac{\overline{IA}^2}{\overline{HA}^2} = \frac{\overline{KB} \cdot \overline{KC}}{\overline{KD} \cdot \overline{KE}} \cdot \frac{\overline{IE} \cdot \overline{ID}}{\overline{HB} \cdot \overline{HC}},$$

d'où

$$\frac{IA}{HA} = \frac{\sqrt{KB \cdot KC}}{\sqrt{KD \cdot KE}} \cdot \frac{\sqrt{IE \cdot ID}}{\sqrt{HB \cdot HC}}.$$

Le point A étant déterminé par ce rapport, il y aura deux points qui répondront à la question ; le problème sera ramené au précédent.

PROBLÈME CXII.

300. *Par trois points donnés faire passer une courbe du deuxième degré, tangente à deux droites données.*

Soient B, C, D (fig. 124), les points donnés, et HI, KL, les tangentes concourant au point G. Supposant le problème résolu, soient A et P les points de contact ; joignez BD, DC, qui rencontrent les tangentes aux points H et K, I et L. Si par le point I on mène IXY, parallèle à l'autre tangente GKL, et rencontrant la courbe aux points supposés connus X et Y, on aura

$$\frac{IX \cdot IY}{\overline{LP}^2} = \frac{ID \cdot IC}{LC \cdot LD} \quad \text{et} \quad \frac{IX \cdot IY}{\overline{IA}^2} = \frac{\overline{GP}^2}{\overline{GA}^2} ;$$

si l'on prend $\overline{IZ}^2 = IX \cdot IY$, et IS tel que

$$\frac{\overline{IS}^2}{\overline{SL}^2} = \frac{ID \cdot IC}{LC \cdot LD},$$

on obtiendra

$$\frac{IZ}{LP} = \frac{IS}{IL}, \quad \frac{IZ}{IA} = \frac{GP}{GA},$$

et par conséquent les points S, P, A, sont sur une même droite.

Faisant une construction et un raisonnement semblables sur la droite BD, et prenant le point R sur BD tel, que

$$\frac{\overline{HR}^2}{\overline{KR}^2} = \frac{HB \cdot HD}{KD \cdot KB},$$

on démontrerait que les points R, P, A, sont sur une même droite : donc la droite RP passe par les points de contact A et P, et le problème est encore ramené à faire passer par cinq points donnés une courbe du deuxième degré.

Nous terminerons ces applications par la démonstration d'une propriété curieuse des courbes du deuxième degré, propriété qu'on pourrait démontrer directement d'après ce qui précède.

PROBLÈME CXIII.

301. *Étant donné un quadrilatère quelconque ABCD (fig. 125), trouver le lieu géométrique des points M tels, que, si de chacun de ces points on mène des droites MP, MQ, MS, MR, parallèles à des droites données et terminées respectivement aux quatre côtés du quadrilatère, le produit des sécantes correspondantes à deux des côtés opposés soit au produit des sécantes correspondantes aux deux autres dans un rapport constant et donné* $\dfrac{m}{n}$, *c'est-à-dire que l'on ait*

$$\frac{MR \cdot MQ}{MP \cdot MS} = \frac{m}{n}.$$

Prenant les côtés AD, AB, pour axes des coordonnées, faisons $AB = a$, $AD = b$, et représentons par c et d les coordonnées du point C. Les équations des côtés BC, DC, seront

CD $$y - b = \frac{d - b}{c}\, x,$$

BC $$y = \frac{d}{c - a}\, (x - a).$$

Par le point cherché M (α, β) menons, parallèlement aux axes, les droites MEF, MGH, dont les équations seront

$$x = \alpha, \quad y = \beta.$$

Cela posé, les triangles MRE, MFQ, MGP, MHS, donnent

$$MR = \frac{\sin REM}{\sin MRE} \cdot ME, \qquad MP = \frac{\sin MGP}{\sin MPG} \cdot MG,$$

$$MQ = \frac{\sin MFQ}{\sin MQF} \cdot MF, \qquad MS = \frac{\sin MHS}{\sin MSH} \cdot MH.$$

Et puisque les directions des sécantes MP, MQ, MR, MS, sont données, les rapports des sinus de ces angles sont connus. Si on les représente pour abréger par r, r', r'', r''', on aura

$$\frac{MR \cdot MQ}{MP \cdot MS} = \frac{rr'}{r''r'''} \frac{ME \cdot MF}{MG \cdot MH}.$$

on aura donc, d'après l'énoncé,

$$\frac{ME \cdot MF}{MG \cdot MH} = \frac{r''r'''}{rr'} \frac{m}{n} = \frac{m'}{n'}.$$

Or $MF = \beta$, $MG = \alpha$, et d'après les équations des droites BC, AD, on trouvera

$$ME = \beta - b - \left(\frac{d-b}{c}\right)\alpha, \quad MH = a - \alpha + \left(\frac{c-a}{d}\right)\beta.$$

L'équation de condition deviendra, par la substitution de ces valeurs

$$\frac{\beta\left[\beta - b - \left(\frac{d-b}{c}\right)\alpha\right]}{\alpha\left[a - \alpha + \left(\frac{c-a}{d}\right)\beta\right]} = \frac{m'}{n'},$$

et, toute réduction faite,

$$[C] \quad cdn'\beta^2 - [d(d-b)n' + c(c-a)m']\alpha\beta + cdm'\alpha^2 - bcdn'\beta - acdm'\alpha = 0.$$

Le lieu géométrique des points M est donc une courbe du deuxième degré. On reconnaîtra facilement qu'elle passe par les quatre sommets du quadrilatère.

Si le quadrilatère se change en parallélogramme, $d = b$, $c = a$, et l'équation [C] devient

$$n'\beta^2 + m'\alpha^2 - n'b\beta - m'a\alpha = 0,$$

et les côtés contigus sont parallèles à un système de diamètres conjugués.

QUADRATURE DES COURBES DU DEUXIÈME DEGRÉ.

502. Proposons-nous maintenant de déterminer l'aire des courbes du deuxième degré, et plus particulièrement l'aire du segment d'une de ces courbes compris entre un diamètre quelconque et deux ordonnées parallèles à son conjugué.

Quadrature de l'ellipse. Soit à déterminer l'aire d'un segment d'ellipse compris entre un diamètre Aa (fig. 126), et deux ordonnées PN, P'N', parallèles à son conjugué. Sur Aa, comme diamètre, si l'on décrit une circonférence concentrique à l'ellipse, et qu'on inscrive dans le segment d'ellipse une portion de polygone NRR'N'; puis, ayant mené les ordonnées parallèles NP, RS, R'S', N'P', si l'on élève les ordonnées du cercle PM, SH, S'H', P'M', en joignant MH, HH', H'M', on aura à comparer les trapèzes obliques, tels que PNRS, aux trapèzes droits correspondants, tels que MPSH.

Du point S abaissant SG perpendiculaire à PN, on aura

$$\text{trapèze PNRS} = \frac{1}{2}(\text{PN} + \text{RS})\,\text{SP}\,.\sin\text{GPS},$$

et pour le trapèze droit correspondant,

$$\text{trapèze MPSH} = \frac{1}{2}(\text{PM} + \text{HS})\,\text{PS}.$$

Le rapport de ces deux surfaces est

$$\frac{\text{PN} + \text{RS}}{\text{PM} + \text{HS}}\sin\theta = \frac{y' + y''}{Y' + Y''}\sin\theta,$$

en appelant θ l'angle des diamètres conjugués, y', y'', et Y', Y'', les ordonnées PN, RS, et PM, HS. Or les équations du cercle et de l'ellipse sont

$$y = \pm\frac{\text{B}}{\text{A}}\sqrt{\text{A}^2 - x^2},\quad Y = \pm\sqrt{\text{A}^2 - x^2},$$

d'où l'on tire
$$\frac{y}{Y} = \frac{\text{B}'}{\text{A}'},$$

A' et B' étant les demi-diamètres conjugués, et par conséquent

$$\frac{y' + y'' + \cdots}{Y' + Y'' + \cdots} = \frac{\text{B}'}{\text{A}'}:$$

donc le rapport des trapèzes, et par conséquent le rapport des segments elliptique et circulaire s et S, seront égaux à $\dfrac{\text{B}'}{\text{A}'}\sin\theta$;

donc
$$\frac{s}{} = \frac{\text{B}'}{\text{A}'}\sin\theta.$$

Si donc on compare l'ellipse entière au cercle, en désignant l'aire de l'ellipse par E, et par $\pi A'^2$ l'aire du cercle, on aura

$$E = \pi A'B' \sin \theta,$$

et, par conséquent aussi, A et B étant les demi-axes,

$$E = \pi AB.$$

Donc :

THÉORÈME LXXX.

L'aire de l'ellipse est égale à l'aire d'un cercle qui aurait pour diamètre une moyenne proportionnelle entre les axes de la courbe.

On peut mettre encore la valeur de E sous la forme

$$E = \pi \left(\frac{A+B}{2}\right)^2 - \pi \left(\frac{A-B}{2}\right)^2.$$

Donc :

THÉORÈME LXXXI.

La surface de l'ellipse est égale à la couronne comprise entre deux cercles concentriques dont les diamètres sont la demi-somme et la demi-différence des axes.

305. *Quadrature de l'hyperbole.* On reconnaîtra sans peine que les ordonnées d'une hyperbole quelconque sont proportionnelles aux ordonnées correspondantes de l'hyperbole équilatère construite sur le diamètre transverse. Cherchons donc la quadrature de l'hyperbole équilatère, et prenons pour unité de surface la puissance de cette hyperbole : l'équation de la courbe rapportée à ses asymptotes sera $xy = 1$.

Or, il est évident qu'on connaîtrait l'aire du segment hyperbolique NBM (fig. 127), si l'on pouvait déterminer l'aire de la figure MPQN comprise entre la courbe, une asymptote AX, et les deux ordonnées MP, NQ, parallèles à l'autre asymptote.

Pour cela, soit pris $AC = 1$ et $AP = x$. Divisons CP en un nombre quelconque de parties, que nous ne supposons pas égales, et élevons aux points de division les ordonnées C'B', C"B", etc.; formons enfin les rectangles CBC'D', C'B'D"C", etc. : plus les points C, C', C", etc., seront rapprochés entre eux, plus aussi la somme des rectangles décroîtra en se rapprochant de l'aire hyperbolique CBMP, à laquelle elle finira par être égale.

Si l'on désigne par 1, x', x'', x''', etc., les abscisses AC, AC', AC'', AC''', etc., les ordonnées correspondantes seront

$$1, \frac{1}{x'}, \frac{1}{x''}, \frac{1}{x'''}, \text{etc.} :$$

on aura, par conséquent,

$$\text{rectangle CBD'C'} = \text{CC'} \times \text{CB} = (x' - 1) \times 1 = x' - 1,$$

$$\text{rectangle C'B'D''C''} = \text{C'C''} \times \text{C'B'} = (x'' - x') \times \frac{1}{x'} = \frac{x''}{x'} - 1,$$

$$\text{rectangle C''B''D'''C'''} = \text{C''C'''} \times \text{C''B''} = (x''' - x'') \times \frac{1}{x''} = \frac{x'''}{x''} - 1,$$

et ainsi de suite.

Or, il est permis de supposer que les abscisses 1, x', x'', ont été prises en progression géométrique, et alors le premier terme éla t 1, et là raison x', on aura $x'' = x'^2$, $x''' = x'^3$, etc.; et en admettant n points de division entre C et P, $x = x'^n$; par conséquent aussi tous les rectangles deviennent égaux à $x' - 1$.

En ajoutant d'abord les deux premiers rectangles, ensuite les trois premiers, puis les quatre premiers, et ainsi de suite, les sommes seront donc $2 (x' - 1)$, $3 (x' - 1)$, $4 (x' - 1)$, etc. Ainsi, les abscisses étant

$$1, \ x', \ x'^2, \ x'^3, \ x'^4, \ ..., \ x'^n,$$

les aires rectangulaires ainsi prises seront exprimées par

$$0, (x' - 1), 2 (x' - 1), 3 (x' - 1), 4 (x' - 1), ..., n (x' - 1) :$$

d'où l'on voit que les abscisses forment une progression géométrique commençant par l'unité, et les aires une progression commençant par zéro. Et comme ce raisonnement est indépendant du nombre de divisions faites sur CP, si donc on suppose $n = \infty$, on peut conclure que :

THÉORÈME LXXXII.

L'aire hyperbolique comptée à partir de l'abscisse égale à l'unité et terminée par une ordonnée quelconque est le logarithme de l'abscisse finale, les asymptotes étant prises pour axes.

Soit b la base inconnue de ce système de logarithme, on aura

$$b^{n(x'-1)} = x ,$$

et à cause de $\qquad x'^n = x, \quad$ d'où $\quad x' = \sqrt[n]{x},$

$$b^{n\left(\sqrt[n]{x}-1\right)} = x.$$

Or, on sait que la base d'un système logarithmique est le nombre qui, élevé à la puissance 1, reproduit ce nombre lui-même : donc

$$b^{n\left(\sqrt[n]{x}-1\right)} = b,$$

d'où $\quad x = b \quad$ et $\quad n\left(\sqrt[n]{x} - 1\right) = 1$, lorsqu'on fera $n = \infty$.

De cette dernière équation l'on tire

$$x = \left(1 + \frac{1}{n}\right)^n;$$

et développant, d'après la formule connue,

$$x = 1 + \frac{n}{1}\cdot\frac{1}{n} + \frac{n}{1}\cdot\frac{n-1}{2}\left(\frac{1}{n}\right)^2 + \frac{n}{1}\cdot\frac{n-1}{2}\cdot\frac{n-2}{3}\left(\frac{1}{n}\right)^3 + \text{etc.};$$

$$= 2 + \left(\frac{1}{2} - \frac{1}{2n}\right) + \left(\frac{1}{2} - \frac{1}{2n}\right)\left(\frac{1}{3} - \frac{2}{3n}\right)$$

$$+ \left(\frac{1}{2} - \frac{1}{2n}\right)\left(\frac{1}{3} - \frac{2}{3n}\right)\left(\frac{1}{4} - \frac{3}{4n}\right) + \text{etc.}:$$

enfin, en faisant $n = \infty$, on trouve

$$x = 2 + \frac{1}{1.2} + \frac{1}{1.2.3} + \frac{1}{1.2.3.4} + \text{etc.} = 2{,}718281828....,$$

lorsqu'on prend un nombre convenable de termes de la série.

Représentant ce nombre par e, on aura

$$\text{aire BCPM (AP} = x) = y = l'x, \quad \text{et} \quad e^y = x.$$

On donne à ce système de logarithmes le nom de *logarithmes hyperboliques*, ou logarithmes *népériens*, du nom de Napier (Écossais), à qui l'on doit l'invention des logarithmes.

Quant à l'aire NQCB, correspondante à une abscisse AQ, moindre que $AC = 1$, on aura, d'après le même raisonnement,

$$\text{aire hyperbolique } NQCB = l'y;$$

et, à cause de l'équation $xy = 1$,

$$\text{aire } NQCB = l'\frac{1}{x} = -l'x.$$

Ainsi, il suffira de regarder comme négatives les aires placées à gauche de CB, telle que $AC = 1$.

504. Soit généralement $xy = m^2$ l'équation d'une hyperbole quelconque rapportée à ses asymptotes AX, AY, faisant entre elles un angle θ (fig. 128).

Au point A menons AY' perpendiculaire à AX, et imaginons qu'on ait décrit sur les axes rectangulaires AX, AY', comme asymptotes, l'hyperbole équilatère $xy = 1$. Soit $AC = 1$, $AP = x$, et menons les ordonnées correspondantes aux deux courbes. On démontrera facilement, comme au n° **302**, que les aires hyperboliques MCPN', BCPN, sont dans le même rapport que les ordonnées correspondantes aux mêmes abscisses multipliées par le sinus de l'inclinaison des ordonnées obliques : on aura donc, en désignant ces segments par S et s,

$$\frac{S}{s} = m^2 \sin\theta,$$

et, par conséquent, $S = m^2 \sin\theta\, l'x,$

ou, enfin, $S = Lx,$

en considérant Lx comme le logarithme de l'abscisse dans un système dont le *module* est $m^2 \sin\theta$.

505. *Quadrature de la parabole.* Soit OMP (fig. 129) un segment parabolique, terminé par le diamètre OX et par l'ordonnée MP, parallèle à la tangente OY, dont il s'agit d'évaluer la surface.

Inscrivons dans ce segment une portion de polygone OM″M′M,

et menons par les sommets les ordonnées M'P', M"P", et les tangentes MT, M'T', M"T". Ces tangentes déterminent par leurs intersections successives des triangles TRT', T'R'T", qu'il s'agit de comparer avec les trapèzes correspondants PMP'M', P'M'M"P".

Du point R et du point I, milieu de la corde MM', abaissant sur le diamètre OX les perpendiculaires RQ, IH, ensuite IK parallèle aux ordonnées, et PL perpendiculaire à M'P', on aura

$$\text{triangle } TRT' = \frac{1}{2} TT'.RQ,$$

$$\text{trapèze } PMM'P' = \left(\frac{M'P'+MP}{2}\right) PL = IK \times PL = IK \times PP' \sin LP'P$$
$$= PP' \times IH.$$

Mais MT étant la tangente au point M, on a OT = OP, et de même OT' = OP' : donc PP' = TT'. De plus, les points R et I sont sur le diamètre IR parallèle à OX : donc RQ = IH, et par conséquent le trapèze est double du triangle. On démontrerait de la même manière que tous les triangles sont la moitié des trapèzes correspondants : par conséquent la somme des triangles est la moitié de la somme des trapèzes, quel que soit le nombre des côtés du polygone MM'M".

Il s'ensuit que le segment parabolique extérieur TOM, limite des triangles, est la moitié du segment parabolique OMP, limite des trapèzes, et par conséquent le segment parabolique OMP est les deux tiers du triangle rectiligne TMP ; et ce triangle étant équivalent au parallélogramme OPMN, qui a même hauteur, et dont la base OP est la moitié de TP, on en conclut :

THÉORÈME LXXXIII.

Un segment parabolique compris entre un diamètre et une ordonnée parallèle à la tangente à l'extrémité de ce diamètre est les deux tiers du parallélogramme construit sur les coordonnées du point extrême du segment.

Applications.

506. Dans la pratique on emploie souvent le procédé suivant pour construire une courbe qui a une assez grande ressemblance avec l'ellipse.

Sur AB (fig. 130), axe transverse de la courbe, divisée en trois parties égales aux points C et D, on décrit les cercles CA, DB, qui se coupent mutuellement aux points M et N. De ces points comme centres, avec les rayons MCG = MDH, NCI = NDK, on décrit des arcs GH, IK, qui, avec les arcs GAI, HBK, complètent une courbe continue, composée de quatre arcs de cercle qui se raccordent. (Deux arcs sont dits se raccorder lorsqu'ils ont la même tangente au point de rencontre.)

PROBLÈME CXIV.

Déterminer la différence des aires de cette ellipse à quatre centres, de l'ellipse régulière dont les axes seraient AB, EF, *et enfin de l'ellipse régulière dont les axes seraient* AB *et* ¾ AB.

En désignant par $3r$ la longueur AB, on trouvera facilement pour la surface des trois courbes

$$E_1 = 2r^2 \left(\pi - \frac{\sqrt{3}}{4} \right),$$

$$E_2 = \pi r^2 \left(3 - \frac{3\sqrt{3}}{4} \right),$$

$$E_3 = \frac{27}{16} \pi r^2.$$

PROBLÈME CXV.

507. *Inscrire dans un parallélogramme donné une ellipse d'une surface déterminée.*

En appelant $2a$, $2b$, les diagonales du parallélogramme, et m^2 la surface donnée, x et y étant les deux diamètres conjugués dirigés suivant ces diagonales, on aura les relations (**240**)(**502**)

$$[1] \qquad \frac{x^2}{a^2} + \frac{y^2}{b^2} = 1,$$

$$[2] \qquad xy = \frac{m^2}{\pi \sin \theta},$$

θ désignant l'angle des diagonales.

Ces diamètres conjugués seront donc les coordonnées des

points communs à l'ellipse [1] et à l'hyperbole [2] rapportée aux diagonales comme asymptotes.

Mais on peut les déterminer plus simplement par l'intersection de l'ellipse [1] et d'une droite, ainsi qu'il suit :

Multipliant les deux membres de l'équation [2] par $\dfrac{2}{ab}$, on a

$$[3] \qquad \frac{2xy}{ab} = \frac{2m^2}{ab \sin \theta};$$

et ajoutant les équations [1] et [3], on trouve, toute réduction faite,

$$\frac{x}{a} + \frac{y}{b} = \pm \sqrt{1 + \frac{2m^2}{ab \sin \theta}},$$

équations de deux lignes droites, parallèles à un côté du parallélogramme, puisque les paramètres

$$a \sqrt{1 + \frac{2m^2}{ab \sin \theta}}, \qquad b \sqrt{1 + \frac{2m^2}{ab \sin \theta}},$$

sont proportionnels aux demi-diagonales a et b.

PROBLÈME CXVI.

308. *Étant donnés un parallélogramme et une droite, détermi-ner graphiquement les points d'intersection de la droite et de l'el-lipse inscrite, équivalente à une ellipse donnée.*

Connaissant la surface de l'ellipse inscrite, on détermi-nera (**307**) les diamètres conjugués dirigés suivant les diagonales par l'intersection d'une ellipse dont deux diamètres conjugués sont connus [et dont, par conséquent, on pourra trouver gra-phiquement les axes et les foyers (**236**)] et d'une droite, que l'on construira aussi graphiquement. Il n'est pas nécessaire pour cela que l'ellipse circonscrite soit construite (**151**).

En appliquant une seconde fois la même construction à l'el-lipse inscrite et à la droite donnée, le problème sera résolu.

Nous engageons le lecteur à s'exercer en faisant l'épure de ce problème.

PROBLÈME CXVII.

Inscrire dans un parallélogramme donné une ellipse dont la surface soit la plus grande possible.

x et y désignant les demi-diamètres dirigés suivant les diagonales $2a$, $2b$, et S la surface inconnue de l'ellipse demandée, on aura les deux équations

[1] $$\frac{x^2}{a^2} + \frac{y^2}{b^2} = 1,$$

[2] $$\pi x y \sin \theta = S,$$

θ étant l'angle des diagonales.

Substituant dans l'équation [1] la valeur de y tirée de la seconde, on aura, toute réduction faite,

$$x^4 - a^2 x^2 + \frac{a^2 S^2}{\pi^2 b^2 \sin^2 \theta} = 0,$$

d'où $$x^2 = \frac{a^2}{2} \pm \frac{a}{2\pi b \sin \theta} \sqrt{\pi^2 a^2 b^2 \sin^2 \theta - 4 S^2},$$

et par conséquent la plus grande valeur de S sera

$$S = \frac{\pi a b \sin \theta}{2},$$

et les demi-diamètres conjugués seront

$$x = \frac{a}{\sqrt{2}}, \quad y = \frac{b}{\sqrt{2}},$$

d'où l'on voit que l'ellipse demandée doit toucher les côtés du parallélogramme en leur milieu.

PROBLÈME CXVIII.

309. *Étant données deux paraboles égales ayant leur sommet et leur foyer sur la même droite, par un point quelconque de la parabole intérieure on mène à cette courbe une tangente, qui coupe la parabole extérieure en deux points : déterminer l'aire du segment parabolique ainsi formé.*

Soit prise pour axe des abscisses la droite qui passe par les sommets et les foyers : en désignant par a la distance AA' (fig 131) des sommets, et les courbes étant rapportées à des axes rectangulaires, on aura pour leurs équations

$$Y^2 = 2pX, \qquad \text{parabole extérieure,}$$
$$y^2 = 2p(X - a), \quad \text{parabole intérieure.}$$

La tangente RTS en un point T (α, β) de la courbe intérieure aura pour équation

$$y - \beta = \frac{p}{\beta}(x - \alpha),$$

ou
$$y = \frac{p}{\beta}x + \frac{p}{\beta}(\alpha - 2a);$$

et comme le point (α, β) est un point de la parabole intérieure, on déterminera α en β par la relation

$$\beta^2 = 2p(\alpha - a),$$

d'où
$$\alpha = \frac{\beta^2}{2p} + a \quad \text{et} \quad \alpha - 2a = \frac{\beta^2 - 2pa}{2p}.$$

Par conséquent l'équation de la tangente RTS sera

$$y = \frac{p}{\beta}x + \frac{1}{2}(\beta^2 - 2pa).$$

Les diamètres d'une parabole étant parallèles à l'axe, le diamètre de la parabole extérieure, passant par le point T, aura pour équation $y = \beta$, et rencontrera la courbe en un point I, dont les coordonnées seront $\left(\beta, \dfrac{\beta^2}{2p}\right)$: par conséquent IT sera égal à

$$\left(\frac{\beta^2}{2p} + a\right) - \frac{\beta^2}{2p} = a.$$

D'ailleurs, en éliminant x entre les équations

$$y^2 = 2px, \quad y = \frac{p}{\beta}x + \frac{1}{2\beta}(\beta^2 - 2pa),$$

pour obtenir l'ordonnée du point de rencontre R de la tangente et de la parabole extérieure, on trouve

$$RP \quad \text{ou} \quad y - \beta = \sqrt{2pa}.$$

Or, le segment parabolique RIS, double du segment RIT, a
pour expression de son aire

$$\frac{4}{3}\,\mathrm{IT}.\mathrm{RP} = \frac{4}{3}\,a.\sqrt{2pa} :$$

donc la valeur du segment parabolique est indépendante des
coordonnées du point de tangence ; elle sera donc la même, en
quelque point de la parabole intérieure que la tangente soit
menée.

Ce segment est donc égal aux $\frac{2}{3}$ du rectangle C'B'B"C", qui a
pour côtés la distance des sommets et la longueur de la tangente perpendiculaire à l'axe au sommet de la courbe intérieure.

DE LA SIMILITUDE DES COURBES DU DEUXIÈME DEGRÉ.

310. Jusqu'ici nous nous sommes occupés exclusivement de
la forme absolue des courbes du deuxième degré ; il s'agit maintenant de comparer entre elles les courbes de même genre, et
de déterminer les caractères auxquels on reconnaît que ces
courbes sont de même forme, c'est-à-dire sont semblables.

Deux figures géométriques sont dites semblables lorsque tous
les éléments linéaires qui les composent ont entre eux les mêmes
rapports chacun à chacun, et, si les angles font partie des éléments de ces figures, il faut encore que les angles correspondants dans les deux figures soient égaux. Les lignes et les angles
correspondants sont dits *homologues*.

Parmi les courbes du deuxième degré, les ellipses et les
hyperboles ont deux éléments, qui sont les axes, d'où dépendent la forme et la grandeur de ces courbes ; les paraboles,
un seul élément, qui est le paramètre. On est donc conduit à
établir en principe que deux ellipses ou deux hyperboles sont
semblables lorsque leurs axes sont proportionnels ; et que toutes
les paraboles sont semblables entre elles, comme deux cercles,
espèces d'ellipses déterminées par un seul élément, qui est le
rayon. Cette vérité peut être démontrée par le raisonnement,
ainsi qu'on va le voir dans la suite de ce chapitre, pour chaque
genre de courbes du deuxième degré en particulier.

311. *Des ellipses semblables.* Deux courbes étant rapportées à un même système d'axes ou à des axes différents, on désigne sous le nom de points *homologues* les points dont les coordonnées sont dans un même rapport constant. Les lignes *homologues* correspondent aux points homologues.

THÉORÈME LXXXIV.

Lorsque deux ellipses ont leurs axes proportionnels, toutes les droites qu'on peut concevoir dans l'une sont proportionnelles aux droites homologues dans l'autre, et les ellipses sont semblables.

En effet, on peut concevoir que ces deux ellipses soient placées de manière que leur centre et leurs axes coïncident (fig. 132) : alors, A et B, A' et B', désignant les demi-axes de ces ellipses, leurs équations seront

$$A^2 y^2 + B^2 x^2 = A^2 B^2, \qquad A'^2 y^2 + B'^2 x'^2 = A'^2 B'^2.$$

Soit $y = ax$ l'équation d'une droite quelconque OmM, menée par le centre commun des deux ellipses, on trouvera facilement

$$x = \frac{AB}{\sqrt{A^2 a^2 + B^2}}, \quad y = \frac{ABa}{\sqrt{A^2 a^2 + B^2}},$$

et

$$x' = \frac{A'B'}{\sqrt{A'^2 a^2 + B'^2}}, \quad y' = \frac{A'B'a}{\sqrt{A'^2 a^2 + B'^2}} \,;$$

ensuite

$$OM = \sqrt{y^2 + x^2} = \frac{AB\sqrt{1 + a^2}}{\sqrt{A^2 a^2 + B^2}} = \frac{B}{\sqrt{a^2 + \frac{B'^2}{A'^2}}}\sqrt{1 + a^2},$$

$$m = \sqrt{y'^2 + x'^2} = \frac{B'}{\sqrt{a^2 + \frac{B'^2}{A'^2}}}\sqrt{1 + a^2} \,;$$

et, puisque par hypothèse $\dfrac{B}{A} = \dfrac{B'}{A'}$, on aura $\dfrac{x}{x'} = \dfrac{y}{y'} = \dfrac{OM}{Om} = \dfrac{B}{B'}$, indépendamment d'aucune valeur de a : donc, pour une seconde droite telle que OnN, on aurait de même

$$\frac{ON}{On} = \frac{B}{B'},$$

$$\frac{OM}{Om} = \frac{ON}{On} = \frac{B}{B'};$$

et par conséquent aussi

$$\frac{MN}{mn} = \frac{B}{B'} = \frac{A}{A'}.$$

Donc les points d'intersection des courbes par une droite quelconque menée du centre commun O sont des points homologues; donc deux cordes homologues sont dans le même rapport que les axes, et de plus sont parallèles; et, en étendant le raisonnement à deux droites quelconques homologues entre elles, on démontrerait de la même manière que ces droites sont dans le même rapport que les axes.

THÉORÈME LXXXV.

312. *Si deux ellipses sont semblables, les paramètres, les distances focales, les distances des directrices au centre ou au sommet de la courbe, et en général tous les éléments linéaires homologues, sont entre eux comme les axes; enfin les excentricités sont égales.*

En effet,

$$1° \quad P = \frac{B^2}{A} = B\frac{B}{A}, \quad P' = \frac{B'^2}{A'} = B'\frac{B'}{A'}:$$

donc

$$\frac{P}{P'} = \frac{B}{B'} = \frac{A}{A'}.$$

$$2° \quad c = \sqrt{A^2 - B^2} = A\sqrt{1 - \frac{B^2}{A}}, \quad c' = \sqrt{A'^2 - B'^2} = {}'\sqrt{1 - \frac{B'^2}{A'^2}}:$$

donc

$$\frac{c}{c'} = \frac{A}{A'} \quad \text{et} \quad \frac{2c}{2c'} = \frac{A}{A'}.$$

$$3° \quad d = \frac{A^2}{c}, \quad d' = \frac{A'^2}{c'}, \quad \frac{d}{d'} = \frac{A}{A'}, \quad e = \frac{2c}{2A}, \quad e' = \frac{2c'}{2A'}:$$

donc

$$e = e'.$$

Les résultats précédents s'appliquent aux normales, sous-normales, sous-tangentes, rayons de courbure, et enfin aux contours de deux ellipses semblables. De plus, les angles que les tangentes et normales font aux points homologues sont égaux.

PROBLÈME CXIX.

513. *Les aires des segments ou des secteurs homologues d'ellipses semblables sont proportionnelles aux carrés des axes.*

Deux segments ou secteurs homologues étant dans le rapport des surfaces entières, on aura

$$\frac{S}{S'} = \frac{E}{E'} = \frac{\pi AB}{\pi A'B'} = \frac{A^2}{A'^2}.$$

Il suit de là que, si l'on construit sur les trois côtés d'un triangle rectangle, comme côtés homologues, trois parallélogrammes semblables, rectangles ou obliques; et si à ces parallélogrammes on inscrit ou l'on circonscrit des ellipses semblables, l'aire de l'ellipse inscrite ou circonscrite au parallélogramme correspondant à l'hypoténuse sera équivalente à la somme des deux autres.

314. *Hyperboles semblables.* De même que pour les ellipses, on démontrerait que deux hyperboles sont semblables lorsque leurs axes sont dans le même rapport, que tous les éléments linéaires sont dans le même rapport que les axes, et que les éléments de surface sont dans le rapport des carrés de ces mêmes axes. De plus, les puissances de deux hyperboles semblables sont entre elles comme les carrés des axes.

Deux hyperboles semblables, concentriques, et ayant les axes dirigés dans le même sens, ont les mêmes asymptotes, et réciproquement deux hyperboles qui ont mêmes asymptotes sont semblables.

Deux hyperboles équilatères sont des courbes semblables.

Lorsque deux hyperboles semblables sont rapportées aux mêmes asymptotes, les ordonnées correspondantes à une même abscisse sont dans le rapport des puissances, ou des carrés des axes; ce qu'on voit facilement par les équations

$$xy = m^2, \quad x'y' = m'^2;$$

si $x = x'$,
$$\frac{y}{y'} = \frac{m^2}{m'^2} = \frac{A^2}{A'^2}.$$

Il suit de là que les ordonnées décroissent proportionnellement à mesure que l'abscisse augmente.

Donc deux hyperboles semblables, rapportées aux mêmes asymptotes, sont asymptotes réciproquement l'une de l'autre.

315. *Paraboles semblables.*

THÉORÈME LXXXVI.

Deux paraboles quelconques sont deux courbes semblables.

En effet, si l'on conçoit ces deux courbes portées l'une sur l'autre de manière que les deux axes coïncident ainsi que leurs sommets, les équations de ces paraboles seront

$$y^2 = 2px, \quad y'^2 = 2p'x'.$$

Soit $y = ax$ une droite quelconque OM (fig. 133) menée du sommet.

On trouvera facilement, pour les coordonnées des points d'intersection M, m,

$$x = \frac{2p}{a^2}, \quad y = \frac{2p}{a},$$

$$x' = \frac{2p'}{a^2}, \quad y' = \frac{2p'}{a};$$

d'où
$$\frac{x}{x'} = \frac{y}{y'} = \frac{2p}{2p'},$$

et
$$\frac{OM}{Om} = \frac{\sqrt{x^2 + y^2}}{\sqrt{x'^2 + y'^2}} = \frac{2p}{2p'}.$$

Pour un autre rayon ON, on aura de même

$$\frac{ON}{On} = \frac{2p}{2p'};$$

donc
$$\frac{OM}{Om} = \frac{ON}{On} = \frac{MN}{mn} = \frac{2p}{2p'},$$

et, de plus, les cordes MN et *mn* sont parallèles. Il en est de même pour deux droites quelconques homologues; et en général les éléments homologues de deux paraboles quelconques sont dans le rapport de leurs paramètres, si ces éléments sont linéaires; et dans le rapport des carrés de ces paramètres, si l'on considère les éléments de superficie.

Et, de même que dans les ellipses et les hyperboles, les inclinaisons des tangentes et normales homologues sont égales.

316. Outre cette similitude absolue, on a encore à considérer la similitude de position de deux courbes: ainsi, par exemple, l'ellipse A'*ma'* (fig. 132) peut être supposée transportée en *omn* dans le plan de l'ellipse AM*a*, de manière que ses axes restent parallèles aux axes de celle-ci. On dit alors que ces deux ellipses sont semblables et semblablement situées.

Il est facile de voir que les rayons vecteurs, qui d'abord coïncidaient, sont maintenant dans des directions parallèles; mais il est évident aussi que les mêmes rapports entre les éléments homologues subsistent encore, en désignant toujours par ce mot les éléments correspondants aux points homologues, c'est-à-dire tels que les coordonnées rapportées au point O pour l'une, et au point *o* pour l'autre, soient constamment dans le même rapport *de similitude*. On conçoit que le centre de similitude peut être un tout autre point que le centre de la courbe. Le rapport constant des éléments homologues s'appelle le *coefficient de similitude*.

L'ellipse étant située dans une autre position, telle que *o'm'n'*, de manière que les axes, et en général deux diamètres conjugués, ne soient pas parallèles aux axes et aux diamètres conjugués homologues de l'ellipse AM*a*, ces deux courbes ne sont plus semblablement situées, sans cesser pour cela évidemment d'être semblables; en général le parallélisme entre les éléments homologues cesse d'exister; mais le rapport de ces éléments entre eux, relativement à deux centres de similitude homologues, subsiste toujours, ainsi que les principes généraux de similitude absolue énoncés précédemment.

317. En théorie générale, on peut se proposer le problème suivant :

PROBLÈME CXX.

Étant donnée une courbe f (x , y) = 0 [1], *trouver l'équation générale des courbes semblables et semblablement situées.*

Le centre de similitude de la courbe [1] étant à l'origine des axes coordonnés, si a et b sont les coordonnées du centre de similitude d'une courbe quelconque semblable et semblablement située à [1], il faut et il suffit que les rayons vecteurs menés du centre de similitude aux points homologues soient constamment dans le même rapport, et pour cela les coordonnées doivent aussi être dans ce même rapport.

On aura par conséquent

$$\frac{x}{x'} = \frac{y}{y'} = k , \text{ coefficient de similitude ,}$$

et, à cause de $x' = x - a,\quad y' = y - b,$

$$x = k(x - a),\quad y = k(y - b) :$$

donc l'équation .

[2] $\qquad\qquad f[k(x - a),\, k(y - b)] = 0$

représentera toutes les courbes semblables à [1] et semblablement situées.

On pourrait se proposer le problème général de trouver l'équation générale des courbes semblables à une courbe proposée [1]. Pour cela, il faudrait avoir égard à la fois à la position des centres de similitude et à l'inclinaison des axes de l'une par rapport aux axes homologues de l'autre, à l'aide des formules connues pour la ransformation des coordonnées. Il nous suffira d'avoir indiqué la méthode pour mettre le lecteur sur la voie.

THÉORÈME LXXXVII.

318. *Deux courbes dont les équations du même degré et homogènes sont des mêmes fonctions des coordonnées , et ne contiennent qu'une seule constante, sont des courbes semblables; et si, les coordonnées étant rapportées au même point, ce point est un centre commun de similitude, les courbes sont semblablement placées.*

Soient

[1] $$F(x, y, p) = 0,$$

[2] $$F(x, y, p') = 0,$$

les équations de ces courbes.

L'équation générale des courbes semblables à [1], et ayant même centre de similitude, sera, d'après ce qui précède,

[3] $$F(kx, ky, p) = 0,$$

k étant un coefficient indéterminé.

Or, pour que cette équation [3] devienne identique à l'équation [2], il suffit de poser $p = kp'$, ce qui donne

[4] $$F(kx, ky, kp') = 0.$$

Si m représente le degré de l'équation, le facteur k^m sera commun à tous ses termes, et, divisant par ce facteur, on trouvera l'équation [2].

Donc deux cercles, deux paraboles quelconques, sont des courbes semblables.

Et de plus, les diamètres conjugués des cercles étant toujours perpendiculaires entre eux et réciproquement, on peut dire que deux circonférences sont des courbes semblables et *semblablement placées*, ce qui n'est pas également vrai pour deux paraboles, qui peuvent n'avoir pas entre elles une similitude de position.

PROBLÈME CXXI.

319. *Déterminer les conditions auxquelles doivent satisfaire les coefficients de deux équations générales du deuxième degré*

[1] $$Ay^2 + Bxy + Cx^2 + Dy + Ex + F = 0,$$

[2] $$A'y^2 + B'xy + C'x^2 + D'y + E'x + F = 0,$$

pour que les courbes qu'elles représentent soient semblables et semblablement situées.

On substituera dans la première $k(x-a)$ et $k(y-b)$ à x et y, et on rendra l'équation résultante identique avec l'équation [2], ce qui donnera, entre autres équations de condition,

$$\frac{A}{A'} = \frac{B}{B'} = \frac{C}{C'},$$

c'est-à-dire que les coefficients des termes du deuxième degré doivent être dans le même rapport.

Applications.

PROBLÈME CXXII.

320. *Étant données deux ellipses semblables et semblablement situées, mener une tangente commune à ces deux courbes.*

Soient

[1]
$$A^2 Y^2 + B^2 X^2 = A^2 B^2,$$

[2]
$$A'^2 y'^2 + B'^2 (x - d)^2 = A'^2 B'^2,$$

les équations des deux ellipses rapportées à des diamètres conjugués homologues, l'origine des axes étant au centre de la première et l'axe des x passant par le centre de la seconde. Les deux autres diamètres conjugués sont évidemment parallèles.

Les équations des tangentes aux points X', Y', de la première ellipse, y', x', de la seconde, seront

$$A^2 YY' + B^2 XX' = A^2 B^2, \quad A'^2 yy' + B'^2 (x - d)(x' - d) = A'^2 B'^2;$$

ou

[3]
$$Y = -\frac{B^2}{A^2} \frac{X'}{Y'} X + \frac{B^2}{Y'},$$

[4]
$$y = -\frac{B'^2 (x' - d)}{A'^2 y'} x + \frac{A'^2 B'^2 + B'^2 (x' - d) d}{A'^2 y'}.$$

Pour exprimer que les tangentes [3] et [4] se confondent, il suffit d'égaler identiquement les coefficients, ce qui donne

[5]
$$\frac{B^2 X'}{A^2 Y'} = \frac{B'^2 (x' - d)}{A'^2 y'},$$

[6]
$$\frac{B^2}{Y'} = \frac{A'^2 B'^2 + B'^2 (x' - d) d}{A'^2 y'}.$$

Divisant ces équations membre à membre, on trouve

$$x' - d = \frac{A'^2 X'}{A^2 - dX'} \, ;$$

substituant cette valeur dans l'équation [5], on aura

$$y' = \frac{A^2 B'^2 Y'}{B^2 (A^2 - dX')} \, ;$$

substituant enfin les valeurs de $x' - d$ et de y' dans l'équation

$$A'^2 y'^2 + B'^2 (x' - d)^2 = A'^2 B'^2 ,$$

on trouvera $\quad A^4 B'^2 Y'^2 + B^4 A'^2 X'^2 = (A^2 - dX')^2 B^4 .$

Or, les deux courbes étant semblables, les diamètres homologues sont proportionnels, c'est-à-dire qu'on a

$$\frac{A}{A'} = \frac{B}{B'}, \quad \text{d'où} \quad A^2 B'^2 = B^2 A'^2 ,$$

et l'équation précédente donne, en vertu de l'équation [1],

$$[7] \qquad X' = \frac{A (A \mp A')}{d}.$$

Si l'on substitue cette valeur de X' dans la valeur précédente de $x' - d$, on trouvera

$$[8] \qquad x' - d = \frac{A' (A \mp A')}{\pm d}.$$

Les équations [7] et [8] ne sont autre chose que les équations des cordes de contact des quatre tangentes communes qu'on peut mener généralement aux deux ellipses.

Enfin, pour déterminer le point de l'axe des x où la tangente commune vient le rencontrer, il faut, après avoir fait $Y = 0$ dans l'équation [3], remplacer X' par sa valeur dans l'expression

$$X_0 = \frac{A^2}{X'},$$

ce qui donne

$$X_0 = \frac{A}{(A \mp A')} d ,$$

ou , à cause de la condition de similitude ,

$$\mathrm{X}_0 = \frac{\mathrm{B}}{(\mathrm{B} \mp \mathrm{B}')}\, d.$$

Cette relation étant indépendante de l'angle des diamètres, on en conclut cette construction bien simple :

Par le centre O de la première ellipse (fig. 134) menez un diamètre DE, et par le centre O' de la seconde un diamètre parallèle D'E', joignez directement et réciproquement les extrémités de ces diamètres, et les points de rencontre C et C' des deux droites de jonction seront les points où les tangentes communes aux deux ellipses rencontreront la ligne des centres.

On reconnaîtra facilement que ces points sont les centres de similitude des deux courbes, C le centre de similitude externe, C' le centre de similitude interne.

Les cordes de contact [7] et [8] sont les polaires correspondantes.

Si les ellipses sont égales, il n'y aura qu'un centre de similitude interne.

Deux cercles pouvant être considérés comme deux ellipses semblables et semblablement placées, les mêmes relations ont lieu encore, et les centres de similitude externe et interne ont pour abscisses

$$x_0 = \frac{r}{(r \mp r')}\, d,$$

r et r' étant les rayons.

Et les équations des polaires correspondantes sont

$$\mathrm{X}' = \frac{r\,(r \mp r')}{d}, \quad x' - d = \frac{r'\,(r \mp r')}{d}.$$

THÉORÈME LXXXVIII.

321. *Deux ellipses semblables et semblablement situées ne peuvent avoir plus de deux points communs.*

En effet,

[1] $$\mathrm{A}^2 y^2 + \mathrm{B}^2 x^2 = \mathrm{A}^2 \mathrm{B}^2,$$

[2] $$\mathrm{A}'^2 (y - b)^2 + \mathrm{B}'^2 (x - a)^2 = \mathrm{A}'^2 \mathrm{B}'^2,$$

étant les équations de ces courbes, on obtiendra facilement pour la corde de section la seule équation

$$[3] \qquad 2by + 2\,\frac{B^2}{A^2}\,ax - b^2 - \frac{B^2}{A^2}\,a^2 - B^2 + B'^2 = 0.$$

Les points d'intersection des deux ellipses étant situés sur une seule droite, ces deux courbes n'ont que deux points communs.

On tire de l'équation [3]

$$y = -\frac{B^2}{A^2}\frac{a}{b}\,x + \frac{b^2 + \dfrac{B^2}{A^2}\,a^2 + B^2 - B'^2}{2b}.$$

Or la droite qui joint les centres des deux ellipses a pour équation

$$[4] \qquad\qquad y = \frac{b}{a}\,x.$$

On voit que la corde de section [3] est conjuguée à la ligne des centres : en effet, en multipliant les coefficients de x, on trouve pour produit $-\dfrac{B^2}{A^2}$, relation connue des droites et des diamètres conjugués.

Si les ellipses sont des cercles, la corde de section est perpendiculaire à la ligne des centres.

PROBLÈME CXXIII.

322. *Trouver les conditions de tangence de deux ellipses semblables et semblablement situées.*

On peut conclure du théorème précédent que le point de contact est sur la ligne des centres, et que la distance des centres doit être égale à la somme ou à la différence des demi-diamètres conjugués à la tangente commune; le calcul met d'ailleurs ces résultats en évidence.

Lorsqu'il s'agit de deux cercles tangents, comme tous les diamètres sont égaux dans chacun des cercles, il s'ensuit que la distance des centres doit être égale à la somme ou à la différence des rayons, selon que les cercles se touchent extérieurement ou intérieurement.

325. Les données étant les mêmes qu'au numéro précédent, supposons qu'une troisième ellipse O'', semblable et semblablement placée, vienne à rencontrer les deux ellipses données O, O', il sera facile de déterminer les cordes de section MN, PQ (fig. 135).

En effet, les équations des trois courbes sont

$$[1] \qquad A^2 y^2 + B^2 x^2 = A^2 B^2,$$

$$[2] \qquad A'^2 y^2 + B'^2 (x - d)^2 = A'^2 B'^2,$$

$$[3] \qquad A''^2 (y - b)^2 + B''^2 (x - a)^2 = A''^2 B''^2,$$

a et b étant les coordonnées du centre de la troisième ellipse.

Retranchant successivement l'équation [3] de chacune des deux premières, on trouvera sans difficulté pour les équations demandées

$$[4] \quad \text{MN}\ldots\ 2by - b^2 + 2 \frac{B^2}{A^2} ax - \frac{B^2}{A^2} a^2 - B^2 + B''^2 = 0,$$

$$[5] \quad \text{PQ}\ldots\ 2by - b^2 - 2 \frac{B^2}{A^2}(d - a)x + \frac{B^2}{A^2}(d^2 - a^2) - B'^2 + B''^2 = 0,$$

en ayant égard à la condition de similitude

$$\frac{A}{A'} = \frac{B}{B'}, \quad \frac{A}{A''} = \frac{B}{B''}, \quad \frac{A'}{A''} = \frac{B'}{B''}.$$

Retranchant maintenant les deux équations [4] et [5] l'une de l'autre, on obtient

$$[6] \qquad 2 \frac{B^2}{A^2} dx - \frac{B^2}{A^2} d^2 - B^2 + B'^2 = 0;$$

d'où

$$x = \frac{d}{2} + \frac{\dfrac{A^2}{B^2}(B^2 - B'^2)}{2d};$$

et à cause de

$$\frac{A^2}{A'^2} = \frac{B^2}{B'^2}, \quad \text{d'où} \quad \frac{A^2}{B^2}(B^2 - B'^2) = A^2 - A'^2,$$

$$x = \frac{d}{2} + \frac{A^2 - A'^2}{2d},$$

abscisse du point de rencontre H des cordes de section MN, PQ.

Or, cette expression étant indépendante des coordonnées du centre de la troisième ellipse et des diamètres conjugués de cette courbe, il en résulte qu'elle sera la même quelle que soit la troisième ellipse, pourvu qu'elle soit semblable aux deux premières et semblablement située.

De là ce théorème :

THÉORÈME LXXXIX.

Si deux ellipses semblables et semblablement situées sont coupées par une troisième ellipse, les cordes de section se couperont sur une même ligne droite, parallèle au diamètre conjugué de celui qui passe par les centres des deux premières.

Quant à la position de cette droite, elle est très-facile à déterminer. En effet, reprenant les équations [7] et [8] du n° **320**, on a, en prenant d'abord les signes supérieurs,

$$X' = \frac{A(A - A')}{d},$$

$$x' = d + \frac{A'(A - A')}{d};$$

d'où
$$X' + x' = d + \frac{A^2 - A'^2}{d},$$

et
$$\frac{X' + x'}{2} = \frac{d}{2} + \frac{A^2 - A'^2}{2d}.$$

En prenant les signes inférieurs, on aurait de même

$$X' = \frac{A(A + A')}{d},$$

$$x' = d - \frac{A'(A + A')}{d};$$

d'où
$$X' + x' = d + \frac{(A - A')(A + A')}{d} = d + \frac{A'^2 - A'^2}{d},$$

et
$$\frac{X' + x'}{2} = \frac{d}{2} + \frac{A^2 - A'^2}{2d} :$$

donc

Cette droite passe à égale distance des polaires, auxquelles elle est en même temps parallèle.

Elle a reçu pour cette raison le nom de *dishomologue*, qui rappelle sa propriété d'être deux fois homologue; on lui donne quelquefois aussi le nom d'*axe radical*.

Si les ellipses sont remplacées par des cercles, la dishomologue est perpendiculaire à la droite des centres.

524. Généralement on déterminera la dishomologue de deux ellipses semblables et semblablement placées, soit en les coupant par une troisième ellipse de même espèce, et, par le point d'intersection des deux cordes de section, menant une droite parallèle aux polaires; soit en construisant les deux polaires d'un centre de similitude, et menant une parallèle à égale distance de ces deux droites.

Si les ellipses se coupent, la dishomologue est la corde de section; si elles sont tangentes, la dishomologue est la tangente elle-même.

THÉORÈME XC.

525. *Les trois dishomologues de trois ellipses semblables et semblablement situées se coupent en un seul et même point.*

Soient

$$A^2 (y - b)^2 + B^2 (x - a)^2 = A^2 B^2,$$

$$A'^2 (y - b')^2 + B'^2 (x - a')^2 = A'^2 B'^2,$$

$$A''^2 (y - b'')^2 + B''^2 (x - a'')^2 = A''^2 B''^2,$$

les équations des trois ellipses rapportées à leurs axes principaux, parallèles aux axes des coordonnées.

Ces équations prennent la forme

$$[E] \qquad (y - b)^2 + \frac{B^2}{A^2} (x - a)^2 - B^2 = 0,$$

$$[E'] \qquad (y - b')^2 + \frac{B^2}{A^2} (x - a')^2 - B'^2 = 0,$$

$$[E''] \qquad (y - b'')^2 + \frac{B^2}{A^2} (x - a'')^2 - B''^2 = 0;$$

retranchant successivement ces trois équations l'une de l'autre,
on obtient

$$[1] \quad -(b-b')y+(b^2-b'^2)-\frac{B^2}{A^2}[2(a-a')x+a^2-a'^2]-(B^2-B'^2)=0,$$

$$[2] \quad -(b-b'')y+(b^2-b''^2)-\frac{B^2}{A^2}[2(a-a'')x+a^2-a''^2]-(B^2-B''^2)=0,$$

$$[3] \quad -(b'-b'')y+(b'^2-b''^2)-\frac{B^2}{A^2}[2(a'-a'')x+a'^2-a''^2]-(B'^2-B''^2)=0.$$

Deux quelconques de ces trois équations comportant la troisième, il s'ensuit que les trois droites [1], [2], [3], concourent au
même point, lors même que les ellipses n'auraient aucun point
commun.

De là ce théorème

THÉORÈME XCI.

*Si trois ellipses semblables et semblablement situées se coupent
deux à deux, les trois cordes de section concourent en un même
point.*

REMARQUE. Les résultats de la discussion précédente, appli-
qués aux cercles, fournissent la solution du problème : *Décrire
un cercle tangent à trois cercles donnés,*
dont la solution a été développée dans la première partie.

PROBLÈME CXXIV.

326. *Inscrire dans un parallélogramme donné une ellipse d'espèce donnée, c'est-à-dire semblable à une ellipse donnée.*

Le rapport des axes de l'ellipse demandée, et par conséquent
le rapport des diamètres conjugués dirigés suivant les diagonales du parallélogramme étant donné, le problème sera ramené à l'un des problèmes précédents (**240**).

PROBLÈME CXXV.

327. *Décrire une ellipse semblable à une ellipse donnée, et équivalente à la somme ou à la différence de deux ellipses données.*

x et y étant les demi-axes de l'ellipse semblable, a, b, et a', b', des deux autres, on aura les équations

[1] $$xy = ab \pm a'b',$$

[2] $$\frac{x}{y} = \frac{A}{B};$$

d'où l'on déduira x et y.

Si les ellipses sont toutes semblables, les équations seront

$$x^2 = a^2 \pm a'^2,$$

$$\frac{x}{y} = \frac{A}{B}.$$

PROBLÈME CXXVI.

328. *Par deux points donnés faire passer une courbe du deuxième degré (ellipse ou hyperbole) d'espèce donnée, et qui ait son foyer en un point donné.*

Soient A, B, F (fig. 136), les points et le foyer donnés. La courbe étant donnée d'espèce, le rapport des distances de chacun des points au foyer et à la directrice sera donné : désignant donc ce rapport par $\dfrac{m}{n}$, des points A et B comme centres, et avec des rayons AT, BT′, égaux à $\dfrac{n}{m}$ AF, $\dfrac{n}{m}$ BF, on décrira des cercles, auxquels on mènera la tangente commune TT′, qui sera la directrice du foyer ; on abaissera sur TT′ la perpendiculaire FP, et les deux points a, a', sur FP, tels que $\dfrac{a\mathrm{F}}{a\mathrm{P}} = \dfrac{m}{n}$, $\dfrac{a'\mathrm{F}}{a'\mathrm{P}} = \dfrac{m}{n}$, seront les sommets, et tous les éléments seront déterminés.

PROBLÈME CXXVII.

329. *Décrire une courbe du deuxième degré d'espèce donnée, ellipse ou hyperbole, tangente à deux droites données, et ayant pour foyer un point donné.*

Par le foyer donné F (fig. 137) abaissez sur MN, PQ, les perpendiculaires FI, FH ; et prenez IG = IF, HL = HF.

En supposant que F′ soit le second foyer inconnu, on aura

F'G = F'L , égal au grand axe ou à l'axe transverse; par conséquent menant GL , et du point O, milieu de GL, élevant une
perpendiculaire OF', le foyer F' devra se trouver sur cette droite.
De p us, le point F' étant distant du point G d'une longueur
égal u grand axe ou à l'axe transverse, et du point F d'une
longueur égale à la distance des foyers, le point F' sera un des
points tels, que leurs distances à deux points donnés soient
dans le rapport de deux longueurs; et la courbe cherchée étant
semblable à une courbe donnée, le rapport du grand axe à la
distance des foyers est connu. Donc, désignant par $\frac{m}{n}$ le rapport
du grand axe à la distance des foyers, cherchez sur GF les deux
points R et S tels que $\frac{GR}{RF} = \frac{m}{n}$, $\frac{GS}{SF} = \frac{m}{n}$, et sur RS décrivez un
cercle, qui coupera OF' au point F', second foyer.

Connaissant les deux foyers, on déterminera facilement le
grand axe ou l'axe transverse.

PROBLÈME CXXVIII.

530. *Décrire une ellipse ou une hyperbole d'espèce donnée, tangente à une droite donnée, passant par un point donné , et ayant
son foyer en un point donné.*

Soient F, A, MN (fig. 138), le foyer, le point et la tangente
donnés. Par le point F abaissez sur MN la perpendiculaire FP,
prenez PH = FP, et joignez HA. En supposant le problème résolu, soit F' le second foyer de la courbe demandée; menez FG
telle que F'FG = HFA, et F'G telle que FF'G = FHA. Le triangle FF'G sera semblable à HFA, et le triangle FGA au triangle HFF', comme ayant un angle égal GFA = HFF' compris
entre deux côtés proportionnels, par suite de la similitude des
deux premiers triangles.

Cela posé, soient *abc* la courbe semblable, *f*, *f'*, les foyers. Il
sera facile de déterminer sur cette courbe la position du point *a* ,
homologue à A. En effet, sur *ff'*, homologue à FF' et à FH,
construisez le triangle *ff'g*, semblable à FF'G, et par conséquent
à HFA , en faisant aux points *f* et *f'* les angles *f'fg* = HFA , et
ff'g = FHA. Si les points *a* homologue à A et *h* homologue à H
étaient connus, *f'h* devrait être égal à l'axe *bc* de la courbe, et

le triangle *fga* semblable à *hff′*, et par conséquent à HFF′ et à GFA : on aura donc les rapports égaux

$$\frac{ga}{f'h} = \frac{fa}{fh} = \frac{FA}{FH},$$

d'où
$$ga = bc \cdot \frac{FA}{FH} :$$

donc du point *g* comme centre, et d'un rayon égal à $bc\,\dfrac{FA}{FH}$, décrivez un cercle, qui coupera la courbe *abc* au point *a* homologue à A.

Dès lors le point F′ sera facilement déterminé; on mènera FF′ telle que l'angle AFF′ = *aff′* et HFF′ = *afg*, et l'on prendra FF′ d'une longueur telle que $\dfrac{FF'}{ff'} = \dfrac{FA}{fa}$, et le foyer F′ sera déterminé.

On peut encore déterminer ce point F′ en décrivant sur FA un segment capable de l'angle *ff′a*, et cherchant le lieu géométrique des points tels, que leurs distances aux points F et H soient dans le rapport de $\dfrac{HF'}{FF'} = \dfrac{hf'}{ff'} = \dfrac{bc}{ff'}$: la rencontre de ces deux circonférences déterminera le point F′.

Alors F′H sera égal au grand axe ou à l'axe transverse de la courbe; F, F′, les foyers, et tous les éléments seront connus.

DES SECTIONS DU CÔNE ET DU CYLINDRE PAR UN PLAN.

531. Si une droite indéfinie SG (fig. 139) tourne autour d'une droite fixe SA, sans cesser de passer par un même point S de cette ligne, et de faire avec elle le même angle GSA, la surface engendrée par ce mouvement de la droite mobile est un cône droit, surface illimitée de chaque côté du point S, *centre* ou *sommet* du cône, et telle, que toute section par un plan passant par la droite fixe ou *axe* SA donne deux droites SG, SG′, qui ne sont autre chose que deux positions particulières de la droite mobile ou de la génératrice SG; et toute section par un plan perpendiculaire à l'axe, coupant toutes les génératrices à égale distance du sommet, donne un cercle.

Il s'agit de déterminer la nature de la section que l'on obtient en coupant le cône par un plan dirigé d'une manière quelconque, laquelle section sera généralement une courbe, à cause de la courbure de la surface.

Soit MON une section du cône par un plan. Menons par l'axe, perpendiculairement à ce plan sécant, un nouveau plan, qui coupera le cône suivant deux génératrices opposées SG, SG′, et le plan sécant suivant une droite OX.

Soit $SO = d$, $SOX = \alpha$, $ASO = \beta$, angle constant : il est évident que la direction du plan sécant sera déterminée lorsque d et α seront connus.

Cela posé, il s'agit de chercher une relation entre les coordonnées d'un point quelconque de la courbe MON, et les quantités d, α, β, lesquelles coordonnées seront rapportées pour plus de simplicité à la droite déterminée OX, comme axe des abscisses, et à l'axe OY, perpendiculaire à OX dans le plan de la section.

Soit donc M un point de la section, et, abaissant MP perpendiculaire sur OX, faisons $OP = x$, $MP = y$. L'ordonnée MP, étant contenue dans le plan MON, perpendiculaire à GSG′, et, de plus, étant perpendiculaire à OX, doit être aussi perpendiculaire au plan GSG′. Si l'on mène donc suivant MP un plan perpendiculaire à l'axe SA, ce nouveau plan coupera le plan GSG′ suivant une droite EF, perpendiculaire à la fois à l'axe SA et à MP, et le cône suivant un cercle EMF. On aura donc, d'après la propriété du cercle,

$$\overline{MP}^2 = y^2 = EP \times PF.$$

Or le triangle OPE donne

$$\frac{EP}{OP} = \frac{\sin POE}{\sin PEO};$$

et à cause de $\sin POE = \sin (200^{\circ} - \alpha) = \sin \alpha$,

$$\sin PEO = \cos ESA = \cos \beta;$$

on trouve
$$EP = \frac{\sin \alpha}{\cos \beta} x.$$

Menons OC parallèle à EF, et PHI parallèle à SF : on aura
$PF = HC = OC - OH$; et le triangle OPH donnera

$$\frac{OH}{OP} = \frac{\sin OPH}{\sin OHP}.$$

Or,

$$\sin OPH = \sin [200^\circ - (POI + PIO)] = \sin [200^\circ - (\alpha + 2\beta)] = \sin(\alpha + 2\beta)$$

et $\qquad \sin OHP = \sin PHC = \sin SCO = \cos CSA = \cos \beta$,

d'où $\qquad\qquad OH = \dfrac{\sin (\alpha + 2\beta)}{\cos \beta} x.$

Enfin, dans le triangle rectangle SOQ,

$$OQ = \frac{1}{2} OC = d \sin \beta,$$

d'où $\qquad\qquad OC = 2d \sin \beta$;

et, par conséquent, remplaçant EP et PF par leurs valeurs, on obtiendra pour l'équation de la courbe MON

$$[C] \qquad y^2 = \frac{2d \sin \alpha \sin \beta}{\cos \beta} x - \frac{\sin \alpha \sin (\alpha + 2\beta)}{\cos^2 \beta} x^2.$$

Donc

Les sections du cône par un plan sont des courbes du deuxième degré.

C'est pour cette raison qu'on donne quelquefois aux courbes du deuxième degré le nom de *coniques*, nom trop exclusif, puisqu'il existe d'autres surfaces dont les sections par des plans sont aussi des courbes du deuxième degré.

552. Il s'agit de faire voir maintenant que toute courbe du deuxième degré peut être donnée par l'intersection d'un cône droit déterminé et d'un plan dans une position aussi déterminée dans chaque cas particulier. Pour cela il suffit de démontrer que l'équation [C] peut être rendue identique avec l'équation

$$[A] \qquad\qquad y^2 = 2px + qx^2,$$

qui représente les trois genres de courbes du deuxième degré.

On aura donc les deux équations

$$[1] \qquad \frac{d \sin \alpha \sin \beta}{\cos \beta} = p,$$

$$[2] \qquad \frac{\sin \alpha \sin (\alpha + 2\beta)}{\cos^2 \beta} = -q.$$

Changeant dans la seconde équation le produit de deux sinus en la différence de deux cosinus, d'après la formule trigonométrique

$$2 \sin a \sin b = \cos(a - b) - \cos(a + b),$$

on aura

$$\sin \alpha \sin (\alpha + 2\beta) = \frac{\cos 2\beta - \cos (2\alpha + 2\beta)}{2},$$

et, par conséquent, les deux équations de condition seront

$$[3] \qquad d = \frac{p \cot \beta}{\sin \alpha},$$

$$\cos (2\alpha + 2\beta) = \cos 2\beta + 2q \cos^2 \beta,$$

et à cause de $\qquad \cos 2\beta = \cos^2 \beta - \sin^2 \beta,$

$$[4] \qquad \cos (2\alpha + 2\beta) = 2 (1 + q) \cos^2 \beta - 1.$$

L'équation [3] montre que d sera réel quand α le sera.

Si l'équation [A] représente une ellipse, q est négatif et plus petit que l'unité: par conséquent $\cos (2\alpha + 2\beta)$ [4] est compris entre $+1$ et -1, donc l'angle $2\alpha + 2\beta$ est réel, et par suite α l'est aussi.

Donc on peut toujours couper un cône droit suivant une ellipse donnée.

333. Pour l'hyperbole, q est positif et peut avoir toutes les valeurs possibles. Tant que $\cos (2\alpha + 2\beta)$ sera négatif, et alors sa valeur sera < 1, l'angle $2\alpha + 2\beta$ sera réel, et par suite α le sera aussi; mais, si $\cos (2\alpha + 2\beta)$ est positif, il faut que l'on ait $\cos (2\alpha + 2\beta) < 1$, et par conséquent

$$2 (1 + q) \cos^2 \beta - 1 < 1,$$

d'où $\qquad \cos \beta < \sqrt{\dfrac{1}{1 + q}}.$

Pour interpréter ce résultat, on se souviendra que $q = \dfrac{B^2}{A^2}$, A et B étant les demi-axes de l'hyperbole, et par suite

$$\cos \beta < \frac{A}{\sqrt{A^2 + B^2}}.$$

Or on sait que l'angle θ que les asymptotes font avec l'axe des x, a pour expression de sa tangente

$$\tan \theta = \pm \frac{B}{A},$$

d'où
$$\cos \theta = \frac{1}{\sqrt{1 + \tan^2 \theta}} = \frac{A}{\sqrt{A^2 + B^2}}.$$

Donc il faut que $\cos \beta < \cos \theta$, et par conséquent $\beta > \theta$, ou $2\beta > 2\theta$; c'est-à-dire que, pour placer une hyperbole donnée sur un cône droit déterminé, il faut que l'angle du cône soit au moins égal à celui des asymptotes.

334. Enfin, pour la parabole, on a $q = 0$, et l'équation [2] donne

$$\sin \alpha = 0, \quad \text{ou} \quad \sin (\alpha + 2\beta) = 0.$$

La première valeur n'est pas admissible, puisqu'on aurait [1] $p = 0$, et la parabole n'existerait pas.

La seconde $\sin (\alpha + 2\beta) = 0$ montre que l'on doit avoir

$$\alpha + 2\beta = 0, \quad \text{ou} \quad \alpha + 2\beta = 200^0.$$

La première peut être négligée, α serait négatif; quant à la deuxième, elle montre que OX est parallèle à la génératrice SG.

Donc toute parabole peut être placée sur un cône droit déterminé.

335. Examinons maintenant plus particulièrement l'équation

$$[C] \qquad y^2 = \frac{2d \sin \alpha \sin \beta}{\cos \beta} x - \frac{\sin \alpha \sin (\alpha + 2\beta)}{\cos^2 \beta} x^2,$$

dans chaque cas particulier.

Supposons d'abord que l'équation [C] représente une ellipse. Pour cela il suffit que le coefficient du terme en x^2 soit négatif;

et par conséquent que $\sin(\alpha + 2\beta)$ soit positif : car, α ne pouvant être $> 200°$, $\sin\alpha$ sera toujours positif. On aura donc

$$\alpha + 2\beta < 200°,$$

et la droite OX (fig. 140) rencontre la génératrice SG en un point B ; par conséquent le plan coupant rencontre toutes les génératrices du cône. Menons OC et BD perpendiculaires à l'axe SA ; A et B désignant les deux axes, on sait que

$$A = \frac{p}{q}, \quad B = \frac{p^2}{q},$$

l'équation étant de la forme

$$[A] \qquad y^2 = 2px - qx^2.$$

En vertu des équations [1] et [2], on aura donc

$$2A = \frac{2d \sin\beta \cos\beta}{\sin(\alpha + 2\beta)} = \frac{d \sin 2\beta}{\sin(\alpha + 2\beta)} = OB,$$

et
$$4B^2 = \frac{4d^2 \sin\alpha \sin^2\beta}{\sin(\alpha + 2\beta)} = \frac{d \sin 2\beta}{\sin(\alpha + 2\beta)} \cdot \frac{\sin\alpha}{\cos\beta} \times 2.d \sin\beta$$

$$= OB \cdot \frac{\sin\alpha}{\sin ODB} \times 2d \sin\beta \quad \text{et} \quad 2B = \sqrt{\overline{BD.OC}}.$$

La distance des foyers $2c = 2\sqrt{A^2 - B^2}$ sera donc égale à

$$\sqrt{\overline{OB^2. - DB.OC}}.$$

Menant OL perpendiculaire à BD, on aura, d'après une propriété connue, dans le triangle ODB,

$$\overline{OD}^2 = \overline{OB}^2 + \overline{DB}^2 - 2DB.LB,$$

et à cause de $\quad LB = BK + KL = \frac{1}{2}(DB + OC),$

$$\overline{OD}^2 = OB^2 - DB = OC :$$

donc $\qquad\qquad 2c = OD\,BC.$

Si l'on décrit les cercles tangents aux droites SG, SG', OB, aux points H, I, F, et H′, I′, F′, lesquels cercles auront évidemment leur centre sur l'axe, on aura

$$OH = OF, \quad BI = BF, \quad SH = SI,$$

et par suite $\quad OH = CI = OF$; or $BI - CI = BC$;

donc $\qquad BF - OF = BC.$

De même $\quad CI' - BI' = OH' - BF' = OF' - BF' = BC,$

et par conséquent $\quad BF - OF = OF' - BF',$

$$OB - 2OF = OB - 2BF' ;$$

d'où $\qquad OF = BF'$ et $BF = OF'$;

donc enfin $\qquad FF' = OD = BC$;

donc les points F et F′ sont les foyers.

Par les points H et I′ menant HR, I′R′ parallèles à OC, les triangles semblables OHR, OBD, donneront la relation

$$\frac{OR}{OB} = \frac{OH}{OD}, \quad \text{d'où} \quad \frac{OR}{OB + OR} = \frac{OH}{OD + OH} ;$$

et $\qquad \dfrac{OR}{BR} = \dfrac{OF}{BF}, \quad \text{d'où} \quad OF.BR = OR.BF$;

et, par conséquent, le point R est le pied de la directrice du foyer F (249).

On démontrerait de même que R′ est le pied de la directrice du foyer F′.

La surface de l'ellipse sera

$$E = \pi AB = \pi . \frac{OB}{2} . \frac{\sqrt{DB.OB}}{2} = \pi \frac{OB . \sqrt{\overline{OB}^2 - \overline{OD}^2}}{4}.$$

Si le plan sécant se meut parallèlement à lui-même, les triangles ODB, OCB, conserveront les mêmes angles, et par conséquent le rapport

$$\frac{B}{A} = \sqrt{\frac{BD}{OB}} . \sqrt{\frac{OC}{OB}}$$

restera constant, et les sections elliptiques seront semblables (311).

336. Si l'on veut placer une ellipse donnée sur un cône droit déterminé, on construira le triangle OBD, dans lequel OB, grand axe de l'ellipse, OD, distance des foyers, et l'angle D, complément de la moitié de l'angle du cône, sont connus. Par le milieu K de BD on élèvera une perpendiculaire KNS, qui déterminera le point S, et par conséquent SO et SB; et menant par les points O et B un plan perpendiculaire au plan des génératrices SO et SB, la section sera précisément l'ellipse donnée.

337. Pour que l'équation [C] représente une hyperbole, il faut que le terme en x^2 soit positif, ce qui exige que $\sin(\alpha + 2\beta)$ soit négatif, et par conséquent que $\alpha + 2\beta > 200°$. Dans ce cas la droite OX rencontre la génératrice SG en un point B de son prolongement (fig. 141). On démontrerait d'une manière semblable à la précédente que OB est l'axe transverse de l'hyperbole, $\sqrt{\overline{DB.OC}}$ l'axe non transverse, $OD = BC$ la distance des foyers, lesquels sont les points de contact des cercles tangents aux génératrices gSG, g'SG', et à la droite OX. On déterminera de même les pieds des directrices R, R'.

338. Pour placer une hyperbole donnée sur un cône déterminé, on construira le triangle ODB, dans lequel on connaît l'angle D, OD et OB; élevant la perpendiculaire KS sur DB, on déterminera le point S, et par suite SO et SB, et la construction s'achèvera comme précédemment.

Il faut remarquer que, l'angle D étant aigu, et le côté OB $<$ OD, le triangle ODB ne sera pas possible lorsque OB sera plus petit que la perpendiculaire OL. Or le triangle ODL donne $OL = OD \sin ODL = OD \cos ASG$: il faut donc qu'on ait

$$OD \cos ASG < OB, \quad \text{d'où} \quad \cos ASG < \frac{OB}{OD}.$$

Or, 2θ étant l'angle des asymptotes, on a $\cos \theta = \dfrac{OB}{OD}$:

donc $\qquad\qquad \cos ASG < \cos \theta \quad$ et $\quad ASG > \theta,$

et GSG' $> 2\theta$, c'est-à-dire que l'angle des asymptotes de l'hyperbole donnée doit être moindre que l'angle du cône.

On ferait voir, comme pour les sections elliptiques, que les sections hyperboliques par des plans parallèles sont toutes semblables entre elles.

339. Enfin, la courbe [C] sera une parabole lorsque $\sin(\alpha + 2\beta) = 0$, c'est-à-dire lorsque OX (fig. 142) sera parallèle à la génératrice SG, ainsi qu'on l'a vu précédemment; et dans ce cas l'équation [C] se réduit à

$$y^2 = \frac{2d \sin \alpha \sin \beta}{\cos \beta}\, x,$$

avec la condition $\qquad \alpha + 2\beta = 200^0,$

d'où $\qquad\qquad\qquad \alpha = 200^0 - 2\beta,$

et $\qquad\qquad\qquad \sin \alpha = \sin 2\beta = 2 \sin \beta \cos \beta;$

d'où, enfin, $\qquad\qquad y^2 = 4d \sin 2\beta x.$

Le paramètre de la parabole étant égal à $4d \sin 2\beta$, la distance du foyer au point O, sommet de la courbe, sera

$$d \sin 2\beta = d \sin \beta \,.\, \sin \beta = \text{ON}\,.\cos \text{XON}.$$

Donc, du point N abaissant NF perpendiculaire sur OX, le point F sera le foyer; et, par conséquent encore, le foyer est le point de contact du cercle décrit du point N comme centre et tangent aux génératrices SG, SG', et à la droite OX; et de même HR, parallèle à OC, déterminera le pied de la directrice R.

340. Pour placer une parabole donnée sur un cône déterminé, on construira le triangle rectangle ONF dans lequel on connaît OF et l'angle ONF $= \beta$; puis élevant NS perpendiculaire à ON, on mènera, par le point O, OS, faisant avec NS l'angle OSN $=$ ONF; OS $=$ SC sera déterminé. Il suffira de conduire suivant OX un plan perpendiculaire au plan des génératrices SOG', SCG.

Les sections par des plans parallèles à une génératrice étant des paraboles, toutes ces sections seront semblables.

341. En résumé, si l'on conçoit le cône et le plan sécant rétablis dans leur situation primitive, on pourra conclure de ce qui précède ce théorème remarquable de géométrie solide :

THÉORÈME XCII.

Un cône droit étant coupé par un plan dans une position déter-minée, la section est une ellipse, ou une hyperbole, ou une para-bole ; et, si l'on conçoit une sphère tangente à la fois au cône et au plan sécant, les foyers de la section se trouveront au point de con-tact de la sphère et du plan sécant.

542. *Section du cylindre par un plan.* Si une droite SG (fig. 143) tourne autour d'une droite fixe SA, en restant constamment parallèle et à la même distance, elle engendrera un cylindre droit. Il est facile de démontrer que toute section du cylindre par un plan qui coupe toutes les génératrices est une ellipse. Pour cela introduisons dans l'équation [C] la distance $ON = d \sin \beta$, et représentons cette distance par r, l'équation deviendra

$$y^2 = \frac{2r \sin \alpha}{\cos \beta} x - \frac{\sin \alpha \sin (\alpha + 2\beta)}{\cos^2 \beta} \, x^2 ;$$

puis faisant $\beta = 0$, on obtiendra pour l'équation de la section cylindrique

$$y^2 = 2r \sin \alpha x - \sin^2 \alpha x^2.$$

Le coefficient de x^2 étant essentiellement négatif, la courbe est une ellipse dont les axes sont

$$2A = \frac{2r}{\sin \alpha} = OB, \text{ et } 2B = 2r \text{ ou le diamètre du cylindre.}$$

En désignant par I l'inclinaison du plan sécant sur le plan per-pendiculaire à l'axe, on aura pour la surface de la section cylin-drique

$$E = \pi r^2 \cos I.$$

On démontrera aisément que les foyers situés sur OB sont les points de contact du cercle tangent aux droites SG, SG', OX ; et l'on déterminera, comme précédemment, les pieds des direc-trices R, R'.

Étant donnés un cylindre et une ellipse, pour placer l'ellipse sur le cylindre il faut que, l'un des axes étant égal au diamètre du cylindre, l'autre soit au moins égal à ce même diamètre.

Enfin, toutes les ellipses déterminées par des plans parallèles sont égales.

DES DIFFÉRENTS SYSTÈMES DE COORDONNÉES.

Coordonnées polaires.

343. Au lieu de rapporter chaque point d'un plan à deux droites, on peut encore déterminer sa position de la manière suivante :

Soit M un point quelconque du plan (fig. 144); par un point P déterminé, supposez une droite PA dirigée d'une manière quelconque, mais déterminée dans chaque cas particulier : il est évident que le point M sera déterminé si l'on connaît la longueur PM et l'angle MPA que cette distance fait avec la droite PA. Le point P s'appelle le *pôle*, la droite PA *l'axe fixe*, la distance PM le *rayon vecteur*, qui s'exprime généralement par ρ; l'angle MPA, l'angle du rayon vecteur, désigné généralement par ω.

REMARQUE. L'angle ω croît depuis $\omega = 0$ jusqu'à $\omega = \infty$; le rayon ρ peut être pris positivement ou négativement pour une valeur particulière de ω, et alors il correspond à des points situés au-dessus ou au-dessous de l'axe fixe.

Il semblerait au premier coup d'œil que l'angle ω ne peut excéder 400°; toutefois si l'on suppose que le rayon vecteur, d'abord se confondant avec l'axe, tourne de droite à gauche autour du pôle P, on concevra facilement qu'il peut faire, autour de l'axe, des révolutions en nombre infini, et c'est le cas d'un grand nombre de questions auxquelles ce système de coordonnées polaires s'applique avec avantage, principalement lorsqu'il s'agit d'établir des relations entre des distances rapportées à un point fixe.

344. Le choix des éléments de ce système de coordonnées est aussi important que le choix des axes rectilignes. Ordinairement le pôle est indiqué par la nature de la question ; quant à l'axe, lorsque la question ne détermine pas sa direction, il faut autant que possible choisir une direction telle, que les résultats du calcul soient plus promptement et plus facilement mis en évidence; et pour cela, ayant égard aux remarques précédentes sur le choix des axes rectilignes, on prendra pour axe une des lignes de la figure géométrique dont il s'agit.

345. Toute équation $f(\rho, \omega) = 0$ représente une ligne quelconque, dont on déterminerait la forme en résolvant l'équation par rapport à ρ, ce qui donnerait une valeur de la forme

$$\rho = f(\omega),$$

et en donnant à ω toutes les valeurs possibles, on obtiendrait pour ρ, selon le degré de l'équation, une ou plusieurs valeurs, qui détermineraient autant de points du plan, qu'il suffirait d'unir par une ligne continue.

346. Réciproquement étant donnée une suite de points formant une ligne continue, on pourra exprimer par une équation algébrique la relation constante qu'on découvrira entre les variables ρ et ω, d'après la nature de la ligne donnée.

347. On pourrait d'après cela trouver directement les équations de la ligne droite et des courbes examinées précédemment; mais on peut arriver plus promptement au même résultat à l'aide des formules suivantes, qui serviront à passer d'un système de coordonnées rectilignes à un système de coordonnées polaires, et réciproquement.

Soient le point M (fig. 144) rapporté aux axes rectilignes OX, OY, faisant entre eux un angle $YOX = \theta$; P le pôle, PA l'axe fixe; $OD = a$, $DP = b$, les coordonnées du pôle. Par le point P menons PX', PY', parallèles aux axes OX, OY, et faisons $APX' = \alpha$, l'angle MPA étant toujours représenté par ω et le rayon vecteur PM par ρ.

Cela posé, $OH = x = OD + DH = a + PR,$

$$MH = y = RH + MR = b + MR.$$

Le triangle MPR donne

$$\frac{PM}{\sin MRP} = \frac{PR}{\sin PMR} = \frac{MR}{\sin MPR}.$$

Or, $\sin MRP = \sin \theta,$ $\sin MPR = \sin(\alpha + \omega),$

$\sin PMR = \sin Y'PM = \sin[\theta - (\alpha + \omega)];$

et par-conséquent

$$\frac{\rho}{\sin \theta} = \frac{PR}{\sin [\theta - (\alpha + \omega)]} = \frac{MR}{\sin (\alpha + \omega)};$$

d'où l'on tire

$$PR = \rho \frac{\sin [\theta - (\alpha + \omega)]}{\sin \theta}, \quad MR = \rho \frac{\sin (\alpha + \omega)}{\sin \theta};$$

et substituant ces valeurs dans celles de x et de y, on a

$$x = a + \theta \frac{\sin [(\theta - (\alpha + \omega)]}{\sin \theta},$$

$$[1] \qquad y = b + \rho \frac{\sin (\alpha + \omega)}{\sin \theta}.$$

Si les axes primitifs sont rectangulaires, on a $\rho = 100^0$, et par conséquent

$$x = a + \rho \cos (\alpha + \omega),$$

$$[2] \qquad y = b + \rho \sin (\alpha + \omega).$$

Si l'axe fixe est parallèle à l'axe des abscisses primitives, $a = 0$, et

$$x = a + \rho \cos \omega,$$

$$[3] \qquad y = b + \rho \sin \omega.$$

Enfin, si le pôle est à l'origine des coordonnées rectilignes $a = 0$, $b = 0$, et

$$x = \rho \cos \omega,$$

$$[4] \qquad y = \rho \sin \omega.$$

348. Réciproquement pour passer d'un système de coordonnées polaires à un système de coordonnées rectilignes, on déterminera ρ et ω fonction de x, y, α et θ, par le moyen des équations précédentes.

Nous prendrons seulement le cas particulier où il s'agit de passer d'un système de coordonnées polaires à un système de coordonnées rectangulaires, l'axe des x étant parallèle à l'axe fixe, l'origine étant située en un point quelconque. On tire des formules [3]

$$\rho \cos \omega = x - a,$$

$$\rho \sin \omega = y - b.$$

Élevant au carré et ajoutant, on obtiendra

$$\rho = \pm \sqrt{(x - a)^2 + (y - b)^2}$$

et
$$\tang \omega = \frac{y - b}{x - a};$$

d'où
$$\sin \omega = \frac{\tang \omega}{\sqrt{1 + \tang^2 \omega}} = \pm \frac{y - b}{\sqrt{(x - a)^2 + (y - b)^2}},$$

$$\cos \omega = \frac{1}{\sqrt{1 + \tang^2 \omega}} = \pm \frac{x - a}{\sqrt{(x - a)^2 + (y - b)^2}}.$$

Ces formules se simplifient si $a = 0$, $b = 0$, et deviennent

$$\rho = \sqrt{x^2 + y^2}, \qquad \sin \omega = \frac{y}{\sqrt{x^2 + y^2}}, \qquad \cos \omega = \frac{x}{\sqrt{x^2 + y^2}}.$$

Applications.

549. *Équation polaire de ligne droite.* Soit l'équation de la ligne droite rapportée à des paramètres a et b

$$\frac{x}{a} + \frac{y}{b} = 1.$$

Si l'on prend pour pôle l'origine des axes rectangulaires, et pour axe fixe l'axe des abscisses, il suffira pour passer aux coordonnées polaires de substituer les formules [4], $x = \rho \cos \omega$, $y = \rho \sin \omega$, ce qui donnera, toute réduction faite,

$$\rho = \frac{ab}{a \sin \omega + b \cos \omega}.$$

L'équation polaire de la ligne droite prend une forme plus simple, si l'on y fait entrer l'angle qu'elle fait avec l'axe fixe et la distance du point où elle le rencontre au pôle des coordonnées,

Soient M (fig. 145) un point de la droite donnée MP, FA l'axe fixe, F le pôle; désignant FP par p, et par α l'angle MPA, on aura dans le triangle FMP

$$\frac{FM}{FP} = \frac{\sin FPM}{\sin FMP} = \frac{\sin MPA}{\sin (MPA - MFP)};$$

et désignant généralement par ρ le rayon vecteur FM,

$$\rho = \frac{p \sin \alpha}{\sin (\alpha - \omega)}, \text{ équation polaire de la ligne droite.}$$

350. *Équation polaire du cercle.* Soit $x^2 + y^2 = R^2$ l'équation du cercle : si l'on prend pour axe fixe une droite parallèle à l'axe des abscisses primitives, le pôle étant en un point quelconque, on se servira des formules

$$x = a + \rho \cos \omega,$$

$$y = b + \rho \sin \omega,$$

ce qui donne, pour l'équation du cercle en coordonnées polaires,

$$\rho^2 + 2(a \cos \omega + b \sin \omega) \rho + a^2 + b^2 - R^2 = 0.$$

Le dernier terme étant indépendant de ω, il s'ensuit, ρ' et ρ'' désignant les racines de l'équation, qu'on aura toujours

$$\rho' \times \rho'' = a^2 + b^2 - R^2,$$

propriété des sécantes au cercle.

On pourrait déduire de cette équation toutes les propriétés des cordes et des sécantes.

351. *Équation polaire de l'ellipse.* L'équation de l'ellipse rapportée à son centre et à ses axes étant $A^2 y^2 + B^2 x^2 = A^2 B^2$, on prend pour pôle le foyer F (fig. 145) du côté des abscisses négatives, et l'axe des abscisses pour axe fixe; or, on sait que la distance d'un point quelconque de la courbe au foyer est exprimée généralement par

$$\rho = A + \frac{cx}{A}.$$

Substituant pour x sa valeur $x = -c + \rho \cos \omega$, on obtiendra, à cause de $A^2 - B^2 = c^2$,

$$\rho = \frac{B^2}{A - c \cos \omega}.$$

Désignant par e l'excentricité, c'est-à-dire le rapport de la distance des foyers au grand axe $\frac{2c}{2A}$, et par $2p$ le paramètre $\frac{2B^2}{A}$, on trouve pour l'équation polaire de l'ellipse

$$\rho = \frac{p}{1 - e \cos \omega}.$$

352. *Équation polaire de l'hyperbole.* Soit $A^2 y^2 - B^2 x^2 = -A^2 B^2$ l'équation de l'hyperbole rapportée à son centre et à ses axes. Si l'on prend pour pôle le foyer F des abscisses positives (fig. 145), l'axe des abscisses étant la ligne fixe, on a trouvé pour la distance d'un point quelconque de la courbe au foyer F

$$\rho = \frac{cx}{A} - A \quad \text{et} \quad \rho = -\frac{cx}{A} + A,$$

selon que le point est situé sur la branche correspondante au foyer F ou sur la branche opposée.

Substituant pour x sa valeur en coordonnées polaires

$$x = c + \rho \cos \omega,$$

et posant encore $\qquad \dfrac{c}{A} = e, \qquad \dfrac{B^2}{A} = p,$

on obtiendra

$$\rho = \frac{p}{1 - e \cos \omega} \quad \text{et} \quad \rho = \frac{-p}{1 + e \cos \omega}.$$

On reconnaîtra par la discussion que chacune de ces deux équations donne les deux branches de l'hyperbole, en ayant égard à la remarque précédente (343). Si l'on assujettit ρ à n'être que positif, alors chacune de ces équations fournit une des branches de la courbe.

On remarquera aussi que ρ devient infini quand $1 - e \cos \omega = 0$, d'où $\cos \omega = \dfrac{1}{e}$ et $\cos \omega = \dfrac{A}{c} = \dfrac{OS}{OB}$, c'est-à-dire lorsque le rayon vecteur est parallèle à l'asymptote OT.

553. *Équation polaire de la parabole.* Soit $y^2 = 2px$ l'équation de la parabole rapportée à son axe et au sommet : en désignant par ρ le rayon vecteur du foyer F (fig. 145), pris pour pôle, l'axe de la parabole étant pris pour l'axe fixe, on aura

$$\rho = \frac{p}{2} + x;$$

et à cause de $x = \dfrac{p}{2} + \rho \cos \omega$, on trouvera par la substitution

$$\rho = \frac{p}{1 - \cos \omega};$$

d'où l'on voit que les trois courbes peuvent être représentées par une seule équation

$$\rho = \frac{p}{1 - e \cos \omega},$$

dans laquelle p représente le demi-paramètre, et $e < 1$, > 1 ou $= 1$, selon que l'équation représente une ellipse, une hyperbole ou une parabole, le rapport de l'excentricité au grand axe ou à l'axe transverse.

Pour $\omega = 100^0$, $\rho = p$: d'où l'on conclut que dans les trois courbes *la corde perpendiculaire à l'axe et passant par le foyer est égale au paramètre*, propriété qui, dans certaines circonstances, pourra servir à la détermination des foyers.

554. On sait que les planètes décrivent autour du soleil des courbes à peu de chose près planes et elliptiques, dont le centre du soleil est le foyer, ou, pour parler plus exactement, dont le centre du soleil est très-près du foyer, en raison de la supériorité de masse de cet astre sur la somme des masses des planètes qui composent le système solaire. Dans les questions d'astronomie on a souvent besoin de rapporter au centre du soleil les distances de chaque planète, et d'exprimer par conséquent l'équation des orbites elliptiques en coordonnées polaires : les éléments de ces orbites sont le grand axe et l'excentricité.

Soit

[1]
$$A^2 y^2 + B^2 x^2 = A^2 B^2,$$

l'équation de l'orbite elliptique AMP (fig. 146), rapportée à son centre et à ses axes : on a

$$e = \frac{2c}{2A} = \frac{\sqrt{A^2 - B^2}}{A},$$

d'où
$$B^2 = A^2 (1 - e^2);$$

et, par conséquent, l'équation de l'orbite deviendra

$$y^2 + (1 - e^2) \, x^2 = A^2 (1 - e^2).$$

Transportant l'origine au foyer S des abscisses positives à l'aide des formules

$$x = c + \rho \cos \omega = Ae + \rho \cos \omega,$$
$$y = \rho \sin \omega,$$

on obtiendra, en observant que $\sin^2 \omega = 1 - \cos^2 \omega$,

$$\rho^2 + 2(1 - e^2) \, Ae\rho \cos \omega - e^2 \rho^2 \cos^2 \omega = A^2 (1 - e^2)^2,$$

et
$$\rho^2 = [A (1 - e^2) - e\rho \cos \omega]^2.$$

Extrayant la racine carrée, et prenant la valeur de ρ,

$$\rho = \frac{A(1 - e^2)}{1 + e \cos \omega}.$$

Les points P et A, le plus rapproché et le plus éloigné du foyer, se nomment le *périhélie* et l'*aphélie ;* l'angle MSP $= \omega$ est l'*anomalie vraie* dans les orbites planétaires; e est toujours une fraction très-petite : pour l'orbite terrestre, $e = \frac{1}{60}$ environ.

Applications.

PROBLÈME CXXIX.

355. *Étant donnée l'équation d'une courbe du deuxième degré*

[1]
$$y^2 = 2px + qx^2,$$

rapportée au sommet et à ses axes principaux , trouver l'équation de la droite tangente en un point donné (x', y') de la courbe.

Ce problème se résout facilement à l'aide des coordonnées polaires.

Soit

$$[2] \qquad y - y' = A(x - x'),$$

l'équation d'une droite quelconque passant par le point donné.

Transportons l'origine en ce point comme pôle, et prenons pour axe fixe une droite parallèle à l'axe transverse ; au moyen des formules

$$x = x' + \rho \cos \omega,$$
$$y = y' + \rho \sin \omega,$$

on obtiendra par la substitution de ces valeurs dans l'équation [1] une équation de la forme

$$M\rho^2 + N\rho + P = 0,$$

le terme indépendant P n'étant autre chose que l'équation [1], dans laquelle x et y sont remplacés par x' et y'. Or, ce point (x', y') étant à la courbe, $P = 0$, et l'équation se réduit à

$$M\rho + N = 0.$$

Mais si l'on veut que le rayon vecteur soit dirigé suivant la tangente [2], il faut encore que la seconde valeur de ρ soit nulle, ce qui donne $N = 0$.

Or, dans le développement, on a

$$N = 2y' \sin \omega - 2p \cos \omega - 2qx' \cos \omega :$$

donc , à cause de $N = 0$, on en conclut

$$\frac{\sin \omega}{\cos \omega} = \frac{p + qx'}{y'}.$$

Si l'on substitue les formules de transformation dans l'équation de la droite [2], on trouve

$$A = \frac{\sin \omega}{\cos \omega} :$$

donc
$$A = \frac{p + qx'}{y'} ;$$

et pour l'équation de la tangente demandée,

$$y - y' = \frac{p + qx'}{y'}\,(x - x'),$$

ainsi qu'on l'a trouvé précédemment par une autre méthode (**205**).

PROBLÈME CXXX.

356. *Étant donnée une droite mobile* OM (fig. 147) *autour d'un point fixe* O, *tandis que le point* M *décrit la circonférence* AMB, *un autre point* m *parti du point* O *se meut sur le rayon* OM, *de manière que sa distance au centre soit à ce rayon dans le même rapport que l'arc décrit est à la circonférence : quel est le lieu géométrique des points* m?

On trouvera facilement l'équation polaire du lieu géométrique en prenant pour pôle le point fixe O, et pour axe fixe une droite quelconque OP. En effet, si m est une des positions du point mobile, on devra avoir, en représentant OM par a,

$$\frac{om}{OM} = \frac{\text{arc AM}}{\text{circ AMNB}} \quad \text{ou} \quad \frac{\rho}{a} = \frac{a\omega}{2\pi a} \quad \text{et} \quad \rho = \frac{a}{2\pi}\omega.$$

En faisant successivement $\omega = 0$, $= \dfrac{\pi}{2}$, $= \pi$, $= \dfrac{3}{2}\pi$, $= 2\pi$, etc.,

on trouvera autant de points qu'on voudra de la courbe $om\text{A}bcde$.

C'est la *spirale d'Archimède*.

357. L'équation générale de ces spirales est de la forme

$$\rho = A\omega^n,$$

n pouvant être > 0 ou < 1, > 1 ou < 1.

On a encore une spirale dans l'équation

$$\rho = a^\omega.$$

C'est la *spirale logarithmique*.

Nous engageons le lecteur à discuter quelques courbes de cette famille, et en particulier les courbes suivantes :

$$\rho = a\omega, \qquad \text{spirale de Conon.}$$

$$\rho = \frac{a^2}{\omega},$$ spirale hyperbolique.

$\rho = a \cos \omega,$ cercle décrit sur a comme diamètre, a étant pris sur l'axe fixe à partir du pôle.

$\rho = a \sin \omega,$ cercle dont le diamètre a est perpendiculaire sur l'axe fixe au pôle même.

$\rho = a \, \text{tang} \, \omega,$ courbe à deux branches symétriques, tangentes à l'axe fixe au point même du pôle, et ayant pour asymptotes deux droites perpendiculaires à l'axe fixe et tangentes au cercle décrit du pôle avec un rayon égal à a.

Si l'on suppose que le centre du cercle de rayon a parcoure la droite perpendiculaire à l'axe fixe menée par le pôle, et si on mène à ce cercle mobile des tangentes par le pôle, les points de contact appartiendront à la courbe.

$\rho = a \cos \omega + b,$ trois courbes différentes, selon que $b > a$, $b = a$, $b < a$.

$\rho = a \cos \text{K}\omega + b,$ donner à K successivement les valeurs 2, 3, 4, etc., et discuter séparément les cas $b > a$, $b = a$, $b < a$, $b = 0$. Courbes étoilées.

$\rho = a \sin \text{K}\omega + b,$ discussion semblable.

PROBLÈME CXXXI.

558. *Étant donné un cône droit dans lequel le rayon de la base est le tiers du côté, d'un point donné sur la surface, comme centre, et d'un rayon donné, on trace une courbe sur la surface du cône; ensuite on développe le cône sur un plan : trouver l'équation de la courbe tracée par le compas et devenue plane par le développement.*

Soient SCC' le cône donné (fig. 148), A le point donné sur sa surface, tel que $\text{SA} = a$: la courbe décrite de ce point peut être considérée comme l'intersection du cône par une sphère de rayon égal au rayon donné r. Concevons qu'on ait mené un plan perpendiculaire à l'axe du cône, ou parallèle à la base, et qui coupe à la fois la sphère et le cône. Les deux cercles, intersections de la sphère et du cône par ce plan, auront au moins un point commun M, qui sera en même temps sur la surface du cône. Soient BSB', MSH, deux sections du cône par des plans passant suivant l'axe et suivant les génératrices connues SB, SM. Ces deux plans couperont le premier plan sécant et la base, l'un suivant les droites parallèles BB', CC', l'autre suivant HM, GF, ce qui déterminera les triangles MHB, CGF.

Cela posé, si l'on développe le cône sur le plan tangent suivant la génératrice SB, soit ω l'angle que feront entre elles les génératrices SBC, SMF, après le développement; cet angle aura pour mesure un arc égal en longueur à l'arc CF, décrit avec le rayon SC, côté du cône; mais ce même arc étant la mesure de l'angle CGF, décrit avec le rayon CG, trois fois moindre, d'après l'énoncé: il en résulte que l'angle $CGF = BHM = 3\omega$. Prenant donc sur la génératrice SMF, ainsi développée, une longueur $\rho = SM$, le point M sera un point de la courbe développée.

En répétant la même construction, au moyen d'une suite de plans parallèles à la base du cône, on obtiendra autant de points qu'on voudra de la courbe demandée.

L'équation polaire de cette courbe sera donc une certaine relation entre ρ et ω, relation qu'il s'agit de déterminer.

Pour cela, du point A, menant AI parallèle à l'axe, et joignant MI, on aura, dans le triangle HMI,

$$\overline{MI}^2 = \overline{HM}^2 + \overline{HI}^2 - 2HM \cdot HI \cos 3\omega.$$

Or
$$HM = \frac{1}{3} SM = \frac{1}{3} \rho,$$

$$HI = \frac{HB}{SB} SA = \frac{1}{3} SA = \frac{1}{3} a,$$

$$\overline{MI}^2 = \overline{AM}^2 - \overline{AI}^2 = r^2 - (\overline{AB}^2 - \overline{BI}^2) = r^2 - \left[(\rho - a)^2 - \frac{1}{9} (\rho - a)^2 \right],$$

$$\overline{MI}^2 = r^2 - \frac{8}{9} (\rho - a)^2;$$

substituant ces valeurs dans l'équation précédente, on obtiendra

$$r^2 - \frac{8}{9}(\rho - a)^2 = \frac{1}{9}\rho^2 + \frac{1}{9}a^2 - \frac{2}{9}a\rho \cos 3\omega\,;$$

réduisant et ordonnant par rapport à ρ,

$$[\text{D}] \qquad \rho^2 - \frac{2}{9}a\rho\,(8 + \cos 3\omega) + a^2 - r^2 = 0.$$

Telle est l'équation polaire de la courbe, en prenant pour axe fixe la génératrice du point donné A, et pour pôle le sommet S du cône.

559. Avant de construire cette courbe pour des valeurs particulières de a et r, examinons d'abord dans quels cas le développement donnera une seule courbe ou deux courbes : il est évident que cela arrivera lorsque la sphère pénétrera le cône sans le traverser, ou qu'il y aura une courbe d'entrée et une courbe de sortie; en un mot, selon que le rayon de la sphère sera plus petit ou plus grand que la perpendiculaire AP abaissée du point A sur la génératrice opposée.

Le triangle SAP donne

$$\text{AP} = \text{AS} \sin \text{ASP} = a \sin \text{S}\,,$$

et le triangle SCC'

$$\frac{\sin \text{CSC}'}{\sin \text{SCC}'} = \frac{\text{CC}'}{\text{SC}'} = \frac{2}{3}\,;$$

d'où

$$\frac{\sin \text{S}}{\cos\frac{1}{2}\text{S}} = \frac{2}{3}\,, \qquad \frac{2 \sin\frac{1}{2}\text{S} \cos\frac{1}{2}\text{S}}{\cos\frac{1}{2}\text{S}} = \frac{2}{3} \quad \text{et} \quad \sin\frac{1}{3}\text{S} = \frac{1}{3}\,,$$

de là

$$\cos\frac{1}{2}\text{S} = \sqrt{1 - \sin^2\frac{1}{2}\text{S}} = \frac{2}{2}\sqrt{2}\,,$$

et

$$\sin \text{S} = 2 \sin\frac{1}{2}\text{S} \cos\frac{1}{2}\text{S} = \frac{4}{9}\sqrt{2}\,,$$

et enfin

$$\text{AP} = \frac{4}{9}a\sqrt{2}.$$

La condition cherchée est donc

$$\frac{4}{9}\,a\,\sqrt{2} > r, \quad \frac{4}{9}a\sqrt{2} < r.$$

360. Supposons $a = 3$, $r = 2$, l'équation [D] donnera

$$[1] \qquad \rho = \frac{8 + \cos 3\omega}{3} \pm \frac{1}{3}\sqrt{(8 + \cos 3\omega)^2 - 45}\,,$$

et

$$[2] \qquad \cos 3\omega = 1 - \frac{3}{2}\left[\frac{4 - (3 - \rho)^2}{\rho}\right].$$

Dans cette hypothèse, la perpendiculaire AP devient $\frac{4}{3}\sqrt{2}$, valeur plus petite que 2 : donc la courbe développée se composera de deux parties. On peut vérifier ce résultat en observant que la valeur de ρ ne peut être imaginaire pour aucune valeur de $\cos 3\omega$, lequel étant au plus égal à -1, le radical sera toujours réel, et la valeur de ρ sera double pour chaque valeur de $\cos 3\omega$.

Occupons-nous actuellement de construire la courbe développée.

D'abord il est facile de voir que le cône proposé se développera suivant un secteur dont l'angle au sommet sera les $\frac{4}{3}$ d'un angle droit.

En effet, l'arc de ce secteur sera équivalent à la circonférence $CFC' = 2\pi R$, R étant le rayon de la base du cône. En désignant donc par A l'angle du sommet du secteur, et par c le côté du cône, on aura la relation

$$\frac{A}{4^d} = \frac{2\pi R}{2\pi c} = \frac{R}{c}\,,$$

et, d'après l'énoncé,

$$\frac{R}{c} = \frac{1}{3}, \quad \text{d'où} \quad A = \frac{4^d}{3}.$$

Donc, si d'un rayon égal au côté du cône on décrit une circonférence S (fig. 149), et qu'on divise cette circonférence en trois parties égales aux points C, D, E, chacun des secteurs

SCD, SDE, SEC, répondra au développement du cône, et la courbe sera symétrique dans chacun de ces secteurs : il suffira donc de construire la partie de la courbe comprise dans l'un d'eux, par exemple dans le secteur SCD, développement du cône donné.

Soit SC, génératrice du point donné A, l'axe fixe sur lequel doivent être comptés les angles.

Si l'on fait cos $3\omega = 1$ dans l'équation (1), d'où $\omega = 0$, on obtient

$$\rho = \frac{9}{3} \pm \frac{6}{3} = 3 \pm 2,$$

$$\rho_1 = 5, \qquad \rho_2 = 1.$$

Prenant donc, sur SC, $Sa = 1$, $SA = 5$, les points a, A, seront deux points de la courbe.

En faisant décroître cos 3ω, c'est-à-dire à mesure que ω augmente, la valeur de ρ_1 diminue, et celle de ρ_2 augmente, ρ_1 correspondant au signe $+$ du radical, ρ_2 au signe $-$.

Pour cos $3\omega = -1$, d'où $3\omega = 200^0$, $\omega = \dfrac{200^0}{3}$, ángle au centre de l'hexagone régulier, on a

$$\rho_1 = 3,$$

$$\rho_2 = \frac{5}{3} :$$

ce sont la plus petite et la plus grande valeurs des rayons vecteurs.

Prenant donc, sur le prolongement de ES, $Sb = \dfrac{5}{3}$, $SB = 3$, les points b et B seront deux nouveaux points de la courbe.

La courbe, étant évidemment symétrique par rapport à la droite SB, sera donc complétement déterminée : elle se compose des deux branches aba', ABA', qui sont le développement de la courbe tracée sur la surface du cône, quoique l'équation [1] donne la courbe entière composée de trois parties symétriques relatives à chaque secteur.

COORDONNÉES NEWTONIENNES.

561. On a vu précédemment [11] que, les formules de transformation des coordonnées rectilignes étant de la forme

$$x = a + px' + qy',$$

$$y = b + p'x' + q'y',$$

les équations transformées par la substitution de ces valeurs
conservent le même degré qu'elles avaient primitivement, et
peut disposer des constantes arbitraires qui entrent
dans ces formules, afin d'obtenir des équations plus simples qui
fassent reconnaître plus promptement le genre et l'espèce du
lieu géométrique qu'elles représentent, le lieu géométrique
étant exactement le même, soit qu'on le rapporte au premier
système des coordonnées, soit qu'on le rapporte au second.

Supposons maintenant qu'on ait deux systèmes de coordonnées rectilignes à axes parallèles, de telle sorte que chaque point
du premier système soit lié au point correspondant du second
par les relations

$$[1] \qquad x = \frac{mn}{x'}, \quad y = \frac{my'}{x'},$$

m et n étant des constantes arbitraires.

Il est évident que la substitution de ces valeurs dans une équation quelconque

$$F(x, y) = 0$$

n'altérera pas le degré de cette équation. En effet, si $a + b$ représente ce degré, la transformée

$$F\left(\frac{mn}{x'}, \ \frac{my'}{x'}\right) = 0$$

contiendra au plus en dénominateur le facteur x'^{a+b}, et chassant
les dénominateurs, en multipliant tous les termes par ce facteur, la transformée en x' et y' sera du même degré $a + b$.

Soit $f(x'), y') = 0$ une équation entre les coordonnées nouvelles ; si l'on veut repasser de ce nouveau système au système primitif, on substituera dans cette équation les valeurs

$$[2] \qquad x' = \frac{mn}{x}, \quad y' = \frac{ny}{x},$$

tirées des équations [1], et l'équation

$$f\left(\frac{mn}{x}, \ \frac{ny}{x}\right) = 0$$

sera la relation entre les coordonnées du premier système.

362. Ainsi que dans les transformations des coordonnées rectilignes ordinaires, dans cette transformation nouvelle chaque point d'une figure géométrique, rapportée à un quelconque des deux systèmes, a pour correspondant dans l'autre un point déterminé par les relations [1] et [2]; de sorte que, si deux points de la figure dans le premier système se réunissent et se confondent en un seul, les deux points correspondants dans le second se réuniront et se confondront pareillement : d'où il résulte qu'une ligne droite tangente à une courbe en un point du premier système a pour correspondante une droite tangente à la transformée en un point correspondant dans le second.

363. Mais outre ces rapports et ces avantages communs à tous les systèmes de transformation de coordonnées, celui-ci présente des avantages particuliers, qui sont la conséquence de la relation établie entre les coordonnées. On voit en effet par les formules [2] que, pour $x = 0$, x' et y' deviennent infinis. Si donc deux droites se coupent sur l'axe des ordonnées, le point correspondant dans le nouveau système sera situé à l'infini, et les droites seront parallèles. C'est ce qu'on peut démontrer directement de la manière suivante :

Soient
$$y = ax + b,$$

$$Y = a'X + b,$$

les équations de deux droites, qui se coupent en un point de l'axe des y ; si l'on substitue dans les équations à la place de x

et de y les valeurs [1], on trouvera

$$\frac{my'}{x'} = \frac{amn}{x'} + b \quad \text{ou} \quad y' = \frac{b}{m}\,x' + an,$$

$$\frac{mY'}{X'} = \frac{a'mn}{X'} + b \quad \text{ou} \quad Y' = \frac{b}{m}\,X' + a'n,$$

équations de deux droites parallèles, puisque m et b sont des quantités constantes.

364. On peut encore, à l'aide de ces formules, changer l'équation d'une courbe du deuxième degré $f(x, y) = 0$ en l'équation d'une autre courbe aussi du deuxième degré, mais d'espèce différente ; il suffira pour cela de substituer dans l'équation proposée les formules [1], ce qui donnera une relation $f(x', y', m, n) = 0$, dans laquelle on déterminera convenablement les constantes m et n pour que cette équation représente soit un cercle, soit deux lignes droites convergentes.

365. Pour déterminer graphiquement la position des points du deuxième système correspondants aux points du premier, soit M (fig. 150) un point quelconque rapporté aux axes primitifs OY, OX ; on prendra sur ces axes $OA = m$, $OB = n$, et l'on achèvera le parallélogramme OBO'A : O' sera l'origine des nouveaux axes O'X', O'Y', réciproquement parallèles aux axes primitifs.

Menant l'ordonnée MP du point proposé M, joignant AP, qui rencontre BO' en Q, et enfin, menant par ce point QM' telle que $\dfrac{QM'}{AQ} = \dfrac{MP}{AP}$, le point correspondant du nouveau système sera M', dont l'abscisse est O'Q et l'ordonnée QM'.

En effet, par suite du parallélisme des droites OA, BO', on a

$$\frac{O'Q}{AQ} = \frac{BQ}{QP} = \frac{OA}{AP}, \quad \text{d'où} \quad x' = O'Q = OA\cdot\frac{AQ}{AP} = OA\cdot\frac{OB}{OP} = \frac{mn}{x} ;$$

$$\frac{M'Q}{AQ} = \frac{MP}{AP}, \quad \text{d'où} \quad y' = M'Q = \frac{AQ}{AP}\cdot MP = MP\cdot\frac{OB}{OP} = \frac{ny}{x}.$$

Ainsi, on transportera une ligne droite du premier système dans le second en déterminant la position correspondante de deux points de cette droite; et en général on changera une courbe RMS en une autre R′M′S′, en la transportant ainsi point par point d'un système dans l'autre.

Réciproquement la position d'un point $M'(x' = O'Q, y' = M'Q)$ étant déterminée dans le second système, on joindra AQ, ce qui déterminera $OP = x$, abscisse du point correspondant dans le premier système; puis, menant PM parallèle à OA, et prenant

$$PM = y = \frac{OP \cdot M'Q}{OB},$$ le point M sera déterminé de position par rapport à ce système.

Telle est à peu près la méthode indiquée par Newton dans ses *Principes mathématiques de philosophie naturelle* [*], d'où nous avons extrait quelques-uns des problèmes qui précèdent, ainsi que les deux suivants, qui serviront d'application à cette théorie.

PROBLÈME CXXXII.

366. *Décrire une courbe du deuxième degré passant par deux points donnés et tangente à trois droites données.*

Soient IS, IT, SR (fig. 151), les tangentes données, M et N les points donnés. Prenons pour axe des ordonnées la droite passant par le point de concours de deux tangentes quelconques et le point de concours de la troisième tangente et de la droite qui joint les deux points donnés, HI par exemple. Menons une droite quelconque OX, et après avoir pris à volonté sur OY et OX des longueurs arbitraires OA, OB, achevons le parallélogramme OBO′A; puis transportons dans le système O′A, O′B, ainsi qu'il a été indiqué précédemment, les tangentes et les droites données. Dans la figure transformée, les tangentes IT, IS, deviendront parallèles entre elles, ainsi que la tangente HR et la droite MN (363), et l'on aura par conséquent un parallélogramme *hikl* (fig. 152) tel, que la courbe transformée devra être tangente aux côtés *ih*, *ik*, *kl*, et passer par les deux points *a* et *b* correspondants aux points donnés M et N.

Or, d'après les propriétés des segments, si *c*, *d*, *e*, sont les

---

[*] *Philosophiæ naturalis principia mathematica*, sect. IV, lemma XXII : *Figuras in alias ejusdem generis figuras mutare.*

points de contact, on aura la suite de rapports égaux (**293**), (**295**),

$$\frac{\overline{hc}^2}{ha \cdot hb} = \frac{\overline{ic}^2}{\overline{id}^2} = \frac{\overline{ke}^2}{\overline{kd}^2} = \frac{\overline{el}^2}{lb \cdot la},$$

d'où

$$\frac{hc}{\sqrt{ha \cdot hb}} = \frac{ic}{id} = \frac{ke}{dk} = \frac{el}{\sqrt{lb \cdot la}},$$

et par conséquent

$$= \frac{hc + ic + ke + el}{\sqrt{ha \cdot hb} + id + kd + \sqrt{lb \cdot la}} = \frac{hi + kl}{\sqrt{ha \cdot hb} + ki + \sqrt{lb \cdot la}}.$$

Les points de contact c, d, e, étant déterminés, on les reportera dans le premier système, et le problème reviendra à faire passer une courbe du deuxième degré par cinq points donnés.

PROBLÈME CXXXIII.

367. *Décrire une courbe du deuxième degré passant par un point donné et tangente à quatre droites données.*

Soient HT, HS, IT, IS, et M (fig. 153), quatre tangentes et le point donné. Prenant pour axe des ordonnées la droite IH passant par les points de concours des quatre tangentes deux à deux, changez la figure en une autre de même genre : les tangentes concourantes deviendront parallèles, et la figure nouvelle offrira un parallélogramme tel que $ihkl$ (fig. 154), le point a correspondant au point donné M dans la figure primitive. Le centre O de la courbe tangente aux quatre côtés du parallélogramme étant déterminé, on mènera la droite oa, sur laquelle on prendra $Ob = Oa$; et, après avoir reporté le point b sur la première figure, on sera ramené au problème précédent.

Toutefois, on doit remarquer que ces méthodes, très-ingénieuses sans doute, ne seront pas d'une grande utilité dans la pratique, à cause des erreurs que ces nombreuses constructions graphiques ne peuvent manquer d'occasionner : il sera donc préférable, ainsi qu'il a été dit précédemment, de ramener le problème graphique à un problème numérique, en rapportant les lignes et les points à un système d'axes convenable, et opérant sur les équations obtenues d'après les procédés et les règles exposés dans les diverses parties de ce traité.

FIN.

TABLE DES MATIÈRES.

(La lettre P désigne les problèmes, et la lettre T les théorèmes.)

Iʳᵉ SECTION. DE LA LIGNE DROITE.

IIᵉ SECTION. DES LIGNES DU DEUXIÈME DEGRÉ.

FIN DE LA TABLE DES MATIÈRES.

PARIS. — IMPRIMERIE DE CH. LAHURE ET Cⁱᵉ
Rues de Fleurus, 9, et de l'Ouest, 21

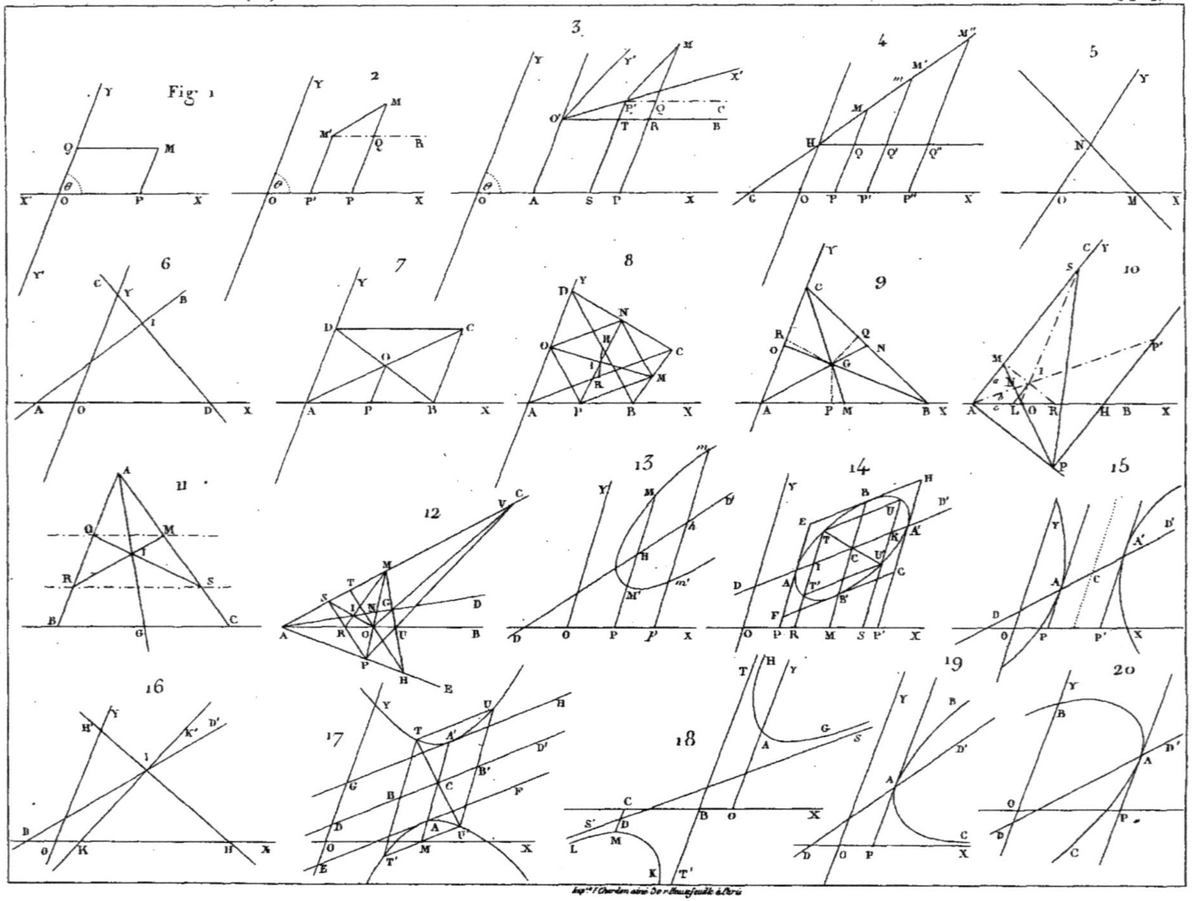

Fig. 1
2
3
4
5
6
7
8
9
10
11
12
13
14
15
16
17
18
19
20

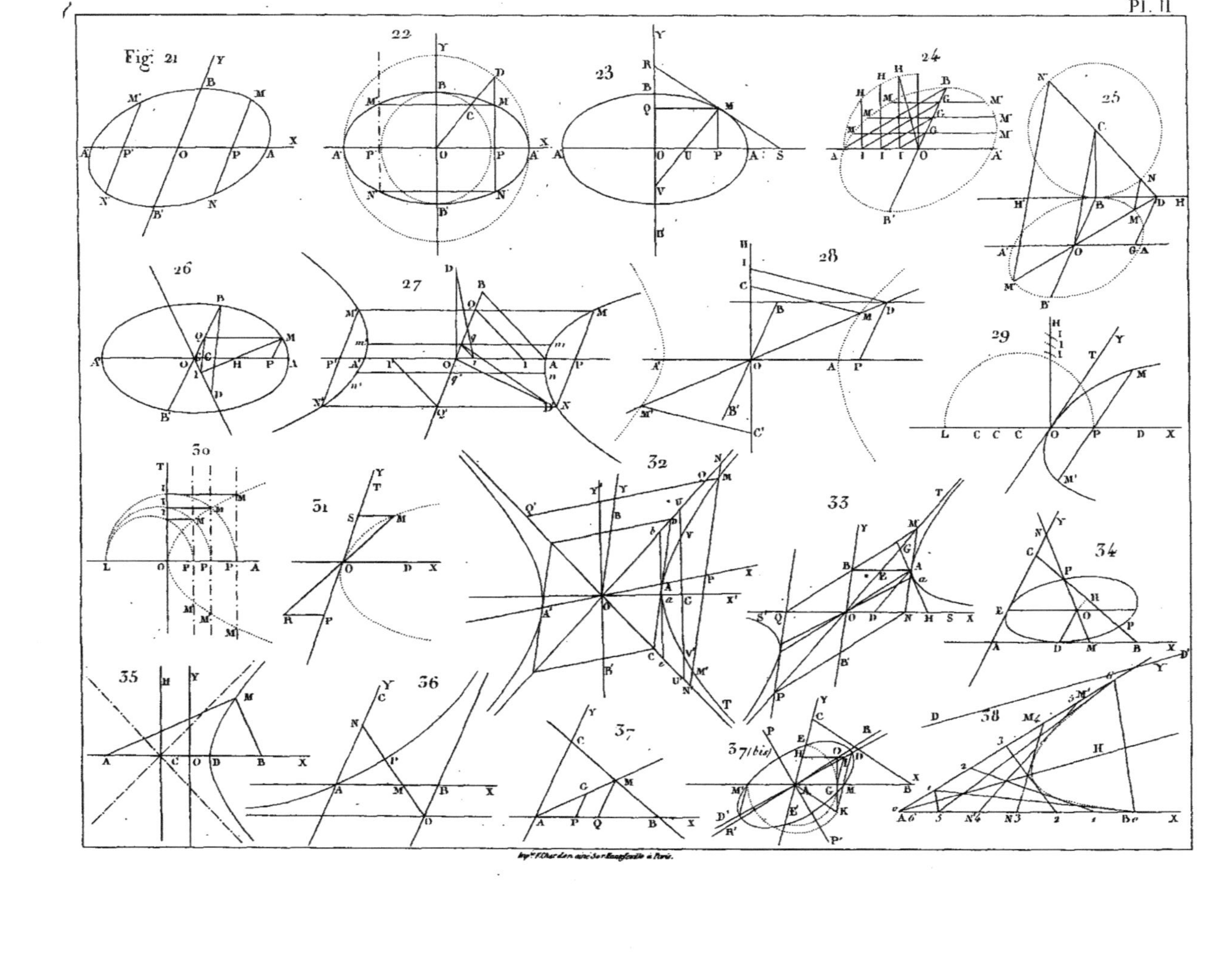

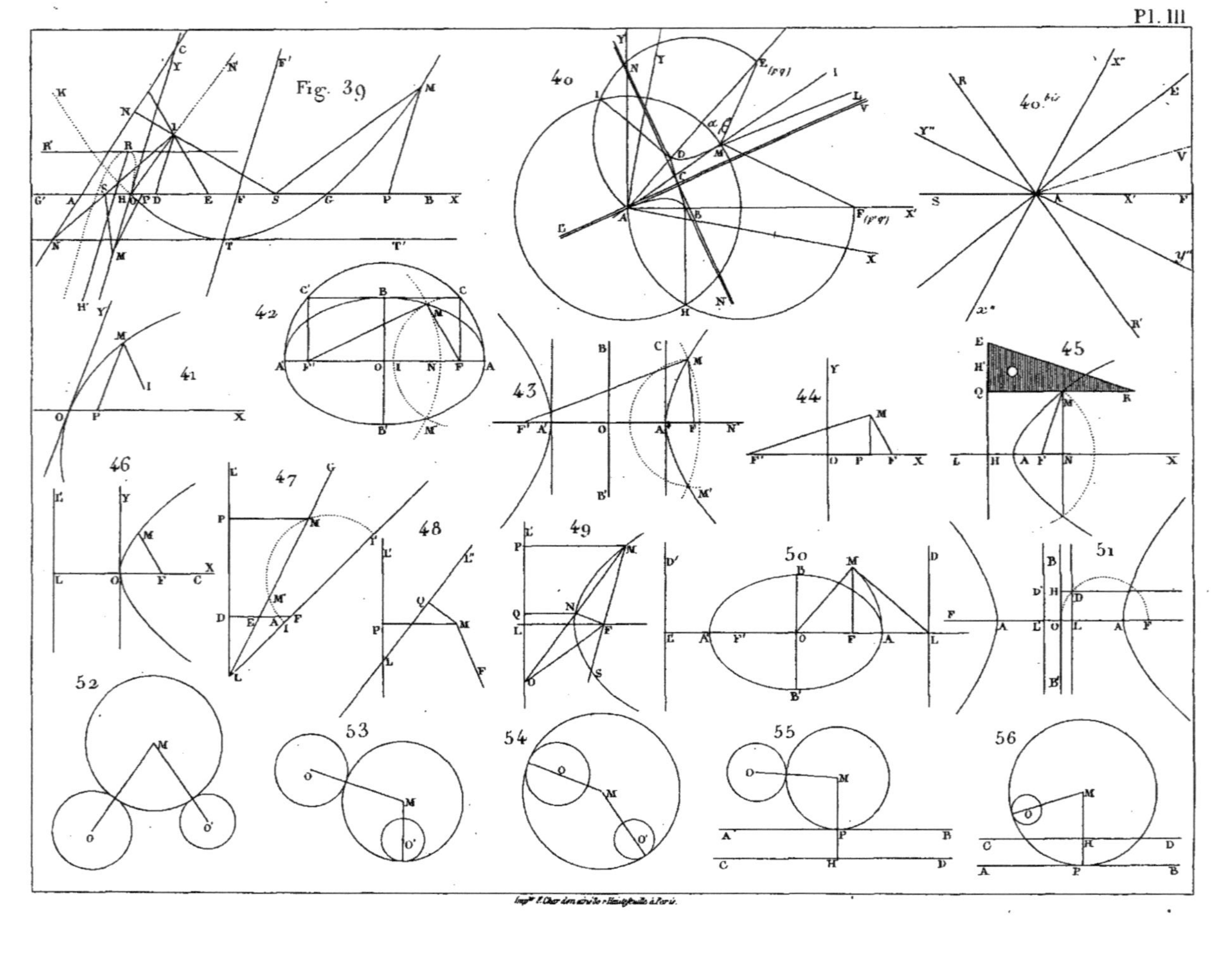

Fig. 39
40
40.bis
41
42
43
44
45
46
47
48
49
50
51
52
53
54
55
56

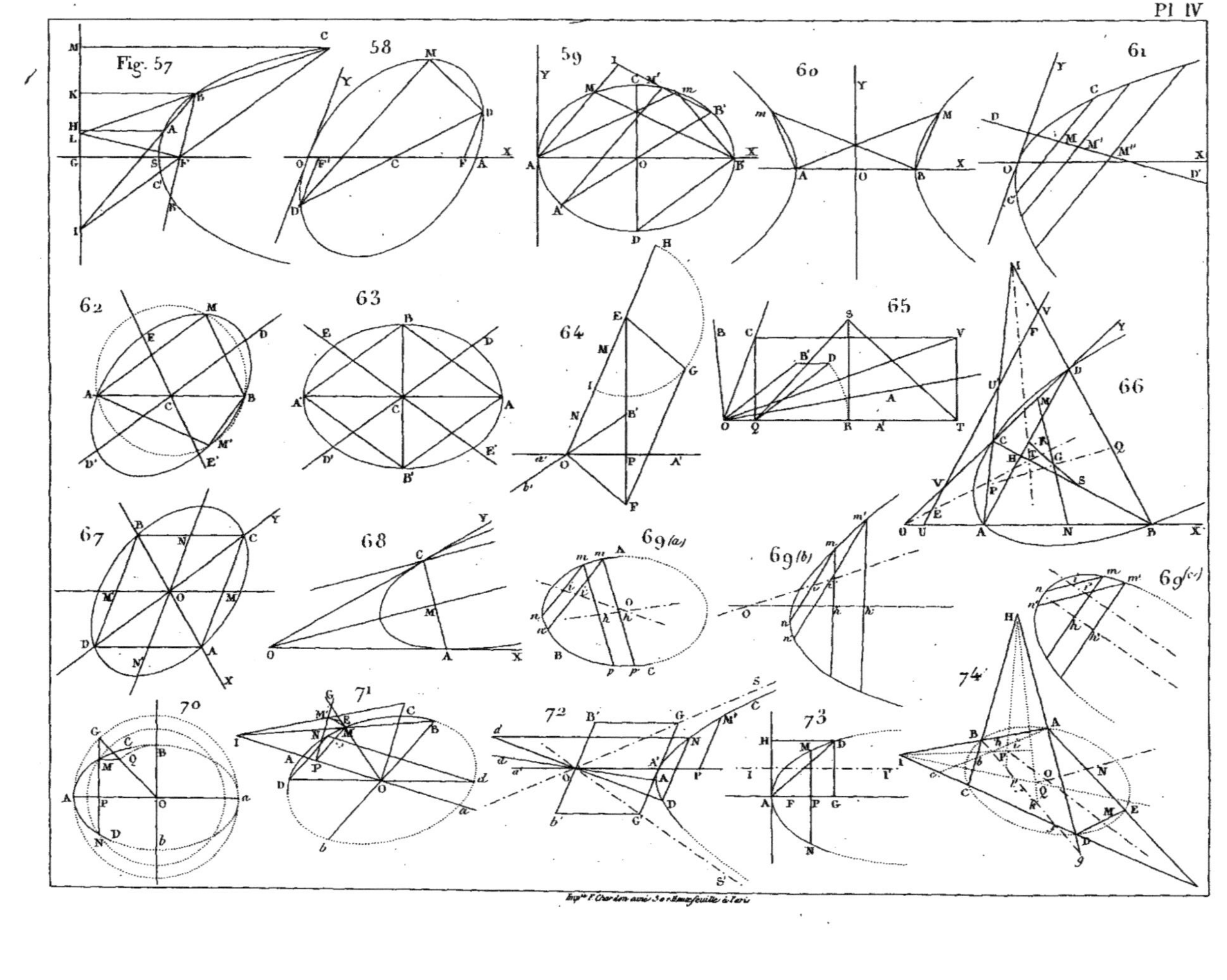

Pl IV
Fig. 57
58
59
60
61
62
63
64
65
66
67
68
69(a)
69(b)
69(c)
70
71
72
73
74

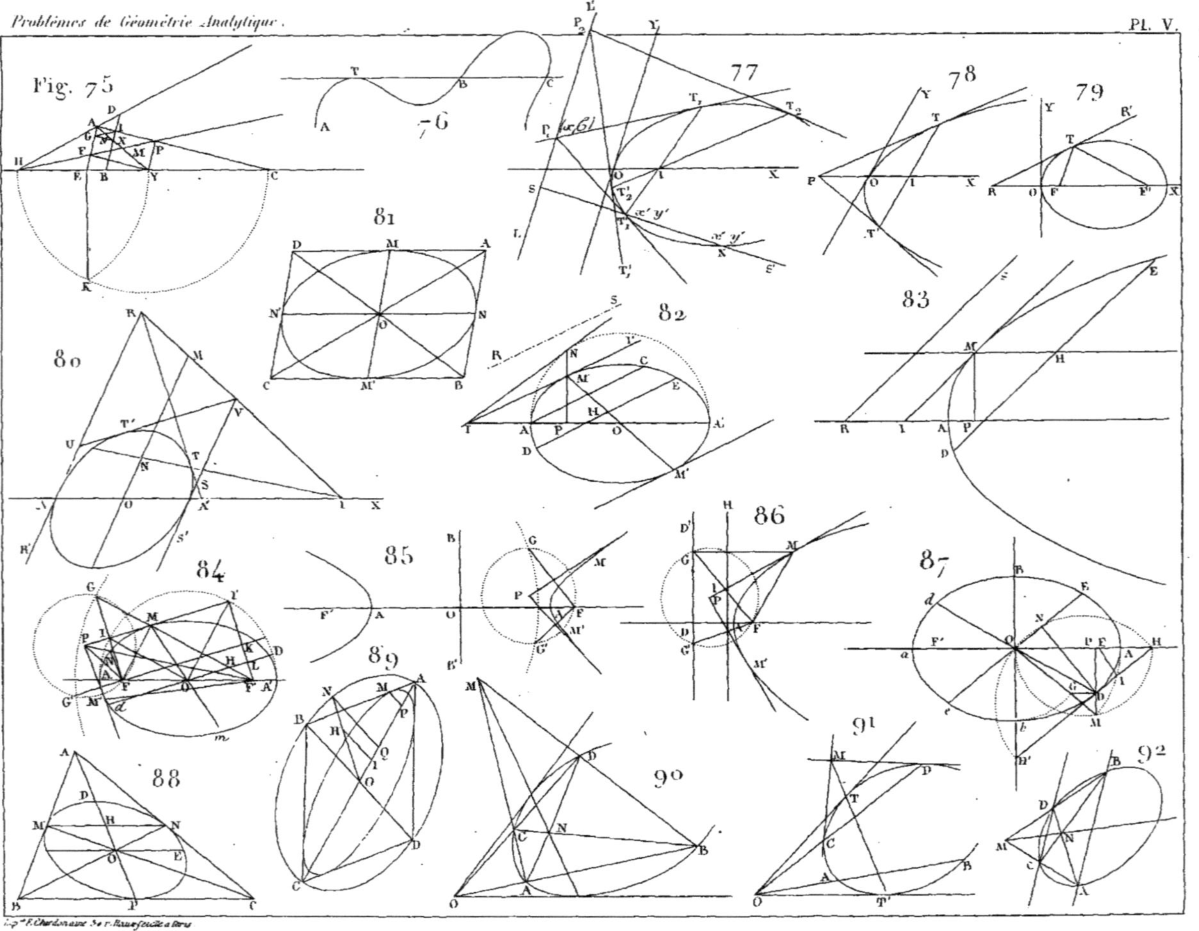

Problèmes de Géométrie Analytique.
Pl. V
Fig. 75
76
77
78
79
80
81
82
83
84
85
86
87
88
89
90
91
92

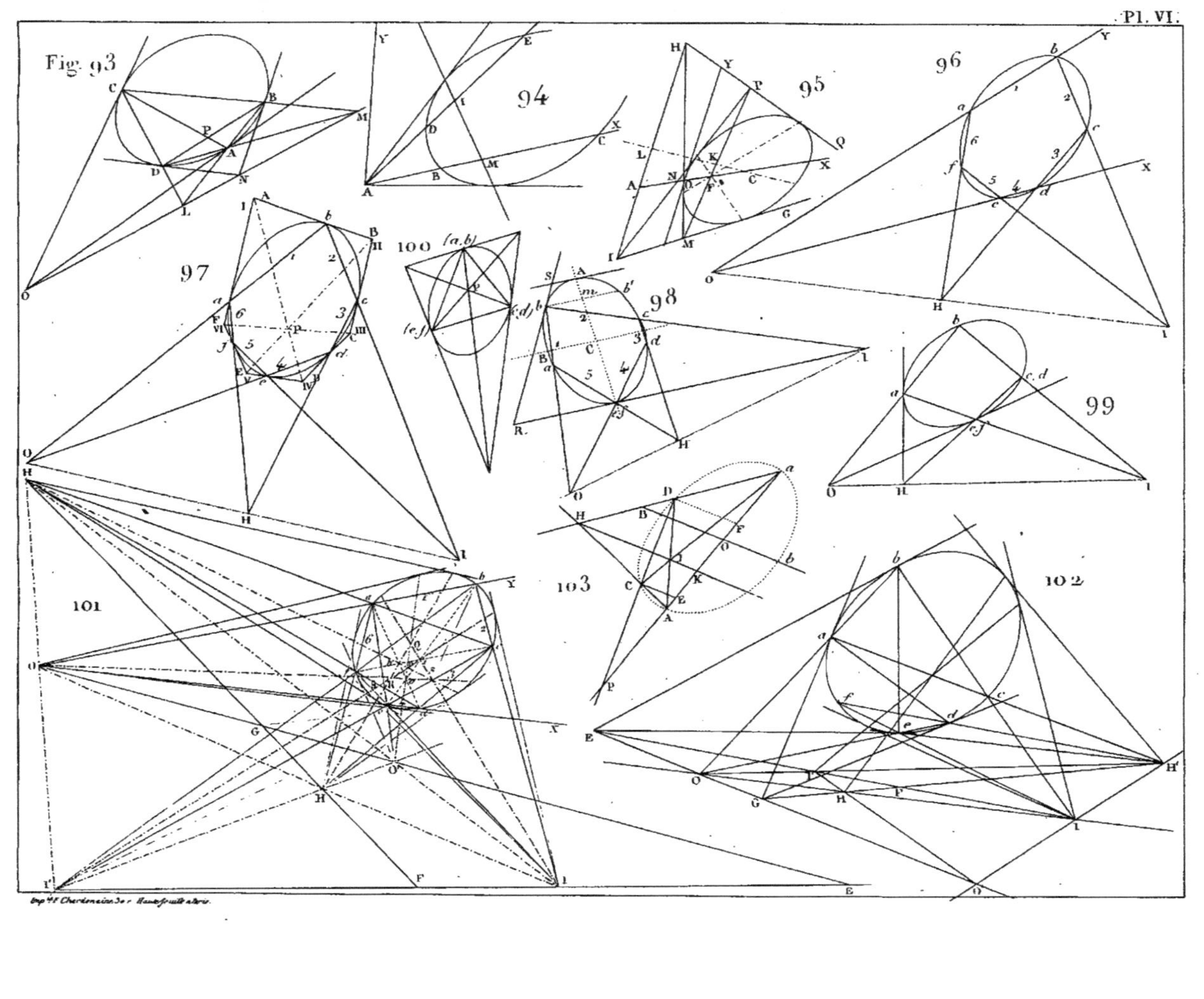

Pl. VI.
Fig. 93
94
95
96
97
98
99
100
101
102
103

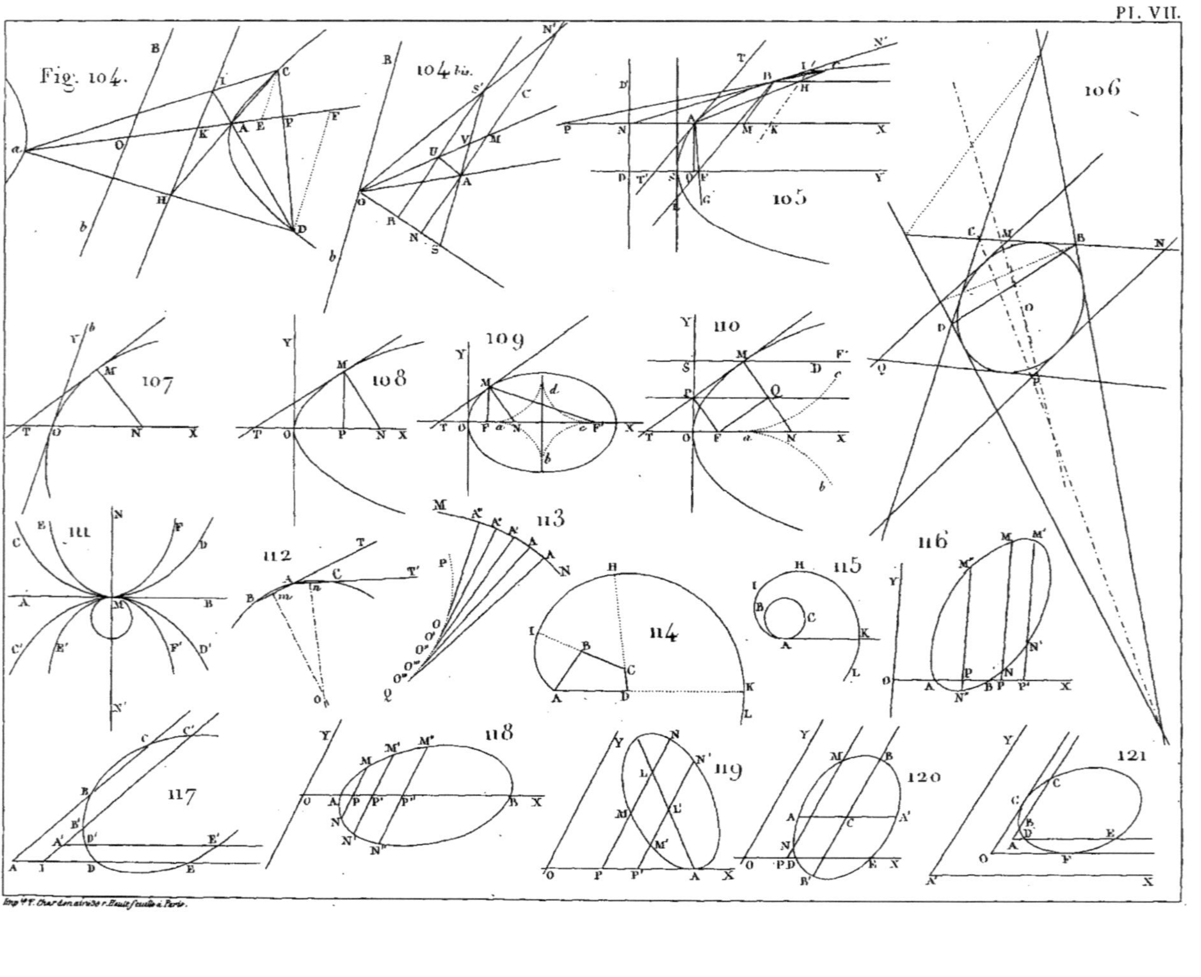

PL. VII.
Fig. 104.
104 bis.
105
106
107
108
109
110
111
112
113
114
115
116
117
118
119
120
121
Imp. W.r Chardon ainé r. Hautefeuille a. Paris.

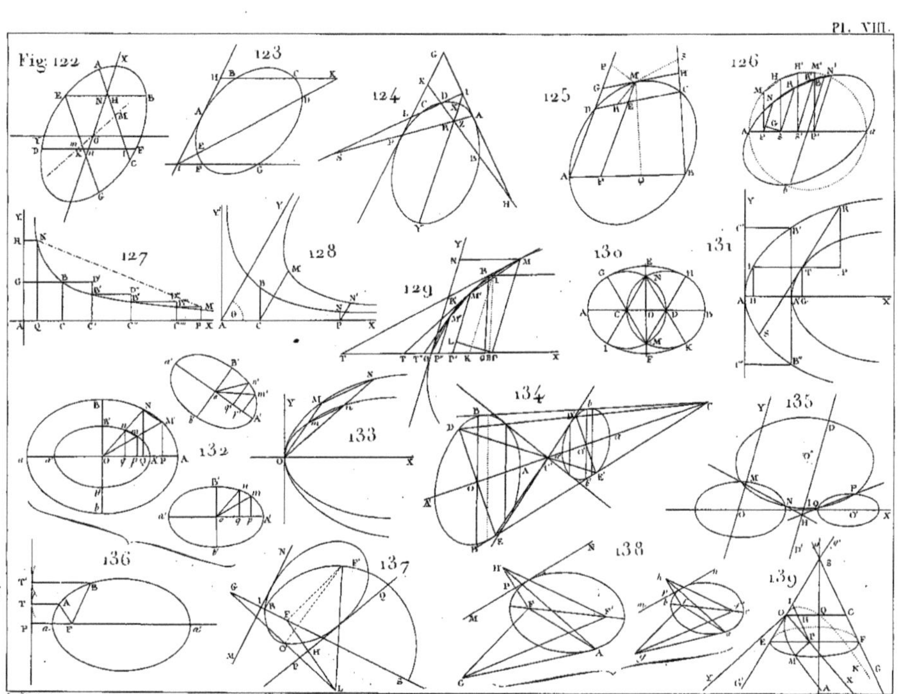

Fig. 122
123
124
125
126
127
128
129
130
131
132
133
134
135
136
137
138
139

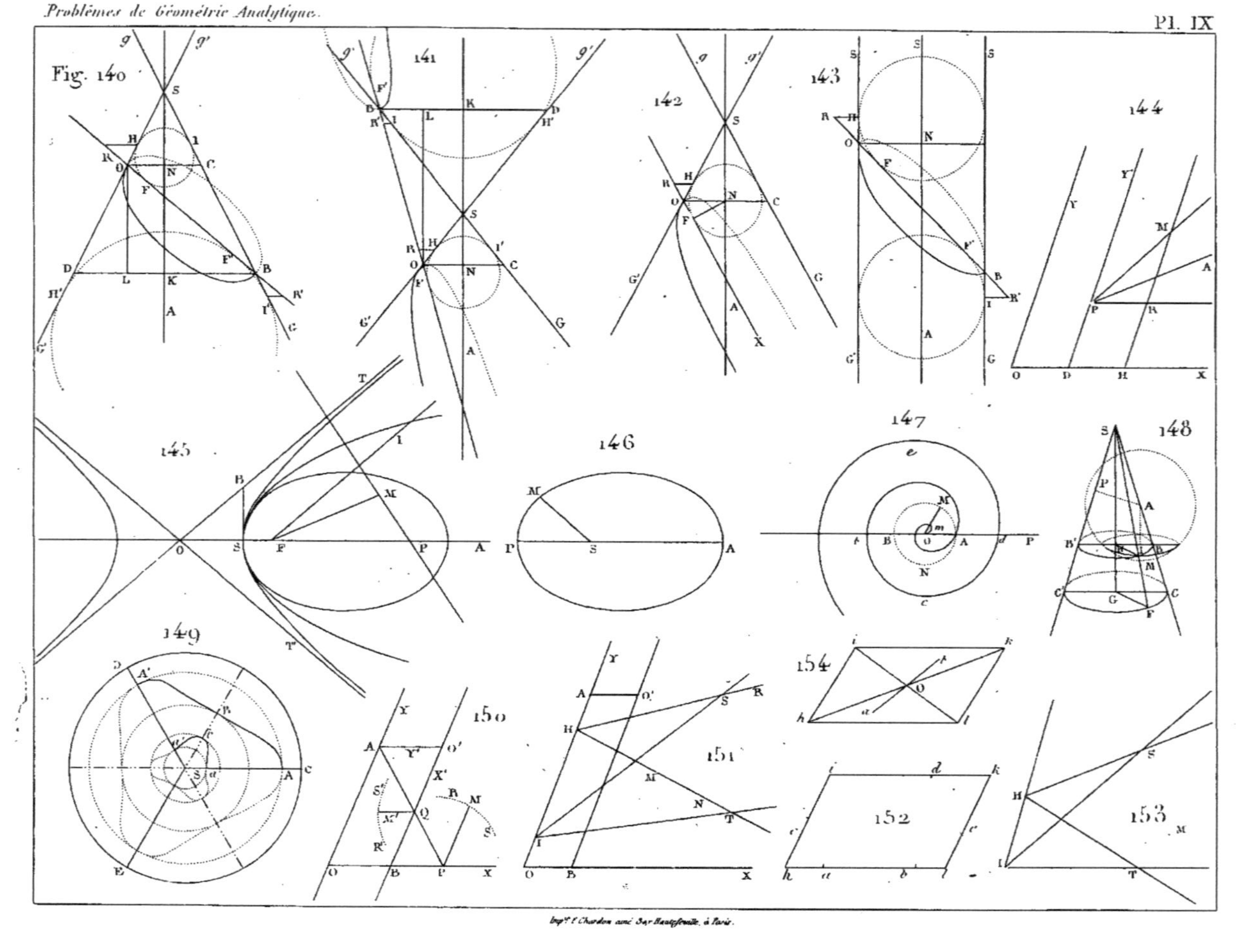

Fig. 140
141
142
143
144
145
146
147
148
149
150
151
152
153
154
Imp.r Lemercier, rue Sar Fourgueraille, à Paris.